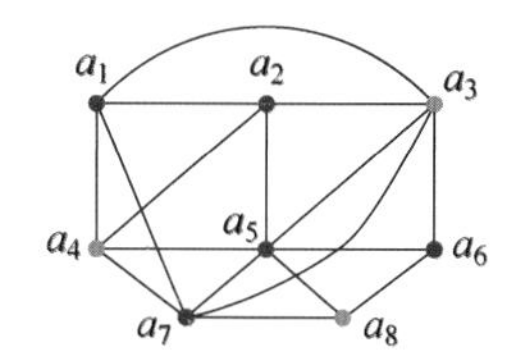

图 1-8　图着色问题

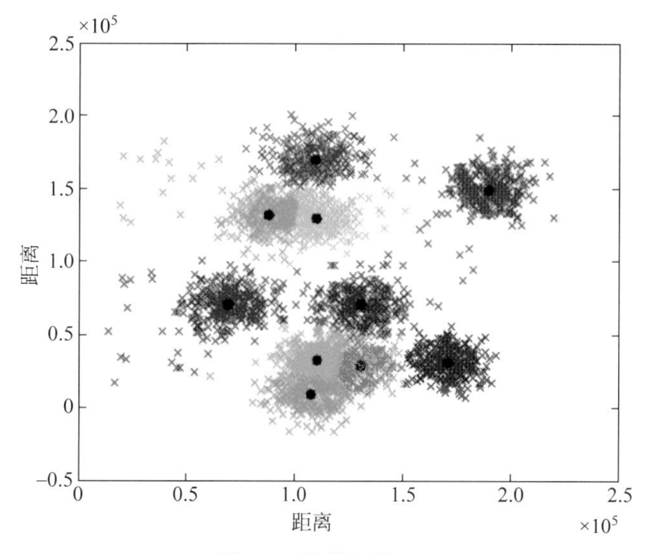

图 1-9　聚类问题

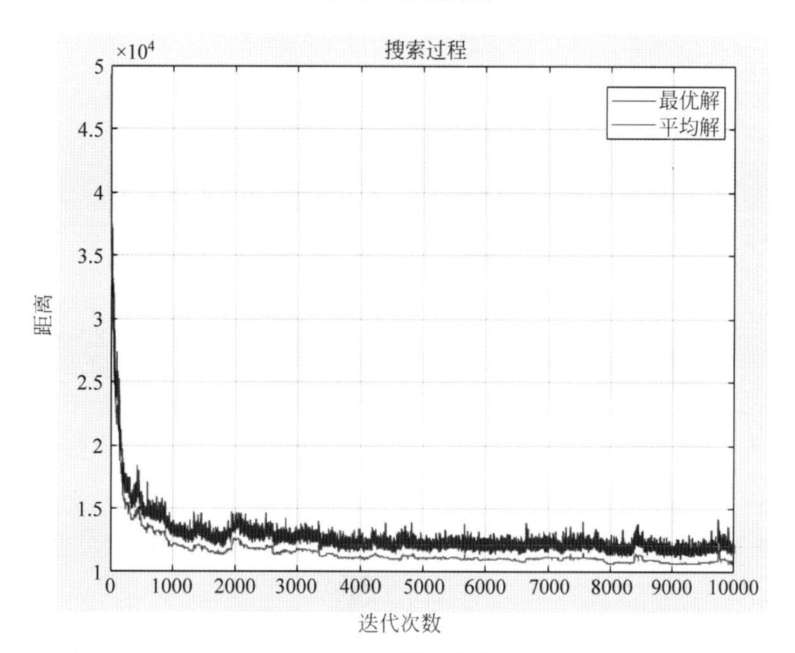

图 2-10　搜索结果

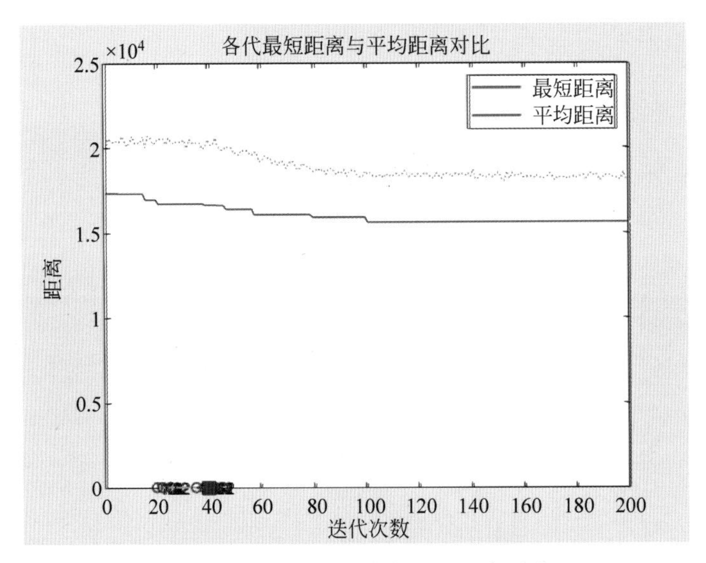

图 3-3　各代最短距离与平均距离对比

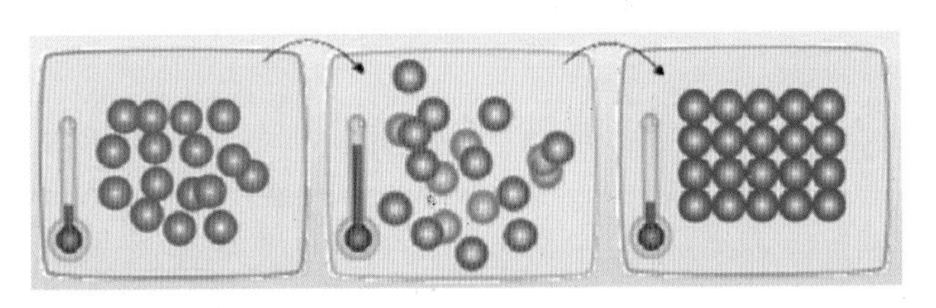

图 4-1　退火粒子状态

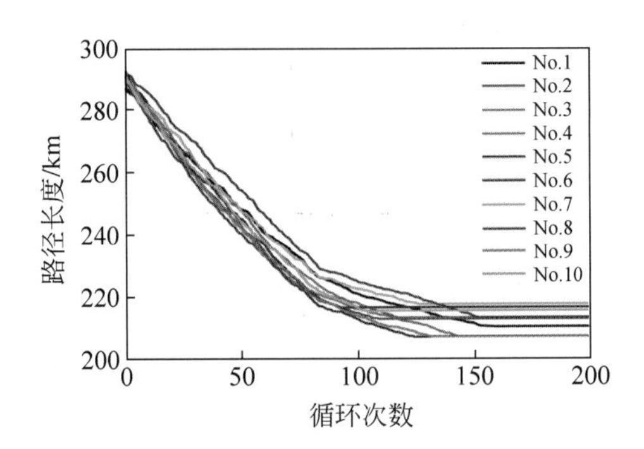

图 9-3　10 次寻优过程中算法收敛情况

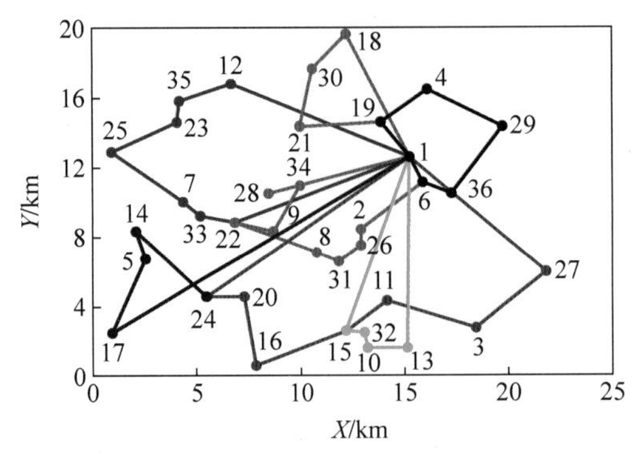

图 9-4　最优配送路径

大数据与人工智能技术丛书

启发式优化算法理论及应用

邹晔 主编

刘利枚 周鲜成 姚雨晴 吴兴宇 副主编

清華大学出版社

北京

内 容 简 介

本书系统、全面地介绍了用于求解最优化问题的10种智能启发式算法的基本思想、设计原理及应用案例，分别为遗传算法、蚁群算法、模拟退火算法、禁忌搜索算法、大邻域搜索算法、变邻域搜索算法、迭代局部搜索算法、粒子群算法、人工免疫算法及人工神经网络。

本书可作为高等院校计算机科学与技术、人工智能等理工类相关专业本科生及研究生教材，也可作为物流管理、经济管理等管理类相关专业本科生及研究生教材。

本书封面贴有清华大学出版社防伪标签，无标签者不得销售。
版权所有，侵权必究。举报：010-62782989，beiqinquan@tup.tsinghua.edu.cn。

图书在版编目(CIP)数据

启发式优化算法理论及应用/邹晔主编. —北京：清华大学出版社，2023.10（2024.10重印）
（大数据与人工智能技术丛书）
ISBN 978-7-302-64415-6

Ⅰ. ①启… Ⅱ. ①邹… Ⅲ. ①启发式算法－高等学校－教材 Ⅳ. ①O242.23

中国国家版本馆 CIP 数据核字(2023)第154710号

责任编辑：贾 斌
封面设计：刘 键
责任校对：韩天竹
责任印制：杨 艳

出版发行：清华大学出版社
网 址：https://www.tup.com.cn，https://www.wqxuetang.com
地 址：北京清华大学学研大厦A座 **邮 编**：100084
社 总 机：010-83470000 **邮 购**：010-62786544
投稿与读者服务：010-62776969，c-service@tup.tsinghua.edu.cn
质量反馈：010-62772015，zhiliang@tup.tsinghua.edu.cn
课件下载：https://www.tup.com.cn，010-83470236
印 装 者：三河市科茂嘉荣印务有限公司
经 销：全国新华书店
开 本：185mm×260mm **印 张**：12.75 **插 页**：1 **字 数**：335千字
版 次：2023年10月第1版 **印 次**：2024年10月第2次印刷
印 数：1501～2300
定 价：59.00元

产品编号：098982-01

前言

启发式优化算法是相对于精确算法而言的。一个问题的精确算法，是指求得该问题的精确解，而启发式算法则是基于直观或经验所构造的算法，在可接受的成本（计算时间、占用内存等）下寻找最优解，但不一定能保证所得解的可行性和精确性。启发式算法一般具有严密的理论依据，而不是仅凭专家经验，理论上可在一定时间内找到精确解或近似精确解。

启发式算法的兴起源于实际问题的需要。随着20世纪70年代算法复杂性理论的完善，人们不再强调花费大量的时间求得精确解，只要能在较短的时间内求得相对较好的结果，也可以接受。因此，20世纪80年代初兴起的启发式优化算法在当今得到了巨大的发展。

本书第1章对最优化方法的求解对象即最优化问题的定义及分类进行了介绍，并分析了最优化方法的特点及其分类，再重点介绍最优化方法之一的启发式算法的定义及特点。第2章介绍了遗传算法的思想及特点、设计原则，并重点分析了遗传算法在0-1背包问题、函数极值问题、旅行商问题、带时间窗的车辆路径问题及机器学习领域中的应用。第3章介绍了蚁群算法的思想及特点，并重点分析了蚁群算法在旅行商问题及函数极值问题中的应用。第4章首先介绍了模拟退火算法的思想及特点、设计原则，然后介绍了该算法在经典优化问题如旅行商问题、图像处理等问题中的应用，并针对该算法在实际问题如电商物流配送问题、登机口分配问题中的具体应用进行了分析。第5章首先介绍了禁忌搜索算法的基本思想，然后介绍了该算法各个组成模块如初始解、邻域、禁忌表等的设计思路，最后重点分析了禁忌搜索算法在旅行商问题、双层级医疗设施选址问题及机场外航服务人员班型生成问题中的应用。第6章首先介绍了大邻域搜索算法的基本思想，然后重点分析了该算法在路径问题和调度问题中的应用。第7章介绍了变邻域搜索算法的原理及改进策略，然后介绍了该算法在某类优化问题如组合优化问题中的应用，并针对该算法在实际问题如物流配送系统集成优化问题、开放式带时间窗车辆路径问题中的具体应用进行了分析。第8章介绍了迭代局部搜索算法的基本原理及优化策略，并着重分析了该算法在旅行商问题中的应用。第9章介绍了粒子群算法的起源及原理，分析了算法的关键参数，并阐述了该算法在模糊系统设计问题和满载需求可拆分车辆路径问题中的应用。第10章首先介绍了人工免疫算法的基本原理，然后分别介绍了免疫遗传算法、免疫规划算法和免疫策略算法，最后分析了免疫优化算法在物流中心选址问题中的应用。第11章首先介绍了人工神经网络的起源及相关概念，如人工神经元、传递函数；其次介绍了7种神经网络模型，分别为单层感知机、多层感知机、径向基函数神经网络、自组织竞争人工神经网络、对向传播神经网络、前向神经网络及反馈型神经网络；然后介绍了神经网络权值的3种混合优化学习策略，分别为BPSA、BPGA、GASA；最后分析了人工神经网络在组合优化问题中的应用。

本书为湖南工商大学2021年教材建设基金资助项目成果。在本书的编写过程中，受到了与智能优化算法相关的精品课程教材的启发。同时，清华大学出版社的编辑为本书的出版付出了艰辛的努力，在此表示由衷的感谢。

一本好的教材不仅需要不断地修订打磨，也需要编写团队反复地协同沟通，本书编者们将一直致力于提高本书质量。鉴于编者能力水平有限，书中难免有疏漏或不足之处，恳请广大读者批评指正。

邹　晔

2023年9月

习题答案

程序代码

目录

第1章

绪　论

从 20 世纪后半叶开始，最优化学科蓬勃发展。目前，最优化问题已受到科研机构、政府部门和产业部门的高度重视，许多新的理论和算法已经被用来解决科学计算和工程应用中的许多问题。最优化问题存在于现实生活中的方方面面，其应用遍布工农业生产、工程技术、交通运输、生产管理、经济计划、国防、金融、分配和选址问题、运筹学、统计、结构优化、工程设计、网络传输问题、数据库问题、化学工程设计和控制、分子生物学等领域。很多实际问题都可以抽象转化成最优化问题，然后从数学的角度求解其最优解，即对于给出的实际问题，从众多的选择中选出符合条件的最优方案。

本章简单介绍了最优化问题及其优化方法，然后引出启发式算法，着重介绍了启发式算法的定义及特点。

1.1　最优化问题定义及分类

1.1.1　最优化问题定义

最优化问题就是依据各种不同的研究对象以及人们预期要达到的目的，寻找一个最优控制规律或设计出一个最优控制方案或最优控制系统。

针对最优化问题，如何选取满足要求的方案和具体措施，使所得结果最佳的方法称为最优化方法。

目标函数、约束条件和求解方法是最优化问题的三个基本要素。

1. 目标函数

目标函数是用数学方法描述处理问题所能够达到结果的函数。该函数的自变量是表示可供选择的方案及具体措施的一些参数或函数，最佳结果就表现为目标函数取极值。

2. 约束条件

在处理实际问题时，通常会受到经济效率、物理条件、政策界限等多方面的限制，这些限制的数学描述称为最优化问题的约束条件。

3. 求解方法

求解方法是获得最佳结果的必要手段。该方法使目标函数取得极值，所得结果称为最优解。

1.1.2 最优化问题分类

最优化问题分为函数优化问题和组合优化问题两大类，其中函数优化的对象是一定区间的连续变量，而组合优化的对象则是解空间中的离散状态。

1. 函数优化问题

函数优化问题通常可描述如下：令 S 为 $\mathbf{R}^n$ 上的有界子集(即变量的定义域)，$f:S\to\mathbf{R}$ 为 n 维实值函数，所谓函数 f 在 S 域上全局最小化就是寻求点 $X_{\min}\in S$ 使得 $f_1(X)=\sum_{i=1}^{n}x_i^2$，$|x_i|\leqslant 100$ 在 S 域上全局最小，即 $\forall X\in S: f(X_{\min})\leqslant f(X)$。

算法的性能比较通常是基于一些称为 benchmark 的典型问题展开的，5 个常见的 benchmark 问题如下。

(1) $f_1(X)=\sum_{i=1}^{n}x_i^2$，$|x_i|\leqslant 100$。该问题的最优状态和最优值为 $\min(f_1(X^*))=f_1(0,0,\cdots,0)=0$。问题(1)如图 1-1 所示。

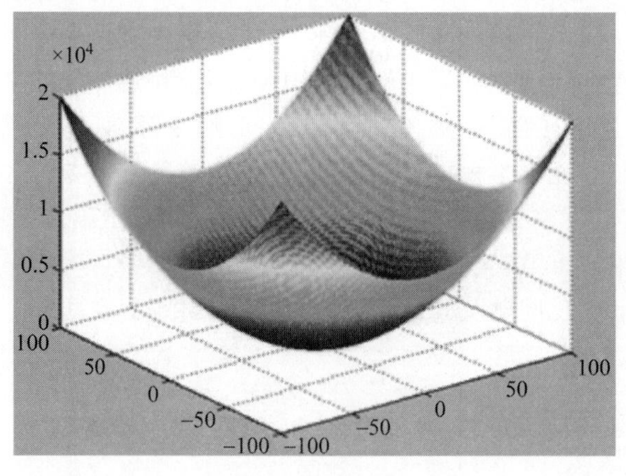

图 1-1 问题(1)

(2) $f_2(X)=\sum_{i=1}^{n}|x_i|+\prod_{i=1}^{n}|x_i|$，$|x_i|\leqslant 10$。该问题的最优状态和最优值为 $\min(f_2(X^*))=f_2(0,0,\cdots,0)=0$。问题(2)如图 1-2 所示。

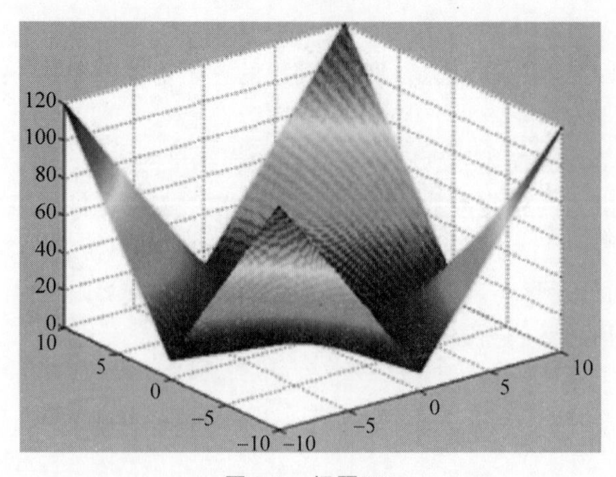

图 1-2 问题(2)

(3) $f_3(X)=\sum_{i=1}^{n}\left(\sum_{j=1}^{i}x_j\right)^2,|x_i|\leqslant 100$。该问题的最优状态和最优值为 $\min(f_3(X^*))=f_3(0,0,\cdots,0)=0$。问题(3)如图 1-3 所示。

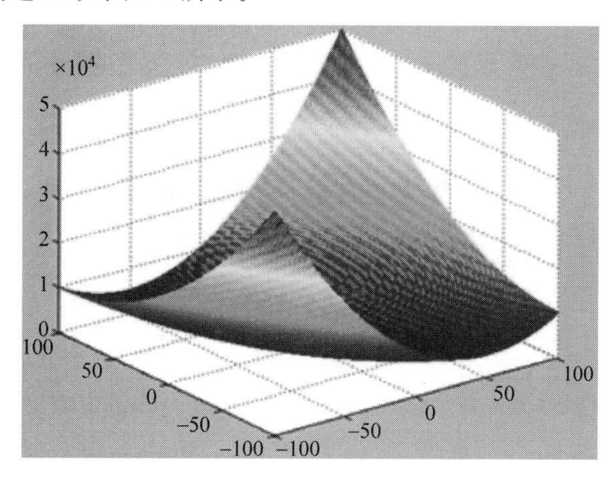

图 1-3 问题(3)

(4) $f_4(X)=\max_{i=n}^{n}|x_i|,|x_i|\leqslant 100$。该问题的最优状态和最优值为 $\min(f_4(X^*))=f_4(0,0,0,\cdots,0)=0$。问题(4)如图 1-4 所示。

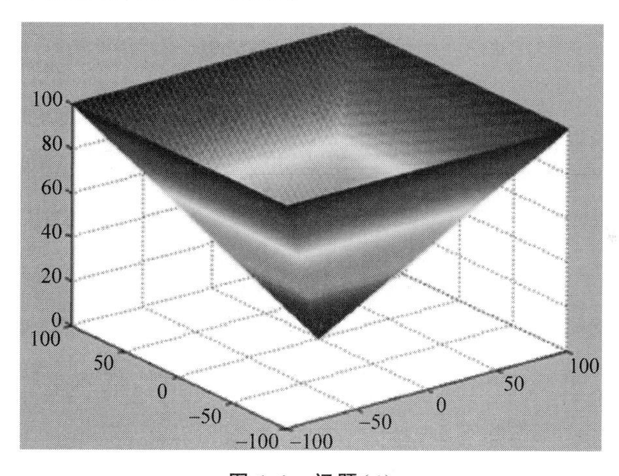

图 1-4 问题(4)

(5) $f_5(X)=\sum_{i=1}^{n}\left[100(x_{i+1}-x_i^2)^2+(1-x_i)^2\right],|x_i|\leqslant 40$。该问题的最优状态和最优值为 $\min(f_5(X^*))=f_5(1,1,1,\cdots,1)=0$。问题(5)如图 1-5 所示。

由于许多工程问题存在约束条件,因此受约束函数的优化问题也一直是优化领域关注的主要对象。常用的受约束测试函数如下。

(1) $\min g_1(X)=5\sum_{i=1}^{4}(x_i-x_i^2)-\sum_{i=5}^{13}x_i$,约束条件如下:

$$2x_1+2x_2+x_{10}+x_{11}\leqslant 10$$

$$2x_1+2x_3+x_{10}+x_{11}\leqslant 10$$

$$2x_2+2x_3+x_{11}+x_{12}\leqslant 10$$

$$-8x_1+x_{10}\leqslant 0$$

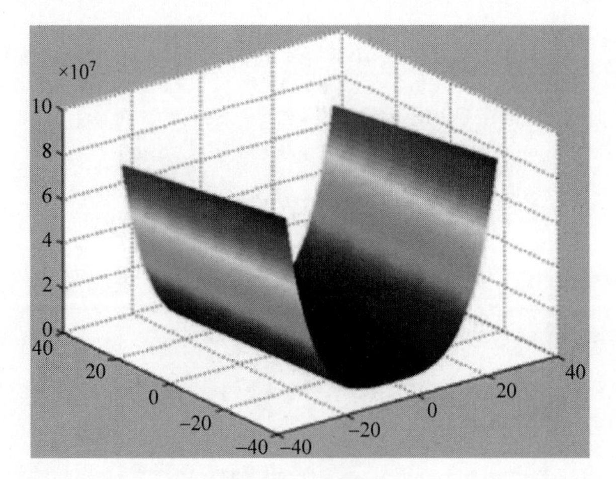

图 1-5 问题(5)

$$-8x_2+x_{11}\leqslant 0$$
$$-8x_3+x_{12}\leqslant 0$$
$$-2x_4-x_5+x_{10}\leqslant 0$$
$$-2x_6-x_7+x_{11}\leqslant 0$$
$$-2x_8-x_9+x_{12}\leqslant 0$$
$$0\leqslant x_i\leqslant 1,\quad i=1,2,\cdots,9,13$$
$$0\leqslant x_i\leqslant 100,\quad i=10,11,12$$

其全局最优值为 $g_1(X^*)=g_1(1,1,1,1,1,1,1,1,1,3,3,3,1)=1$。

(2) $\max g_2(X)=(\sqrt{n})^n\prod_{i=1}^{n}x_i$，约束条件如下：

$$\sum_{i=1}^{n}x_i^2=1,\quad 0\leqslant x_i\leqslant 1,\quad i=1,2,\cdots,n$$

其全局最优值为 $g_2(X^*)=g_2\left(\frac{1}{\sqrt{n}},\cdots,\frac{1}{\sqrt{n}}\right)=1$。

(3) $\min g_3(X)=(x_1-10)^3+(x_2-20)^3$，约束条件如下：

$$(x_1-5)^2+(x_2-5)^2\geqslant 100,\quad 13\leqslant x_1\leqslant 100,0\leqslant x_2\leqslant 100$$

其全局最优值为 $g_3(X^*)=g_3(14.095,0.84296)=-6961.81381$。

对于受约束问题，除了局部极小解的存在，影响最优化性能的因素如下。

(1) 目标函数所对应曲面的拓扑性质。例如在相同约束下，线性或凸函数比无规律的函数要容易求解。

(2) 可行区域的疏密程度。可行区域的疏密程度通常以可行区域占整个搜索空间的比值来度量，同时，约束在可行区域边界上的变化强度与惩罚项的确定也有很大关系。

(3) 采用惩罚的方法来处理约束越界问题。这种方法比较通用，适当选择惩罚函数的形式可得到较好的结果。

因此，对函数优化的讨论通常以无约束问题为主。

2. 组合优化问题

组合优化问题通常可描述如下：令 $\Omega=\{s_1,s_2,\cdots,s_n\}$ 为所有状态构成的解空间，$C(s_i)$

为状态 s_i 对应的目标函数值,要求寻找最优解 s^*,使得 $\forall s_i \in \Omega, C(s^*) = \min C(s_i)$。组合优化往往涉及排序、分类、筛选等问题,它是运筹学的一个分支。

典型的组合优化问题有旅行商问题(traveling salesman problem,TSP)、加工调度问题(cheduling problem,如 flow-shop、job-shop)、0-1 背包问题(knapsack problem)、装箱问题(bin packing problem)、图着色问题(graph coloring problem)、聚类问题(clustering problem)等。

1) 旅行商问题

给定 n 个城市和两两城市之间的距离,要求确定一条经过各城市一次的最短路径。其图论描述如下:给定图 $G=(V,A)$,其中 V 为顶点集,A 为各顶点相互连接组成的边集,边上数字表示各顶点间的连接距离,要求确定一条长度最短的 Hamilton 回路,即遍历所有顶点一次的最短回路。旅行商问题如图 1-6 所示。

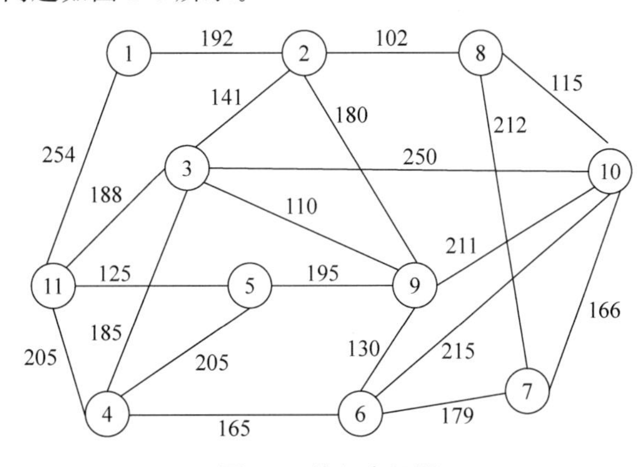

图 1-6 旅行商问题

2) 加工调度问题

Job-shop 问题是一类较旅行商问题更为复杂的典型加工调度问题,也是许多实际问题的简化模型。一个 job-shop 问题描述如下:$(n!)^m(n-1)!/2$ 个工件在 m 台机器上加工,O_{ij} 表示第 i 个工件在第 j 台机器上的操作,相应的操作时间 T_{ij} 为已知,事先给定各工件在各机器上的加工次序(称为技术约束条件),要求确定与技术约束条件相容的各机器上所有工件的加工次序,使加工性能指标达到最优(通常是最小完工时间)。在 job-shop 问题中,除技术约束外,通常还假定每一时刻每台机器只能加工一个工件,且每个工件只能被一台机器所加工,同时加工过程不间断。若各工件的技术约束条件相同,一个 job-shop 问题就转化为简单的 flow-shop 问题。进而,若各机器上各工件的加工次序也相同,则问题进一步转化为置换 flow-shop 问题。

3) 0-1 背包问题

0-1 背包问题描述如下:对于 n 个体积分别为 a_i、价值分别为 c_i 的物品,如何将它们装入总体积为 b 的背包中,使得所选物品的总价值最大。0-1 背包问题如图 1-7 所示。

4) 装箱问题

如何以个数最少的尺寸为 l 的箱子装入 n 个尺寸不超过 l 的物品。

5) 图着色问题

对于 n 个顶点的无环图 G,要求对其各个顶点进行着色,使得任意两个相邻的顶点都有不同的颜色,且所用颜色种类最少。图着色问题如图 1-8 所示。

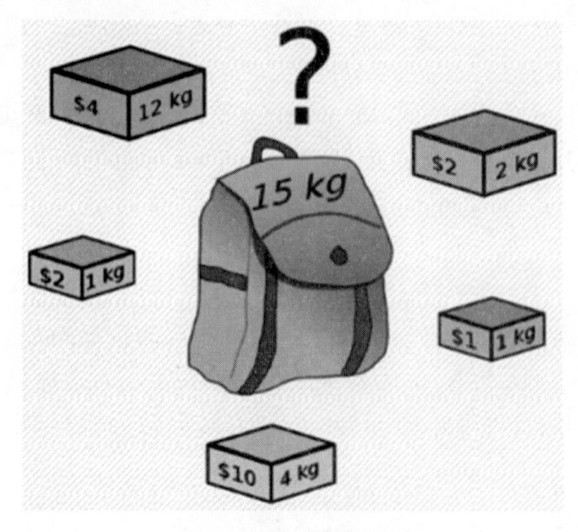

图 1-7 0-1 背包问题

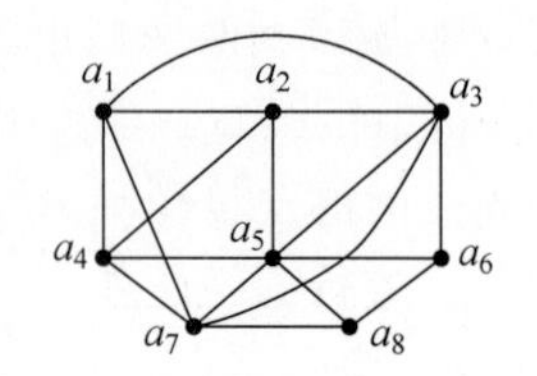

图 1-8 图着色问题(见彩插)

6) 聚类问题

m 维空间上的 n 个模式 $\{X_i \mid i=1,2,\cdots,n\}$,要求聚成 k 类,使得各类内的点最相近。例如要求 $x^2=\sum_{i=1}^{n}\|X_i^{(p)}-R_p\|$ 最小,其中 R_p 为第 p 类中的点数。聚类问题如图 1-9 所示。

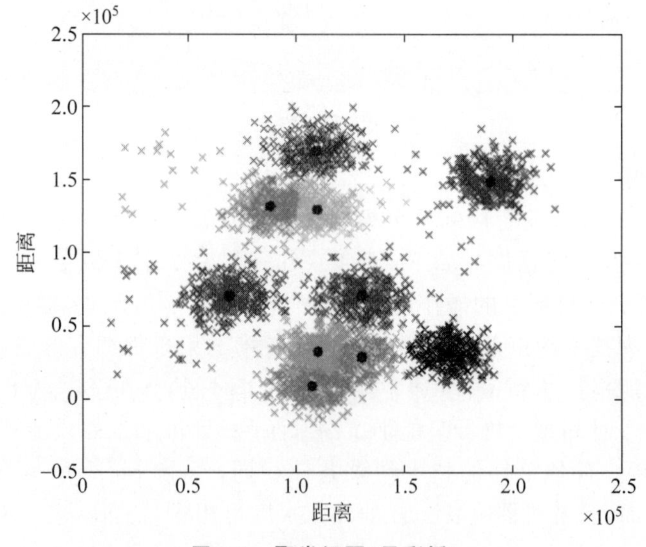

图 1-9 聚类问题(见彩插)

显然,上述问题描述均非常简单,并且有很强的工程代表性,但最优化求解很困难,其主要原因是所谓的"组合爆炸"。例如,聚类问题的可能划分方式有 $k^n/k!$ 个,job-shop 问题的可能排列方式有 $(n!)^m$ 个,基于置换排列描述的 n 个城市旅行商问题有 $n!$ 种可行排列,即便是无方向性和循环性的平面问题仍有 $(n-1)!/2$ 种不同排列,显然状态数量随问题规模呈指数增长。因此,解决这些问题的关键在于寻求有效的优化算法。

当然,最优化问题还可以从别的角度进行分类,如根据有无约束条件分为无约束优化问题与受约束优化问题;根据变量是否确定分为确定性最优化问题与随机性最优化问题;根据目标函数和约束条件是否线性分为线性优化问题与非线性优化问题;根据解是否随时间变化分为静态规划问题和动态规划问题。

1.2 最优化方法特点及分类

1.2.1 最优化方法特点

最优化方法在数学中是一个比较贴近应用的分支，在工程实际及经济管理等领域有着广泛应用，也是比较新的一门数学学科，大量新的算法还在不断涌现，而且这门学科的发展离不开计算机的广泛应用和普及。

1. 最优化方法的应用范围非常广泛

最优化方法的出现和发展离不开大量实际问题的推动，其应用范围也遍及多个领域，涉及科学、工程、经济、工业和军事领域等。例如下面的问题：在金融投资中，如何设计好的投资项目组合在可接受的风险限度内获得尽可能大的投资回报？在工程设计中，如何使得工程设计方案既满足需要又能够降低工程的造价？如何寻找飞行器或机械手的最优轨迹？一个工厂如何在现有条件下安排生产，以达到最优利润？如何控制一个化学过程或机械装置，既优化其性能又保证满足其稳健性？在很多学科中都有大量的优化问题需要解决。

2. 最优化方法与实际联系密切

与其他数学分支相比，最优化方法比较具体，具有很强的实用性。它不仅研究用数学方法分析实际问题，而且强调解决问题，将研究结果应用于实际情况，并且根据实际情况对所得解进行进一步的考察及应用。

3. 最优化方法的跨学科性

要想用最优化方法解决实际问题，就必须对问题有深入的了解。仅懂得待解决问题的相关学科的知识或最优化的数学方法都不能很好地解决实际问题，而必须把二者结合起来。因此，除数学外，很多其他学科如经济管理、力学、机械等学科中也有大量的研究人员从事本专业中最优化问题的研究。

4. 最优化方法离不开计算机的应用

计算机的发明和推广普及对整个社会都产生了很大的影响，对各个学科科研工作的影响也是翻天覆地的。最早的最优化数值算法，即柯西提出的最速下降法于1847年就出现了，但在此后的一百年间几乎没有有影响的后续研究。这是因为数值计算需要迭代，需要大量的计算，在计算机得到普及应用之前，没有计算机的帮助，完全靠人工计算是不太可能完成的。计算机的出现不仅使得大量的计算成为可能而且变得非常简单，这就为最优化方法的大发展开辟出了一条光明大道，所以第二次世界大战以后，随着计算机的广泛应用，最优化方法的理论和应用都得到了快速的发展。因此，要想学好、用好最优化方法，一定要学好计算机编程，离开计算机，最优化方法的研究与应用是难以开展的。

1.2.2 最优化方法分类

采用最优化算法解决实际问题主要分为两个步骤。

步骤1：建立数学模型。对可行方案进行编码，构造约束条件和目标函数。

步骤2：最优值搜索策略。在约束条件下，在可行解中搜索最优解的方法有穷举搜索、随机搜索和启发式搜索算法。

最优化算法，其实就是一种搜索过程或规则，它是基于某种思想和机制，通过一定的途径或规则来得到满足用户要求的问题的解。

1. 算法分类

对于不同类型的问题有不同的求解方法，例如：求解线性规划问题的单纯形法(simplex

method),求解整数规划问题的分支定界法(branch and bound method)和枚举法(enumerative algorithm),求解非线性问题的牛顿法(Newton method)、共轭梯度法(conjugate gradient method)、拟牛顿法(quasi-Newton method)、非二次模型最优化方法(nonquadratic model optimization)、罚函数法(penalty function method)、可行方向法(feasible direction method)、信赖域法(trust region method)等。

最优化算法分类如图 1-10 所示。

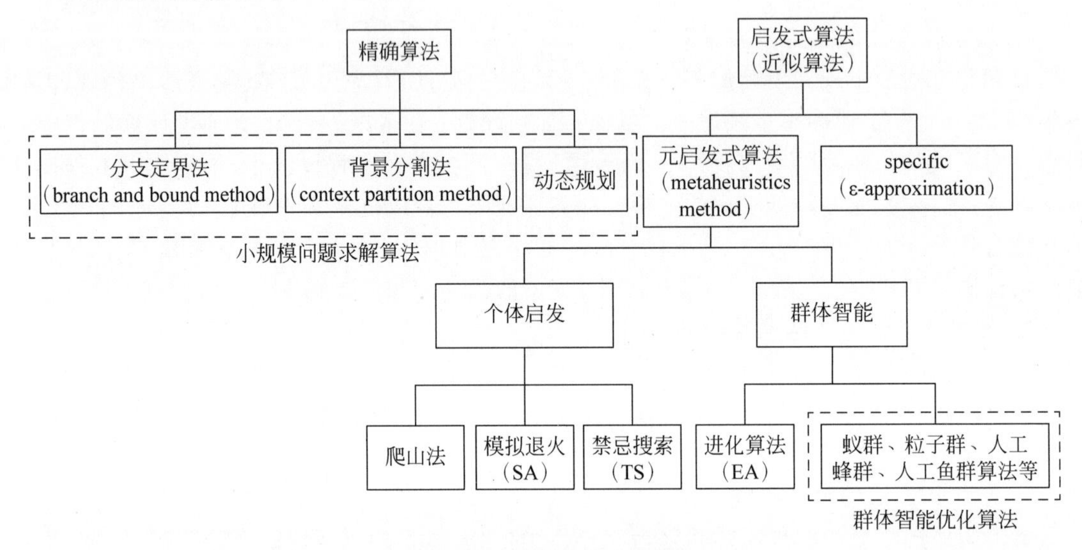

图 1-10　最优化算法分类

精确算法包括线性规划、动态规划、整数规划和分支定界法等运筹学中的传统算法,其算法计算复杂性一般很大,只适合于求解小规模问题,在工程中往往不实用。

启发式算法指人在解决问题时所采取的一种根据经验规则进行发现的方法。其特点是在解决问题时,利用过去的经验,选择已经行之有效的方法,而不是系统地以确定的步骤去寻求答案。一个基于直观或经验构造的算法,在可接受的时间和空间开销下给出待解决组合优化问题每一个实例的一个可行解,该可行解与最优解的偏离程度一般不能被预计。

元启发式算法是启发式算法的改进,它是随机算法与局部搜索算法相结合的产物。

2. 部分算法简述

1) 拉格朗日乘子法

作为一种优化算法,拉格朗日乘子法主要用于解决约束优化问题,它的基本思想就是通过引入拉格朗日乘子将含有 $f(x)=0$ 个变量和 k 个约束条件的约束优化问题转化为含有$(n+k)$个变量的无约束优化问题。拉格朗日乘子背后的数学意义是其为约束方程梯度线性组合中每个向量的系数。

2) 梯度下降法(gradient descent method)

梯度下降法是最早、最简单,也是最为常用的最优化方法。梯度下降法实现简单,当目标函数是凸函数时,梯度下降法的解是全局解。一般情况下,其解不保证是全局最优解,梯度下降法的速度也未必是最快的。梯度下降法的优化思想是用当前位置负梯度方向作为搜索方向,因为该方向为当前位置的最快下降方向,所以也被称为"最速下降法"。最速下降法越接近目标值,步长越小,前进越慢。

梯度下降法的缺点如下:

(1) 靠近极小值时收敛速度减慢。

(2) 直线搜索时可能会产生一些问题。

(3) 可能会"之字形"地下降。

3) 牛顿法和拟牛顿法(Newton method & quasi-Newton method)

(1) 牛顿法(Newton method)。牛顿法是一种在实数域和复数域上近似求解方程的方法。该方法使用函数 $f(x)$的泰勒级数的前面几项来寻找方程 $f(x)=0$ 的根。牛顿法最大的特点就在于它的收敛速度很快。

本质上,牛顿法是二阶收敛,梯度下降法是一阶收敛,所以牛顿法更快。通俗地说,如果想找一条最短路径走到一个盆地的最底部,梯度下降法每次只从当前所处位置选一个坡度最大的方向走一步,而牛顿法在选择方向时,不仅会考虑坡度是否够大,还会考虑走了一步之后,坡度是否会变得更大。因此,可以说牛顿法比梯度下降法"看得更远一点",能更快地走到最底部(牛顿法目光更加长远,所以少走弯路;梯度下降法只考虑了局部的最优,没有全局思想)。

从几何上说,牛顿法就是用一个二次曲面去拟合当前所处位置的局部曲面,而梯度下降法是用一个平面去拟合当前的局部曲面。通常情况下,二次曲面的拟合会比平面更好,所以牛顿法选择的下降路径会更符合真实的最优下降路径。

牛顿法的优点是二阶收敛,收敛速度快;缺点是它是一种迭代算法,每一步都需要求解目标函数的 Hessian 矩阵的逆矩阵,计算比较复杂。

(2) 拟牛顿法(quasi-Newton method)。拟牛顿法是求解非线性优化问题最有效的方法之一,于 20 世纪 50 年代由美国 Argonne 国家实验室的物理学家 W. C. Davidon 提出。Davidon 设计的这种算法在当时看来是非线性优化领域极具创造性的发明之一。不久 R. Fletcher 和 M. J. D. Powell 证实了这种新的算法远比其他方法快速和可靠,使得非线性优化这门学科在一夜之间突飞猛进。

拟牛顿法的本质思想是改善牛顿法每次需要求解复杂的 Hessian 矩阵的逆矩阵的缺陷,它使用正定矩阵来近似 Hessian 矩阵的逆,从而简化了运算的复杂度。拟牛顿法和最速下降法一样,只要求每一步迭代时知道目标函数的梯度。通过测量梯度的变化,构造一个目标函数的模型使之足以产生超线性收敛性。这类方法大幅优于最速下降法,尤其对于困难的问题。另外,因为拟牛顿法不需要二阶导数的信息,所以有时比牛顿法更为有效。如今,优化软件中包含了大量的拟牛顿法用来解决无约束、受约束和大规模的优化问题。

4) 共轭梯度法(conjugate gradient method)

共轭梯度法是介于最速下降法与牛顿法之间的一种方法,它仅需利用一阶导数信息,但克服了最速下降法收敛慢的缺点,又避免了牛顿法需要存储和计算 Hessian 矩阵并求逆的缺点。共轭梯度法不仅是求解大型线性方程组极有用的算法之一,也是求解大型非线性最优化极有效的算法之一。在各种优化算法中,共轭梯度法是非常重要的一种。其优点是所需存储量小,稳定性高,而且不需要任何外来参数。

1.3　启发式算法定义及特点

传统优化方法的连续可导的要求有点过于严格,并且存在容易陷入局部最优解和计算时间过长的缺点,特别是在组合最优化问题中,传统优化方法往往不可行,因此出现了启发式算法用于求解这些问题。启发式优化算法是伴随着计算机技术的高速发展和实际问题对优化方法的要求而产生的。实际问题要求优化方法对目标函数、约束函数的表达形式应更加宽松,这样优化方法才有更广泛的应用领域。

1.3.1 启发式算法定义

现代启发式算法又称智能优化算法，是一种具有全局优化性能、通用性强且适用于并行处理的算法。这种算法一般具有严密的理论依据，而不是单纯凭专家经验，理论上可以在一定的时间内找到最优解或近似最优解。启发式算法(heuristic algorithm)有两种定义。

定义 1：基于直观或经验而构造的算法，对优化问题的实例能在可接受的计算成本(计算时间、占用空间等)内，得到一个近似最优解，该近似解与真实最优解的偏离程度不一定是可预计的。

定义 2：启发式算法是一种技术，这种技术使得在可接受的计算成本内去搜寻最好的解，但不一定保证所得的解是可行解和最优解，甚至在多数情况下，无法阐述所得解同最优解的近似程度。

总之，启发式算法可用于解决求解最优解代价比较大的问题，但是此类算法不保证得到最优解，求解结果不稳定且算法效果依赖于实际问题和设计者的经验。

1.3.2 启发式算法特点

启发式算法都是从任一解出发，按照某种机制，以一定的概率在整个求解空间中探索最优解。由于它们可以把搜索空间扩展到整个问题空间，因此具有全局优化性能。

现阶段，启发式算法以仿自然体算法为主，主要有遗传算法(genetic algorithm)、蚁群算法(ant colony algorithm)、模拟退火算法(simulated annealing algorithm)、禁忌搜索算法(tabu search algorithm)、变邻域搜索算法(variable neighborhood search algorithm)、粒子群优化算法(particle swarm optimization algorithm)、人工免疫算法(artificial immune algorithm)、神经网络优化算法(neural networks optimization algorithm)等。

现代启发式算法在优化机制方面存在一定的差异，但在优化流程上却具有较大的相似性，均是一种“邻域搜索”结构。算法都是从一个(一组)初始解出发，在算法的关键参数的控制下通过邻域函数产生若干邻域解，按接受准则(确定性、概率性或混沌方式)更新当前状态，然后按照关键参数修改准则调整关键参数。如此重复上述搜索步骤直到满足算法的收敛准则，最终得到问题的优化结果。部分算法机制特点如表 1-1 所示。

表 1-1 部分算法机制特点

算法类型	首次使用者	机制	优化流程
SA	Kirkpatrick	基于蒙特卡洛进行串行搜索优化	邻域搜索
GA	Holland	基于生物进化和遗传进行全局最优化	邻域搜索
TS	Glove	记忆功能的全局逐步优化算法	邻域搜索
ACA	Dorigo	强化学习功能的全局性并行优化算法	邻域搜索

虽然人们对启发式算法的研究已久，但算法还存在很多不足之处。

(1) 启发式算法目前缺乏统一、完整的理论体系。

(2) 由于 NP 理论，各种启发式算法都不可避免地遇到了局部最优的问题。

(3) 各种启发式算法都有各自的优缺点，目前没有非常完善的算法。

(4) 启发算法缺乏有效的迭代停止条件。

现代启发式算法的研究，在理论方面还处于不断发展中，新思想和新方法仍不断出现。针对上述的现状、特点，总结其今后发展方向有如下几方面。

(1) 整理归纳分散的研究成果，建立统一的算法体系结构。

（2）在现有的数学方法（模式定理、编码策略、马尔可夫链理论、维数分析理论、复制遗传算法理论、二次动力系统理论、傅里叶分析理论、分离函数理论、Walsh函数分析理论）的基础上寻求新的数学工具。

（3）开发新的混合式算法并开展现有算法改进方面的研究。

（4）研究高效并行或分布式优化算法。

1.4 本章小结

本章介绍了最优化问题及其优化方法，然后介绍了启发式算法的定义及特点。由于启发式算法主要用于解决最优解求解成本较大的问题和大规模复杂问题，因此启发式算法在现实中的应用非常广泛。在接下来的章节中，主要阐述的启发式算法有以下几种：遗传算法、蚁群算法、模拟退火算法、禁忌搜索算法、大邻域搜索算法、变邻域搜索算法、迭代局部搜索算法、粒子群算法、人工免疫算法及人工神经网络。

1.5 习题

1. 什么是最优化问题？
2. 最优化算法有哪几种基本要素？
3. 试将最优化问题进行分类。
4. 写出优化问题的求解步骤。
5. 简述各启发式算法的概念。
6. 什么是梯度下降法？
7. 试总结各启发式算法的特点。
8. 试讨论优化方法的应用范围。
9. 简述启发式算法的定义。
10. 影响最优化性能的因素有哪些？

第 2 章

遗传算法

遗传算法(genetic algorithm,GA)是模拟自然界生物进化机制的一种算法,即遵循适者生存、优胜劣汰的法则,也就是在寻优过程中,保留有用的解,去除无用的解,并最终得出最优解。

近年来,遗传算法的卓越性能引起人们的关注。对于以往难以解决的函数优化问题、复杂的多目标规划问题、工农业生产中的配管和配线问题,以及机器学习、图像识别、人工神经网络的权系数调整和网络构造等问题,遗传算法是极有效的方法之一。虽然遗传算法在许多优化问题中都有成功的应用,但其本身也存在一些不足,例如局部搜索能力差、存在未成熟收敛和随机漫游等现象,从而导致算法的收敛性能差,需要很长时间才能找到最优解,这些不足阻碍了遗传算法的推广应用。如何改善遗传算法的搜索能力和提高算法的收敛速度,使其更好地应用于实际问题的解决中,是各国学者一直探索的主要课题。目前,世界范围内掀起了关于遗传算法的研究与应用热潮。

本章首先介绍了遗传算法的基本概念和原理,然后分析了遗传算法的几个典型应用。

2.1 遗传算法思想及特点

2.1.1 算法思想

遗传算法是模拟达尔文生物进化论的自然选择和遗传学机理的生物进化过程的计算模型,是一种通过模拟自然进化过程搜索最优解的方法。

遗传算法(GA)最初由美国密歇根大学 J. Holland 教授提出,并出版了颇有影响的专著 *Adaptation in Natural and Artificial Systems*,之后 GA 才逐渐为人所知,Holland 教授所提出的 GA 通常为简单遗传算法(SGA)。

遗传算法被提出的最初目的是研究自然系统的自适应行为并设计具有自适应功能的软件系统。它的特点是对参数进行编码运算不需要有关体系的任何先验知识,沿多种路线进行平行搜索,不会落入局部较优的陷阱。

进化算法最初是借鉴了进化生物学中的一些现象而发展起来的,这些现象包括遗传、突变、自然选择及杂交等,遗传算法在适应度函数选择不当的情况下有可能收敛于局部最优,而不能达到全局最优。

遗传算法是从代表问题可能潜在的解集的一个种群(population)开始的,而一个种群则由经过基因(gene)编码的一定数目的个体(individual)组成。

每个个体实际上是染色体(chromosome)带有特征的实体。染色体作为遗传物质的主要载体,即多个基因的集合,其内部表现(即基因型)是某种基因组合,它决定了个体的形状的外部表现,如黑头发的特征是由染色体中控制这一特征的某种基因组合决定的。因此,在一开始需要实现从表现型到基因型的映射即编码工作。

由于仿照基因编码的工作很复杂,因此往往需要进行简化,如二进制编码,初代种群产生之后,按照适者生存和优胜劣汰的原理,逐代(generation)演化产生出越来越好的近似解。

在每一代,根据问题域中个体的适应度(fitness)大小选择(select)个体,并借助于自然遗传学的遗传算子(genetic operators)进行组合交叉(crossover)和变异(mutation),产生出代表新的解集的种群。

这个过程将导致种群像自然进化一样的后生代种群比前代更加适应于环境,末代种群中的最优个体经过解码(decoding),可以作为问题近似最优解。

由于遗传算法是基于进化论和遗传学机理而产生的搜索算法,所以在这个算法中会用到很多生物遗传学知识。下面是一些术语说明。

染色体又可以叫作基因型个体,一定数量的个体组成群体,群体中个体的数量叫作群体大小。

基因是串中的元素,基因用于表示个体的特征。例如有一个串 $S=1011$,则其中的 1、0、1、1 这 4 个元素分别称为基因。它们的值称为等位基因(alleles)。

基因位点(locus)在算法中表示一个基因在串中的位置,称为基因位置(gene position),有时也简称基因位。基因位置由串的左向右计算。例如在串 $S=1101$ 中,0 的基因位置是 3。

在用串表示整数时,基因的特征值(feature)与二进制数的权一致。例如在串 $S=1011$ 中,基因位置 3 中的 1,它的基因特征值为 2;基因位置 1 中的 1,它的基因特征值为 8。

各个个体对环境的适应程度叫作适应度。为了体现染色体的适应能力,引入了对问题中的每一个染色体都能进行度量的函数,叫作适应度函数。这个函数是计算个体在群体中被使用的概率。

遗传算法的操作步骤如下:

步骤 1:初始化。设置进化代数计数器 $t=0$,设置最大进化代数 T,随机生成 M 个个体作为初始群体 $P(0)$。

步骤 2:个体评价。计算群体 $P(t)$中各个个体的适应度。

步骤 3:选择运算。将选择算子作用于群体。选择的目的是把优化的个体直接遗传到下一代或通过配对交叉产生新的个体再遗传到下一代。选择操作是建立在群体中个体的适应度评估基础上的。

步骤 4:交叉运算。将交叉算子作用于群体。遗传算法中起核心作用的就是交叉算子。

步骤 5:变异运算。将变异算子作用于群体。即对群体中的个体串的某些基因位上的基因值做变动。群体 $P(t)$经过选择、交叉、变异运算之后得到下一代群体 $P(t+1)$。

步骤 6:终止条件判断。当最优个体的适应度达到给定的阈值,或者最优个体的适应度和群体适应度不再上升时,或者迭代次数达到预设的代数时,算法终止。预设的代数一般设置为 100～500 代。

2.1.2 算法特点

遗传算法是解决搜索问题的一种通用算法,对于各种通用问题都可以使用。搜索算法的共同特征如下:

(1) 组成一组候选解。

(2) 依据某些适应性条件测算这些候选解的适应度。

(3) 根据适应度保留某些候选解,放弃其他候选解。

(4) 对保留的候选解进行某些操作,生成新的候选解。

在遗传算法中,上述几个特征以一种特殊的方式组合在一起。基于染色体群的并行搜索,带有猜测性质的选择操作、交换操作和突变操作。这种特殊的组合方式将遗传算法与其他搜索算法区别开来。

遗传算法还具有以下几方面的特点。

(1) 遗传算法从问题解的串集开始搜索,而不是从单个解开始。这是遗传算法与传统优化算法的极大区别。传统优化算法是从单个初始值迭代求最优解的,容易误入局部最优解。遗传算法从串集开始搜索,覆盖面大,利于全局择优。

(2) 遗传算法同时处理群体中的多个个体,即对搜索空间中的多个解进行评估,减少了陷入局部最优解的风险,同时算法本身易于实现并行化。

(3) 遗传算法基本上不用搜索空间的知识或其他辅助信息,而仅用适应度函数值来评估个体,在此基础上进行遗传操作。适应度函数不仅不受连续可微的约束,而且其定义域可以任意设定。这一特点使得遗传算法的应用范围大幅扩展。

(4) 遗传算法不是采用确定性规则,而是采用概率的变迁规则来指导它的搜索方向。

(5) 遗传算法具有自组织、自适应、自学习性。遗传算法利用进化过程获得的信息自行组织搜索时,适应度大的个体具有较高的生存概率。

2.2 遗传算子

遗传操作是模拟生物基因遗传的做法。在遗传算法中,通过编码组成初始群体后,遗传操作的任务就是对群体的个体按照它们对环境适应度(适应度评估)施加一定的操作,从而实现优胜劣汰的进化过程。从优化搜索的角度而言,遗传操作可使问题的解一代又一代地优化,并逼近最优解。

遗传操作包括以下三个基本遗传算子(genetic operator):选择(selection)、交叉(crossover)、变异(mutation)。这三个遗传算子有如下特点:个体遗传算子的操作都是在随机扰动情况下进行的。因此,群体中个体向最优解迁移的规则是随机的。需要强调的是,这种随机化操作和传统的随机搜索方法是有区别的。遗传操作进行的是高效有向的搜索而不是如一般随机搜索方法所进行的无向搜索。

遗传操作的效果和上述三个遗传算子所取的操作概率、编码方法、群体大小、初始群体及适应度函数的设定密切相关。

2.2.1 选择算子

从群体中选择优胜个体、淘汰劣质个体的操作叫作选择。选择算子有时又称为再生算子(reproduction operator)。选择的目的是把优化的个体(或解)直接遗传到下一代或通过配对交叉产生新的个体再遗传到下一代。

选择操作是建立在群体中个体的适应度评估基础上的,目前常用的选择算子有以下几种:适应度比例方法、随机遍历抽样法、局部选择法。

其中,轮盘赌选择法(roulette wheel selection)是最简单也是最常用的选择方法。在该方法中,各个个体的选择概率和其适应度值成比例。设群体大小为 n,其中个体 i 的适应度为

f_i，则 i 被选择的概率为

$$p_i = f_i / \sum_{j=1}^{n} f_i$$

显然，概率反映了个体 i 的适应度在整个群体的个体适应度总和中所占的比例。个体适应度越大，其被选择的概率就越高，反之亦然。

计算出群体中各个个体的选择概率后，为了选择交配个体，需要进行多轮选择。每一轮产生一个[0,1]区间的均匀随机数，将该随机数作为选择指针来确定被选个体。个体被选后，可随机地组成交配对，以供后面的交叉操作。

2.2.2　交叉算子

在自然界生物进化过程中起核心作用的是生物遗传基因的重组(加上变异)。同样，遗传算法中起核心作用的是遗传操作的交叉算子。所谓交叉，是指把两个父代个体的部分结构加以替换重组而生成新个体的操作。通过交叉，遗传算法的搜索能力得以飞跃提高。

交叉算子根据交叉率将种群中的两个个体随机地交换某些基因，能够产生新的基因组合，期望将有益基因组合在一起。根据编码表示方法的不同，可以有以下算法。

1. 实值重组

实值重组包括离散重组、中间重组、线性重组、扩展线性重组。

2. 二进制交叉

二进制交叉包括单点交叉、多点交叉、均匀交叉、洗牌交叉、缩小代理交叉。

最常用的交叉算子为单点交叉。具体操作是：在个体串中随机设定一个交叉点，实行交叉时，该点前或后的两个个体的部分结构进行互换，并生成两个新个体。下面给出了单点交叉的一个例子：

个体 A：1001 ↑ 111→1001000 新个体。

个体 B：0011 ↑ 000→0011111 新个体。

2.2.3　变异算子

变异算子的基本内容是对群体中的个体串的某些基因位上的基因值做变动。依据个体编码表示方法的不同，可以分为实值变异和二进制变异。一般来说，变异算子操作的基本步骤如下：

步骤 1：对群中所有个体以事先设定的变异概率判断是否进行变异。

步骤 2：对进行变异的个体随机选择变异位进行变异。

在遗传算法中引入变异的目的有两个：

(1) 使遗传算法具有局部的随机搜索能力。当遗传算法通过交叉算子已接近最优解邻域时，利用变异算子的这种局部随机搜索能力可以加速向最优解收敛。显然，此种情况下的变异概率应取较小值，否则接近最优解的积木块会因变异而遭到破坏。

(2) 使遗传算法可维持群体多样性，以防止出现未成熟收敛现象。遗传算法中，交叉算子因其全局搜索能力而作为主要算子，变异算子因其局部搜索能力而作为辅助算子。遗传算法通过交叉和变异这对相互配合又相互竞争的操作而使其具备兼顾全局和局部的均衡搜索能力。所谓相互配合，是指当群体在进化中陷于搜索空间中某个超平面而仅靠交叉不能摆脱时，通过变异操作可有助于这种摆脱。所谓相互竞争，是指当通过交叉已形成所期望的积木块时，变异操作有可能破坏这些积木块。如何有效地配合使用交叉和变异操作，是目前遗传算法的重要研究内容。

基本变异算子是指对群体中的个体码串随机挑选一个或多个基因位并对这些基因位的基因值做变动。(0,1)二值码串中的基本变异操作如下：

(个体 A)1 0 0 1 0 1 1 0→1 1 0 0 0 1 1 0(个体 A′)

　　　　　* *　　　　　　　*　　*

注意：在基因位下方标有 * 号的基因发生变异。

变异率的选取一般受种群大小、染色体长度等因素的影响，通常选取很小的值，一般取0.001～0.1。

2.3 遗传算法设计原则

遗传算法不能直接处理问题空间的参数，必须把它们转换成遗传空间的由基因按一定结构组成的染色体或个体。这一转换操作就叫作编码，也可以称作(问题的)表示(representation)。

评估编码策略常采用以下三个规范。

(1) 完备性(completeness)。问题空间中的所有点(候选解)都能作为 GA 空间中的点(染色体)表现。

(2) 健全性(soundness)。GA 空间中的染色体能对应所有问题空间中的候选解。

(3) 非冗余性(nonredundancy)。染色体和候选解一一对应。

目前几种常用的编码技术有二进制编码、浮点数编码、字符编码等。二进制编码是目前遗传算法中最常用的编码方法，也就是由二进制字符集{0、1}产生通常的 0、1 字符串来表示问题空间的候选解。二进制编码具有以下特点。

(1) 简单易行。

(2) 符合最小字符集编码原则。

(3) 便于用模式定理进行分析。

2.3.1 适应度和初始群体选取原则

进化论中的适应度，是表示某一个体对环境的适应能力，也表示该个体繁殖后代的能力。遗传算法的适应度函数也叫评价函数，是用来判断群体中的个体的优劣程度的指标，它是根据所求问题的目标函数来进行评估的。

遗传算法在搜索进化过程中一般不需要其他外部信息，仅用评估函数来评估个体或解的优劣，并作为以后遗传操作的依据。由于遗传算法中，适应度函数要比较排序并在此基础上计算选择概率，所以适应度函数的值要取正值。由此可见，在不少场合，将目标函数映射成求最大值形式且函数值非负的适应度函数是必要的。

适应度函数的设计主要满足以下条件。

(1) 单值、连续、非负、最大化。

(2) 合理、一致性。

(3) 计算量小。

(4) 通用性强。

在具体应用中，适应度函数的设计要结合求解问题本身的要求而定。适应度函数设计直接影响到遗传算法的性能。

遗传算法中初始群体中的个体是随机产生的。一般来讲，初始群体的设定可采取如下策略。

(1) 根据问题固有知识,设法把握最优解所占空间在整个问题空间中的分布范围,然后在此分布范围内设定初始群体。

(2) 先随机生成一定数目的个体,然后从中挑出最好的个体加到初始群体中。此过程不断迭代,直到初始群体中个体数达到了预先确定的规模。

2.3.2 参数设计原则

在单纯的遗传算法中,有时也会出现不收敛的情况,即使在单峰或单调时也是如此。这是因为种群的进化能力已经基本丧失,种群早熟。为了避免种群的早熟,在设计各参数时,可遵循一定的设计规范。

1. 种群规模

当群体规模太小时,很明显会出现近亲交配的情况,产生病态基因。而且造成有效等位基因先天缺乏,即使采用较大概率的变异算子,生成具有竞争力高阶模式的可能性仍很小,况且大概率变异算子对已有模式的破坏作用极大。

同时遗传算子存在随机误差(模式采样误差),妨碍小群体中有效模式的正确传播,使得种群进化不能按照模式定理产生所预测的期望数量;种群规模太大,结果难以收敛且浪费资源,稳健性下降。种群规模的建议值为 0～100。

2. 变异概率

当变异概率太小时,种群的多样性下降太快,容易导致有效基因的迅速丢失且不容易修补;当变异概率太大时,尽管种群的多样性可以得到保证,但是高阶模式被破坏的概率也随之增大。变异概率一般取 0.0001～0.2。

3. 交配概率

交配是生成新种群最重要的手段。与变异概率类似,交配概率太大容易破坏已有的有利模式,随机性增大,容易错失最优个体;交配概率太小不能有效更新种群。交配概率一般取 0.4～0.99。

4. 进化代数

进化代数太小,算法不容易收敛,种群还没有成熟;进化代数太大,算法已经熟练或者种群过于早熟不可能再收敛,继续进化没有意义,只会增加时间开支和资源浪费。进化代数一般取 100～500。

5. 种群初始化

初始种群的生成是随机的。在生成初始种群之前,尽量进行一个大概的区间估计,以免初始种群分布在远离全局最优解的编码空间,导致遗传算法的搜索范围受到限制,同时也为算法减轻负担。

2.4 遗传算法的应用

遗传算法在应用方面的丰硕成果,使人们对它的发展前景充满信心。其主要应用领域在于函数优化(非线性、多模型、多目标等),机器人学(移动机器人路径规划、关节机器人运动轨迹规划、细胞机器人的结构优化等),控制(瓦斯管道控制、防避导弹控制、机器人控制等),规划(生产规划、并行机任务分配等),设计(VLSI 布局、通信网络设计、喷气发动机设计等),组合优化(旅行商问题、背包问题、图分划问题等),图像处理(模式识别、特征提取、图像恢复等),信号处理(滤波器设计等),人工生命(生命的遗传进化等)。此外遗传算法的研究出现了几个引人注目的新动向。

遗传算法基于达尔文的适者生存、优胜劣汰的思想，具有以下三个比较突出的特点。

(1) 对多解的优化问题没有太多的数学要求。

(2) 能有效地进行全局搜索。

(3) 对各种特殊问题有很强的灵活性，应用广泛。

本节详细介绍了遗传算法的几种典型应用。

2.4.1 遗传算法在0-1背包问题中的应用

1. 0-1背包问题简介

0-1背包问题是易于理解且较为容易的组合优化问题。假设现有若干物品，它们的重量和价值都已知。此外，还有一个有承重量限制的背包，则0-1背包问题可以简单地描述如下：如何把这些物品放入这个有承重量限制的背包中，在不超出背包最大承重限制的前提下，使得放入背包中的物品总价值最大。

已知 l 个物品的重量及其价值分别为 $v_i(i=1,2,\cdots,l)$ 和 $v_i(i=1,2,\cdots,l)$，背包的最大载重量为 C，则0-1背包问题可描述如下：选择哪些物品装入背包，使背包在最大载重量限制之内所装物品的总价值最大？

因此，0-1背包问题的数学模型如下：

$$\max\sum_{i=1}^{l} v_i x_i \tag{2-1}$$

$$\sum_{I=1}^{L} w_i x_i \leqslant C \tag{2-2}$$

$$x_i \in \{0,1\}, \quad i=1,2,\cdots,l \tag{2-3}$$

式(2-3)中，x_i 为0-1决策变量，表示物品 i 是否被装包，如果是，则 $x_i=1$，否则 $x_i=0$。式(2-1)表示最大化背包中物品的总价值，式(2-2)限制装入背包物品的总重量不大于背包的最大载重量。

2. 遗传算法求解0-1背包问题

遗传算法求解0-1背包问题的流程如图2-1所示。

1) 判断函数

判断函数的作用是判断一个个体解码出的装包方案是否能够满足背包的载重量约束，进而判断该个体是否合理。具体的操作是计算出装包物品的总重量，然后与背包的载重量进行比较。如果装包物品的总重量小于或等于背包的载重量，则个体满足约束，判断该个体合理；否则，判断该个体不合理。

判断函数 judge_individual 的代码如下，该函数的输入为个体 Individual、各个物品的重量 w 和背包的载重量 cap，输出为标记 flag。

```
%% 判断一个个体是否满足背包的载重量约束,1表示满足,0表示不满足
%输入 Individual:个体
%输入 w:各个物品的重量
%输入 cap:背包的载重量
%输出 flag:表示一个个体是否满足背包的载重量约束,1表示满足,0表示不满足
function flag = judge_individual(Individual,w,cap)
pack_item = Individual == 1; %判断第i个位置上的物品是否装包,1表示装包,0表示未装包
w_pack = w(pack_item);        %找出装进背包中物品的重量
total_w = sum(w_pack);        %计算装包物品的总重量
```

```
flag= total_w<=cap; % 如果装包物品的总重量小于或等于背包的载重量约束,则为 1,否则为 0
end
```

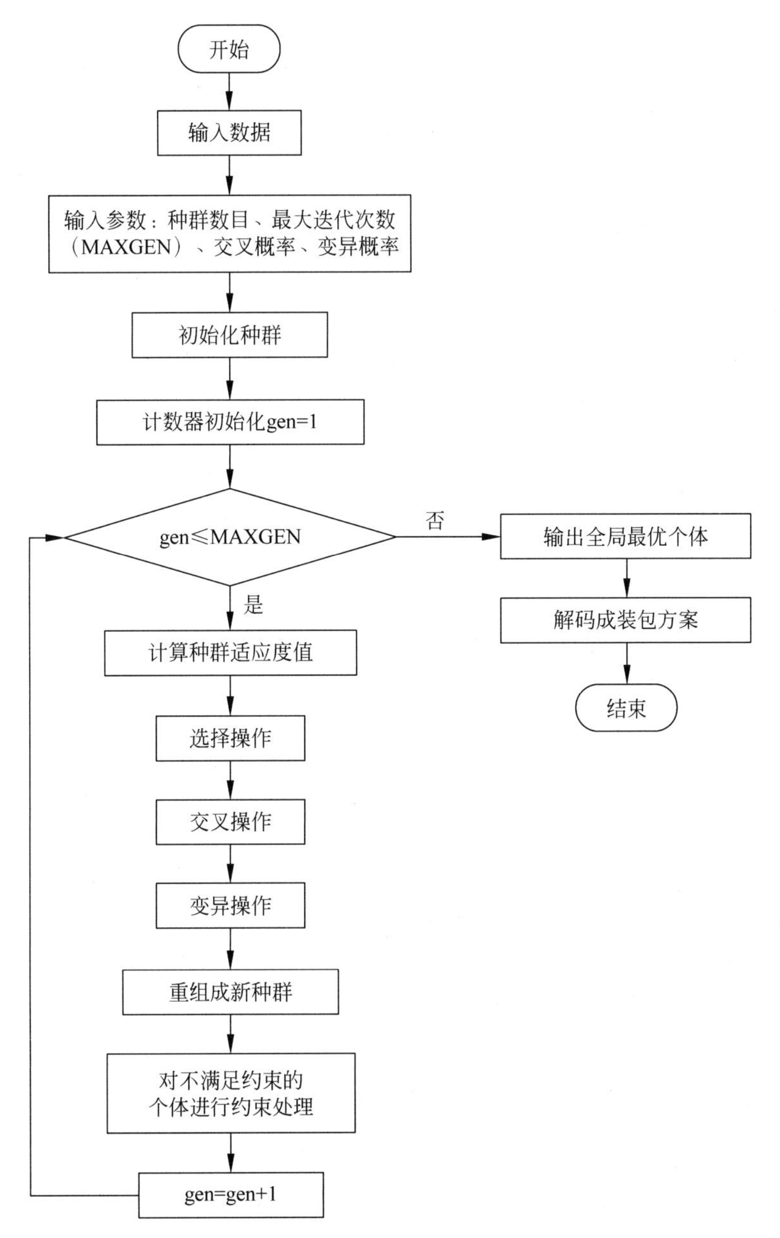

图 2-1　遗传算法求解 0-1 背包问题的流程

2）约束处理函数

假设物品数目为 p，那么一条染色体就可以表现为 n 个数字（每个数字为 0 或 1）。因为在实际生成一条染色体的过程中，这 n 个位置上的 0 或 1 是随机生成的，所以会出现生成的这条染色体违反背包的载重量约束的情况。

约束处理函数 repair_individual 的代码如下，该函数的输入为个体 Individual，各个物品的重量 w、各个物品的价值 p 和背包的载重量 cap，输出为修复后的个体 Individual。

```
%% 对违反约束的个体进行修复
%输入 Individual:个体
%输入 w:各个物品的重量
```

```
% 输入 p:各个物品的价值
% 输入 cap:背包的载重量
% 输出 Individual:修复后的个体
function Individual = repair_individual(Individual,w,p,cap)
% % 判断一个个体是否满足背包的载重量约束,1 表示满足,0 表示不满足
flag = judge_individual(Individual,w,cap);
% % 只有不满足约束的个体才进行修复
if flag == 0
% % 初步修复
pack_item = find(Individual == 1);             % 找出装进背包中物品的序号
num_pack = numel(pack_item);                   % 装进背包中物品的总数目
w_pack = w(pack_item);                         % 找出装进背包中物品的重量
total_w = sum(w_pack);                         % 计算装包物品的总重量
p_pack = p(pack_item);                         % 找出装进背包中物品的价值
ratio_pack = p_pack./w_pack;                   % 计算装进背包中物品的性价比 = 价值/重量
[~,rps_index] = sort(ratio_pack); % 将已经装进包中的物品按照性价比(价值/重量)升序排列
% % 按照 rps_index 顺序,依次将物品从背包中移除
for i = 1:num_pack
remove_item = pack_item(rps_index(i));         % 被移除的物品的序号
% 若移除该物品后满足背包的载重量约束,则将该物品对应的基因位改为 0,然后终止循环
if (total_w - w_pack(rps_index(i)))<= cap
total_w = total_w - w_pack(rps_index(i));      % 装包中物品总重量减少
Individual(remove_item) = 0;                   % 将该物品对应的基因位改为 0
break;
else
% 如果移除该物品后依然不满足背包的载重量约束,则也要将该物品对应的基因位改为 0,然后继续移
% 除其他物品
total_w = total_w - w_pack(rps_index(i));      % 装包中物品总重量减少
Individual(remove_item) = 0;                   % 将该物品对应的基因位改为 0
end
end
% % 进一步修复
unpack_item = find(Individual == 0);           % 找出此时未装进背包中物品的序号
num_unpack = numel(unpack_item);               % 此时未装进背包中物品的总数目
w_unpack = w(unpack_item);                     % 找出此时未装进背包中物品的重量
p_unpack = p(unpack_item);                     % 找出此时未装进背包中物品的价值
ratio_unpack = p_unpack./w_unpack;             % 计算此时未装进背包中物品的性价比 = 价值/重量
[~,rups_index] = sort(ratio_unpack,'descend'); % 将此时未装包的物品按照性价比降序排列
% % 按照 rups_index 顺序,依次将物品装包
for j = 1:num_unpack
pack_wait = unpack_item(rups_index(i));        % 待装包物品编号
% 如果装包该物品后满足背包的载重量约束,则将该物品对应的基因位改为 1,然后继续装包其他物品
if (total_w + w_unpack(rups_index(i)))<= cap
total_w = total_w + w_unpack(rups_index(i)); % 装包中物品总重量增加
Individual(pack_wait) = 1;                     % 将该物品对应的基因位改为 1
else
% 如果装包该物品后不满足背包的载重量约束,则终止循环
break;
end
end
end
end
```

3）编码函数

约束处理函数的输入为一个个体,该个体由编码函数随机生成,以便作为约束处理函数的输入参数。

编码函数 encode 的代码如下，该函数的输入为物品数目 n、各个物品的重量 w、各个物品的价值 p 和背包的载重量 cap，输出为满足背包载重量约束的个体 Individual。

```
%% 编码，生成满足约束的个体
%输入 n:物品数目
%输入 w:各个物品的重量
%输入 p:各个物品的价值
%输入 cap:背包的载重量
%输出 Individual:满足背包载重量约束的个体
function Individual = encode(n,w,p,cap)
Individual = round(rand(1,n));                          %随机生成 n 个数字(每个数字是 0 或 1)
flag = judge_individual(Individual,w,cap);              %判断 Individual 是否满足背包的载重量约束
%% 如果 flag 为 0,则需要修复个体 Individual;否则,不需要修复
if flag == 0
Individual = repair_individual(Individual,w,p,cap); %修复个体 Individual
end
end
```

4）种群初始化函数

使用编码函数只是生成一个满足约束的个体，因为种群数目为 NIND，所以需要循环使用编码函数 NIND 次，最终生成 NIND 个满足约束的个体，形成初始种群。

种群初始化函数 InitPop 的代码如下，该函数的输入为种群大小 NIND、物品数目 n、各个物品的重量 w、各个物品的价值 p 和背包的载重量 cap，输出为初始种群 Chrom。

```
%% 初始化种群
%输入 NIND:种群大小
%输入 n:物品数目
%输入 w:各个物品的重量
%输入 p:各个物品的价值
%输入 cap:背包的载重量
%输出 Chrom:初始种群
function Chrom = InitPop(NIND,N,w,p,cap)
Chrom = zeros(NIND,N);                  %用于存储种群
for i = 1:NIND
    Chrom(i,:) = encode(N,w,p,cap);     %编码,生成满足约束的个体
end
```

5）目标函数

在生成一个个体后，还需对该个体进行评价，因此使用 Individual_P_W 函数计算一个个体所对应的装包物品总价值和总重量。该函数的输入为物品数目 n、个体 Individual、各个物品的价值 p 和各个物品的重量 w，输出为该个体的装包物品总价值 sumP 和该个体的装包物品总重量 sumW。

```
%% 计算单个染色体的装包物品总价值和总重量
%输入 n:物品数目
%输入 Individual:个体
%输入 p:各个物品价值
%输入 w:各个物品重量
%输出 sumP:该个体的装包物品总价值
%输出 sumW:该个体的装包物品总重量
function [sumP,sumW] = Individual_P_W(n,Individual,p,w)
  sumP = 0;
  sumW = 0;
  for i = 1:n
   %如果为 1,则表示物品被装包
```

```
        if Individual(i) == 1
            sumP = sumP + p(i);
            sumW = sumW + w(i);
        end
    end
end
```

Individual_P_W 函数仅计算一个个体的物品总价值，而种群数目为 NIND，因此需要使用 Obj_Fun 函数计算一个种群中所有个体的物品总价值(目标函数值)。此外，在本代码中适应度值就是目标函数值。该函数的输入为种群 Chrom、各个物品的价值 p 和各个物品的重量 w，输出为种群中每个个体的物品总价值 Obj。

```
%% 计算种群中每个染色体的物品总价值
%输入 Chrom:种群
%输入 p:各个物品的价值
%输入 w:各个物品的重量
%输出 Obj:种群中每个个体的物品总价值
function Obj = Obj_Fun(Chrom,p,w)
    NIND = size(Chrom,1);                %种群大小
    n = size(Chrom,2);                   %物品数目
    Obj = zeros(NIND,1);
    for i = 1:NIND
    Obj(i,1) = Individual_P_W(n,Chrom(i,:),p,w);
    end
end
```

6）轮盘赌选择操作函数

在初始化种群后，父代种群中这 NIND 个个体的适应度值会存在差异。常规的思维是挑选出适应度值大的个体，然后进行后续操作。但如果只挑选出适应度值大的个体，则很容易使整个种群在后续的进化操作中停滞不前，即陷入局部最优。

因此，在选择个体时，不能仅注意适应度值大的个体，还需兼顾适应度值小的个体。具体的方法就是轮盘赌选择策略，每次选择一个个体就转动一次轮盘赌转盘，指针指向的那个区域就是被选中的个体。

在自然界中，动物在繁衍后代时并不是可以百分百孕育出后代。因此，虽然种群中一共有 NIND 个个体，但并不意味着需要选择出 NIND 个个体，可能选择出 Nsel = NIND×GGAP 个个体(GGAP 称为"代沟"，是一个大于 0、小于或等于 1 的随机数)。综上所述，需要转动 Nsel 次转盘，选择出 Nsel 个个体，这些被选出的个体组成了子代种群 SelCh。

在轮盘赌转盘上，每个个体对应一个被选中的概率。假设第 i 个个体的适应度值为 Fitness，那么其被选中概率的计算公式如下：

$$\text{Select}_i = \frac{\text{Fitness}_i}{\sum_{i=1}^{\text{NIND}} \text{Fitness}_i}$$

选择操作选择出的 Nsel 个个体会有重复，这是因为有些适应度值大的个体被选中的概率大而被选中多次。

假设有 4 个个体，每个个体被选中的概率分别为 25%、40%、21%和 14%。轮盘赌转盘如图 2-2 所示，若指针指在个体 1 所在的区域，则本次选出的个体是个体 1。

使用轮盘赌选择操作从种群 Chrom 选择出若干个体，以组成子代种群 SelCh。在轮盘赌转盘上每个个体都有对应的一个区域，该区域是根据适应度值计算出的该个体被选中的概率。

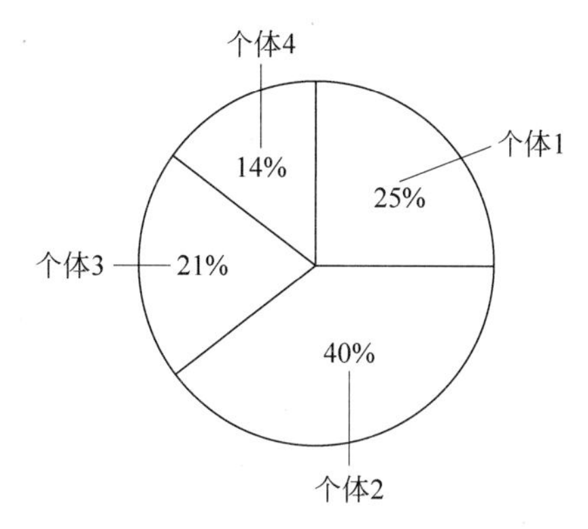

图 2-2　轮盘赌转盘

因此，每选择一个个体就转动一次轮盘赌转盘，直至选择出指定数目的个体。

轮盘赌选择操作函数 Select 的输入为种群 Chrom、适应度值 FitnV 和代沟 GGAP，输出为子代种群 SelCh。

```
%% 选择操作
%输入 Chrom:种群
%输入 FitnV:适应度值
%输入 GGAP:代沟
%输出 SelCh:子代种群
function SelCh = Select(Chrom,FitnV,GGAP)
   NIND = size(Chrom,1);                    %种群数目
   Nsel = NIND * GGAP;
   total_FitnV = sum(FitnV);                %所有个体的适应度之和
   select_p = FitnV./total_FitnV;           %计算每个个体被选中的概率
   select_index = zeros(Nsel,1);            %存储被选中的个体序号
%对 select_p 进行累加操作,c(i) = sum(select_p(1:i))
%如果 select_p = [0.1,0.2,0.3,0.4],则 c = [0.1,0.3,0.6,1]
   c = cumsum(select_p);
%% 循环 NIND 次,选出 NIND 个个体
   for i = 1:Nsel
      r = rand;                             %0～1 的随机数
      index = find(r <= c,1,'first');       %每次被选择出的个体序号
      select_index(i,1) = index;
   end
SelCh = Chrom(select_index,:);              %子代种群
```

7）交叉操作函数

在选择出若干个体后，首先对这些子代种群中的个体进行交叉操作，改变每个个体的基因组成，目的是使种群向适应度值大的方向进化。

交叉操作函数 Crossover 的输入为子代种群 SelCh 和交叉概率 P，输出为交叉后的个体 SelCh。

```
%% 交叉操作
%输入 SelCh:子代种群
%输入 Pc:交叉概率
%输出 SelCh:交叉后的个体
function SelCh = Crossover(SelCh,Pc)
  [NSel,n] = size(SelCh);                            %n 为染色体长度
  for i = 1:2:NSel - mod(NSel,2)
    if Pc >= rand %交叉概率 Pc
       cross_pos = unidrnd(n);                       %随机生成一个 1～N 的交叉位置
```

```
            cross_Selch1 = SelCh(i,:);                    % 第 i 个进行交叉操作的个体
            cross_Selch2 = SelCh(i+1,:);                  % 第 i+1 个进行交叉操作的个体
            cross_part1 = cross_Selch1(1:cross_pos);      % 第 i 个进行交叉操作个体的交叉片段
            cross_part2 = cross_Selch2(1:cross_pos);      % 第 i+1 个进行交叉操作个体的交叉片段
            cross_Selch1(1:cross_pos) = cross_part2;      % 用第 i+1 个个体的交叉片段替换第 i 个个体
            cross_Selch2(1:cross_pos) = cross_part1;      % 用第 i 个个体的交叉片段替换第 i+1 个个体
            SelCh(i,:) = cross_Selch1;                    % 更新第 i 个个体
            SelCh(i+1,:) = cross_Selch2;                  % 更新第 i+1 个个体
    end
end
```

8）变异操作函数

子代种群 SelCh 在进行交叉操作后，接下来需要进行变异操作，变异操作的目的同样是使种群向适应度值大的方向进化。

变异操作函数 Mutate 的输入为子代种群 SelCh 和变异概率 P，输出为变异后的个体 SelCh。

```
%% 变异操作
% 输入 SelCh:子代种群
% 输入 Pm:变异概率
% 输出 SelCh:变异后的个体
function SelCh = Mutate(SelCh,Pm)
  [NSel,n] = size(SelCh);                          % n 为染色体长度
  for i = 1:NSel
   if Pm >= rand
     R = randperm(n);                              % 随机生成 1～n 的随机排列
     pos1 = R(1);                                  % 第 1 个变异位置
     pos2 = R(2);                                  % 第 2 个变异位置
     left = min([pos1,pos2]);                      % 更小的那个值作为变异起点
     right = max([pos1,pos2]);                     % 更大的那个值作为变异终点
     mutate_Selch = SelCh(i,:);                    % 第 i 个进行变异操作的个体
     mutate_part = mutate_Selch(right:-1:left);    % 进行变异操作后的变异片段
    mutate_Selch(left:right) = mutate_part;        % 替换 mutate_Selch 上第 left 位至
                                                   % right 位上的片段
     SelCh(i,:) = mutate_Selch;                    % 更新第 i 个进行变异操作的个体
   end
end
```

9）重组操作函数

在经过交叉操作和变异操作后，得到全新的子代种群 SelCh，但是因为子代种群数目 Nsel 小于父代种群数目 NIND，因此需要使用重组函数 Reins 从父代种群 Chrom 中选择出适应度值排在前 NIND～Nsel 的个体，并添加到子代种群 SelCh 中，最终重组成新的父代种群 Chrom。

重组函数 Reins 的输入为父代种群 Chrom、子代种群 SelCh 和父代种群适应度值 Obj，输出为重组后得到的新种群 Chrom。

```
%% 重插入子代的新种群
% 输入 Chrom:父代种群
% 输入 SelCh:子代种群
% 输入 Obj:父代种群适应度
% 输出 Chrom:重组后得到的新种群
function Chrom = Reins(Chrom,SelCh,Obj)
  NIND = size(Chrom,1);
  NSel = size(SelCh,1);
  [~,index] = sort(Obj,'descend');
  Chrom = [Chrom(index(1:NIND-NSel),:);SelCh];
```

10）主函数

主函数的第一部分是输入数据，即各个物品的重量、价值及背包的最大载重量；第二部分是初始化各个参数；第三部分是主循环，通过选择操作、交叉操作、变异操作、重组操作及约束处理操作对种群进行更新，直至达到终止条件结束搜索；第四部分是将求解过程中适应度值随迭代次数的变化情况进行可视化，并且输出为最优装包方案，即装进包中物品序号的集合，以及所对应的物品总价值和总重量。主函数的代码如下：

```
tic
clear
clc
%% 创建数据
%各个物品的重量,单位:kg
w = [80,82,85,70,72,70,82,75,78,45,49,76,45,35,94,49,76,79,84,74,76,63,...
   35,26,52,12,56,78,16,52, 16,42,18,46,39,80,41,41,16,35,70,72,70,66,50,55,25, 50,55,40];
%各个物品的价值,单位:元
p = [200,208,198,192,180,180,168,176,182,168,187,138,184,154,168,175,198,...
   184,158,148,174,135, 126,156,123,145,164,145,134,164,134,174,102,149,134,...
   156,172,164,101,154,192,180,180,165,162,160,158,155, 130,125];
   cap = 1000;                                 %每个背包的载重量为 1000kg
   n = numel(p);                               %物品个数
  %% 参数设置
  NIND = 500;                                  %种群大小
  MAXGEN = 500;                                %迭代次数
  Pc = 0.9;                                    %交叉概率
  Pm = 0.08;                                   %变异概率
  GGAP = 0.9;                                  %代沟
  %% 初始化种群
  Chrom = InitPop(NIND,n,w,p,cap);
  %% 优化
  gen = 1;
  bestIndividual = Chrom(1,:);                 %将初始种群中一个个体赋值给全局最优个体
  bestObj = Individual_P_W(n,bestIndividual,p,w); %计算初始 bestIndividual 的物品总价值
  BestObj = zeros(MAXGEN,1);                   %记录每次迭代过程中的最优适应度值
  while gen <= MAXGEN
  %% 计算适应度
  Obj = Obj_Fun(Chrom,p,w);                    %计算每个染色体的物品总价值
  FitnV = Obj;                                 %适应度值 = 目标函数值 = 物品总价值
  %% 选择
  SelCh = Select(Chrom,FitnV,GGAP);
  %% 交叉操作
  SelCh = Crossover(SelCh,Pc);
  %% 变异
  SelCh = Mutate(SelCh,Pm);
  %% 重插入子代的新种群
  Chrom = Reins(Chrom,SelCh,Obj);
  %% 将种群中不满足载重量约束的个体进行约束处理
  Chrom = adjustChrom(Chrom,w,p,cap);
  %% 记录每次迭代过程中最优目标函数值
  [cur_bestObj,cur_bestIndex] = max(Obj);     %当前迭代中最优目标函数值及个体编号
  cur_bestIndividual = Chrom(cur_bestIndex,:); %当前迭代中最优个体
  %如果当前迭代中最优目标函数值大于或等于全局最优目标函数值,则进行更新
  if cur_bestObj >= bestObj
    bestObj = cur_bestObj;
    bestIndividual = cur_bestIndividual;
  end
```

```
    BestObj(gen,1) = bestObj;                          %记录每次迭代过程中最优目标函数值
    %% 打印每次迭代过程中的全局最优解
    disp(['第',num2str(gen),'次迭代的全局最优解如下:',num2str(bestObj)]);
    %% 更新迭代次数
    gen = gen + 1 ;
end
    %% 画出迭代过程图
    figure;
    plot(BestObj,'LineWidth',1);
    xlabel('迭代次数');
    ylabel('目标函数值(物品总价值)');
    %% 最终装进包中的物品序号
    pack_item = find(bestIndividual == 1);
    %% 计算最优装包方案的物品总价值和总重量
    [bestP,bestW] = Individual_P_W(n,bestIndividual,p,w);
    Toc
```

3. 实例验证

1）输入数据

输入数据的对象为1个背包和50个物品，背包的最大载重量为1000kg，各个物品的质量和价值数据如表2-1所示。

表2-1 50个物品的质量和价值数据

序号	质量/kg	价值/元	序号	质量/kg	价值/元	序号	质量/kg	价值/元
1	80	200	18	79	184	35	39	134
2	82	208	19	84	158	36	80	156
3	85	198	20	74	148	37	41	172
4	70	192	21	76	174	38	41	164
5	72	180	22	63	135	39	16	101
6	70	180	23	35	126	40	35	154
7	82	168	24	26	156	41	70	192
8	75	176	25	52	123	42	72	180
9	78	182	26	12	145	43	70	180
10	45	168	27	56	164	44	66	165
11	49	187	28	78	145	45	50	162
12	76	138	29	16	134	46	55	160
13	45	184	30	52	164	47	25	158
14	35	154	31	16	134	48	50	155
15	94	168	32	42	174	49	55	130
16	49	175	33	18	102	50	40	125
17	76	198	34	46	149	—	—	—

2）参数设置

参数设置如表2-2所示。

表2-2 参数设置

参　数	数　值	参　数	数　值
种群大小	500	变异概率	0.08
最大迭代次数	500	代沟	0.9
交叉概率	0.9		

3）实验结果

遗传算法求解 0-1 背包问题优化过程如图 2-3 所示，运行结果如图 2-4 所示，最终选择的物品序号如表 2-3 所示。

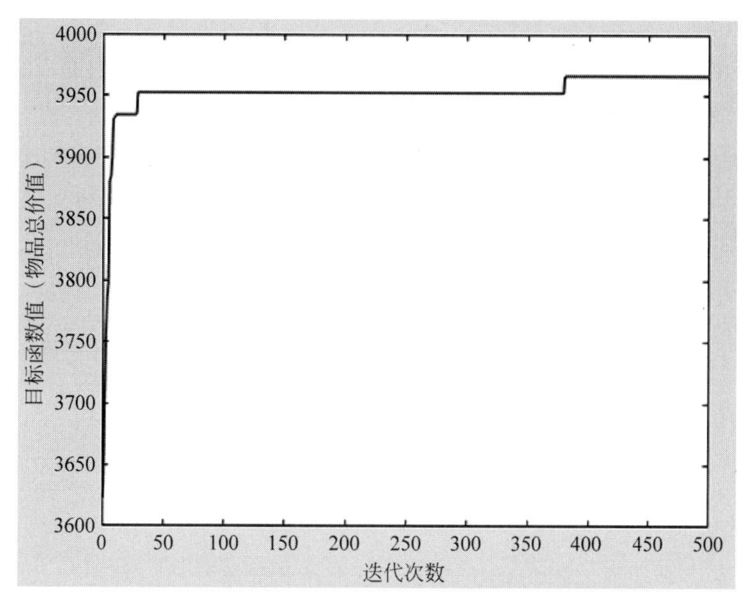

图 2-3　遗传算法求解 0-1 背包问题优化过程

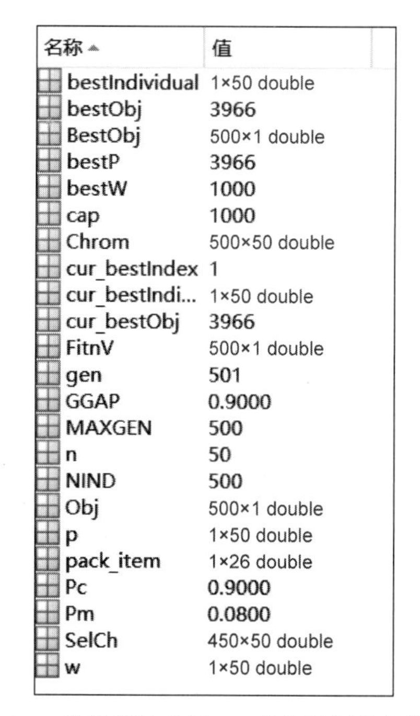

图 2-4　遗传算法求解 0-1 背包问题运行结果

表 2-3　最终选择的物品序号

最终选择的物品序号														
10	11	13	14	16	23	24	26	27	29	30	31	32	33	34
35	37	38	39	40	44	45	46	47	48	50				

最终装包的物品总重量为 1000kg，总价值为 3966 元。

2.4.2 遗传算法在函数极值问题中的应用

为了体验这个算法，我们用它来解决一个简单的问题：求解函数 $f(x)$ 在 $x\in[a,b]$ 上的最大值。

在求解之前，我们先解释一下个体是什么。在本问题中，个体其实就是 $x\in[a,b]$ 中的 x，目的是找到一个最佳的个体 x_0，使得 $f(x_0)$ 达到最大值。

步骤 1：初始化种群。

步骤 2：计算种群中每个样本的适应度值(fitness)，在计算种群中每个个体的 fitness 之前，我们先提取出每个个体的 DNA，在这里，用二进制表示每个个体的 DNA。

步骤 3：进行自然选择，选出基因好的个体作为父代。

步骤 4：选择父代后，开始产生后代。

步骤 5：对产生的后代进行一些基因突变，目的是保证种群的多样性。

步骤 6：开始进化。

相关 Python 代码见目录二维码中的附录 1。

2.4.3 遗传算法在旅行商问题中的应用

旅行商问题是一个经典的组合优化问题。一个经典的旅行商问题可以描述如下：一个商品推销员要去若干城市推销商品，该推销员从一个城市出发，需要经过所有城市后，回到出发地。应如何选择行进路线，使总路径最短。从图论的角度来看，该问题实质是在一个带权完全无向图中，找一个权值最小的 Hamilton 回路。由于该问题的可行解是所有顶点的全排列，随着顶点数的增加，会产生组合爆炸，因此它是一个 NP 完全问题。

旅行商问题可以分为对称和不对称。在对称旅行商问题中，两座城市之间来回的距离是相等的，形成一个无向图，而不对称旅行商则形成有向图。对称性旅行商问题可以将解的数量减少一半。所以本次实验的旅行商问题使用 att48 数据，可在旅行商 lib 中下载数据包。

演化算法是一类模拟自然界遗传进化规律的仿生学算法，它不是一个具体的算法，而是一个算法簇。遗传算法是演化算法的一个分支，由于遗传算法的整体搜索策略和优化计算不依赖梯度信息，所以它的应用比较广泛。本次实验同样用到了遗传算法(用 MATLAB 编写)来解决旅行商问题。

遗传算法的基本流程如图 2-5 所示，gn 对应当前代数，max 为最大代数，T 为种群大小。

基于流程图，分析一下算法实现代码。

1. 初始化

初始化以下常量，由于要解决的是 att48 旅行商问题，所以城市数量是 48。

```
CityNum = 48;
inn = 30;            % 初始种群大小
gnmax = 10000;       % 最大代数
pc = 0.8;            % 交叉概率
pm = 0.5;            % 变异概率
```

然后对这 48 个城市进行整数编码(1～48)，并根据提供的城市坐标计算每两个城市之间的距离。由于两个城市之间的实际距离比较大，不方便计算，所以这里距离的计算采用了伪欧氏距离方法，取实际距离的 $10^{\frac{1}{2}}$ 倍，并四舍五入，保留整数。

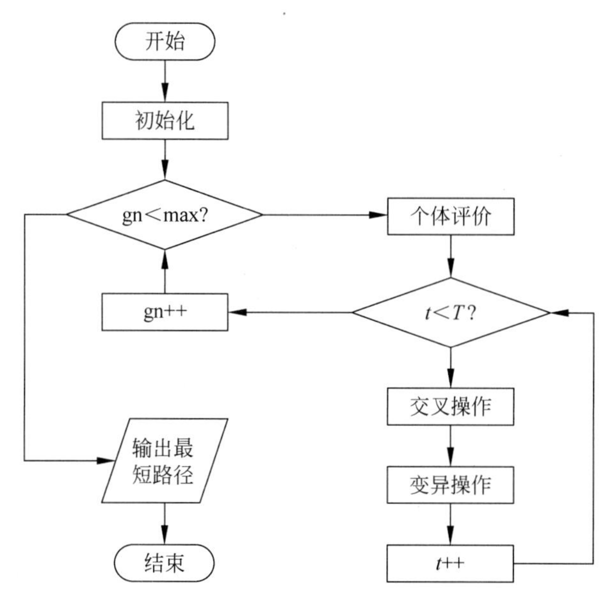

图 2-5　遗传算法的基本流程

```
% 伪欧氏距离,最优解为 10628
dst1 = (((city(i,1) - city(j,1))^2 + (city(i,2) - city(j,2))^2)/10)^0.5;
```

完成以上步骤之后,随机产生一个种群作为初始种群,同时计算这个初始种群的适应度。

2. 个体评价

首先计算每个个体的适应度,适应度越高,被保留概率越大。取总距离的倒数作为适应度。为了增大适应度高的个体被选中的概率,我们利用以下代码计算个体被选中的概率。注意每次完成交叉、变异运算之后需要重新评价。

```
% 根据个体的适应度计算其被选中的概率
fsum = 0;
for i = 1:inn
    fsum = fsum + f(i)^15;      % 适应度越好的个体被选中概率越高
end
ps = zeros(inn,1);
for i = 1:inn
    ps(i) = f(i)^15/fsum;
end
```

3. 交叉运算

选择两个个体进行交叉操作。首先在[1,sz](sz 为城市数量)范围内,即在染色体长度内,随机产生两个交叉位 min 和 max(min < max),将两个个体的[min,max]区域互换,分别如图 2-6 和图 2-7 所示。

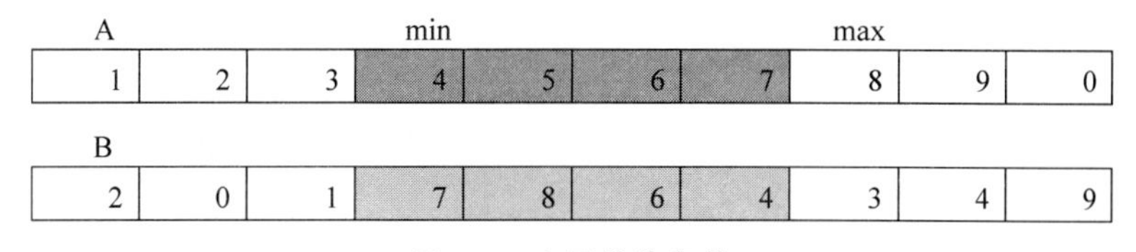

图 2-6　交叉前染色体

由图可知 A、B 是未发生交叉之前的染色体(个体),A′和 B′是 A、B 发生交叉之后产生的新个体。通过冲突检测,可以发现交叉之后同一个基因可能会在同一条染色体上重复出现,这

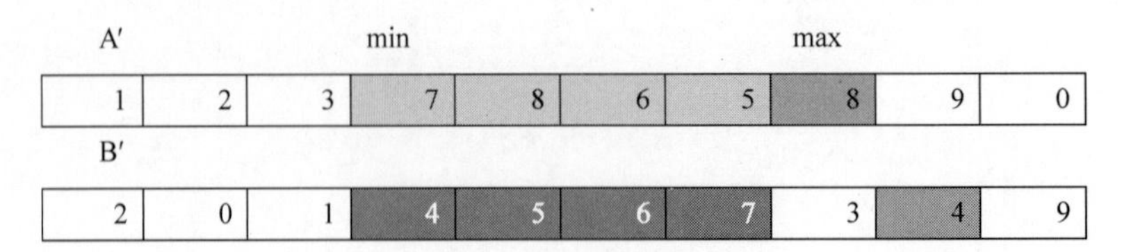

图 2-7 交叉后染色体

就是交叉的冲突。解决交叉冲突的方法如下：

检测[1,min]区域的基因是否和[min,max]区域中的基因冲突，如果有冲突，则进行以下操作来消除冲突。

检测染色体 A 的左边区域[1,min]是否与染色体 A 的交叉区域[min,max]存在基因重复，如果有，则记录染色体 A 的交叉区域中，重复基因的位置 p，左边区域中的重复基因位置为 p_left，然后将染色体 B 中 min+p 位置的基因复制给染色体 A 中 p_left 位置。重复该步骤直到染色体 A 的[1,min]区域和[min,max]区域没有基因冲突。对染色体 B 进行同样的操作。具体实现代码如下所示。其中，变量 chb1 和 chb2 分别对应 min 和 max，zhi 对应 p。

```
for i = 1:chb1
    while find(scro(1,chb1 + 1:chb2) == scro(1,i))
        zhi = find(scro(1,chb1 + 1:chb2) == scro(1,i));
        y = scro(2,chb1 + zhi);
        scro(1,i) = y;
    end
    while find(scro(2,chb1 + 1:chb2) == scro(2,i))
        zhi = find(scro(2,chb1 + 1:chb2) == scro(2,i));
        y = scro(1,chb1 + zhi);
        scro(2,i) = y;
    end
end
```

检测[max,END]区域的基因是否和[min,max]区域中的基因冲突，如果有冲突，则进行以下操作来消除冲突。

检测染色体 A 的右边区域[max,END]是否与染色体 A 的交叉区域[min,max]存在基因重复，如果有，则记录染色体 A 的交叉区域中，重复基因的位置 p，右边区域中的重复基因位置为 p_right，然后将染色体 B 中 p 位置的基因复制给染色体 A 中 p_right 位置。重复该步骤直到染色体 A 的[max,END]区域和[min,max]区域没有基因冲突。对染色体 B 进行同样的操作。消除基因冲突的操作如图 2-8 所示。

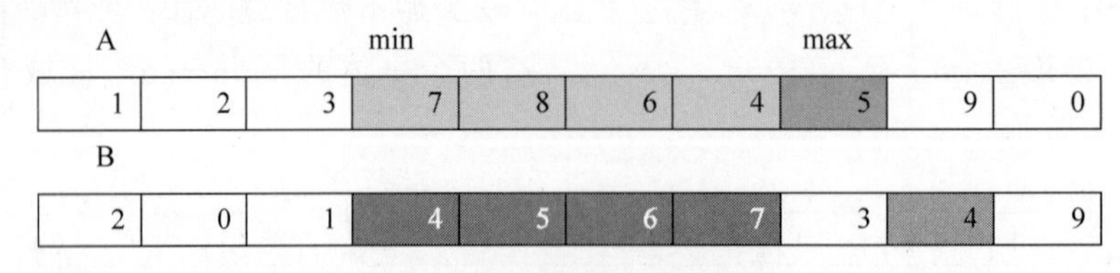

图 2-8 消除基因冲突的操作

4. 变异运算

对个体进行变异。首先随机产生两个变异位置 min、max，其中 0<min<max<染色体长度。然后将选中的变异区域中的基因逆转顺序。对图 2-8 中的染色体 A 进行变异的结果如图 2-9 所示。

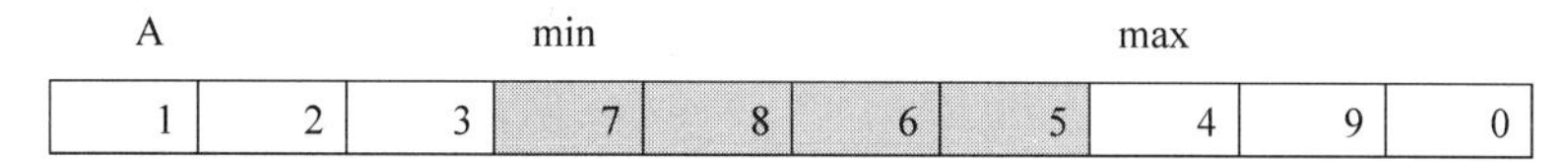

图 2-9 染色体 A 进行变异的结果

5. 输出结果

我们设计的算法的终止条件是达到最大代数的迭代次数，每一次迭代结束后将得到的路径长度和当前代数(第几代)记录在数组中，然在搜索完成后，将数组中记录的最短路径和对应的代数输出，作为搜索结果。

旅行商问题利用 MATLAB 编程语言进行求解，采用遗传算法解决旅行商。由于遗传算法包含了随机搜索方法，因此所求的最优解不一定是最优的。在求解过程中发现，遗传算法得到的结果的精确度除了和交叉算子、变异算子、适应度计算方法有关，还受交叉概率、变异概率、迭代次数的影响。

对于本节算法，在一定范围内，迭代次数越大，变异概率越小，遗传算法的精确度越高；执行时间随着迭代次数的增加而增加。当交叉概率为 0.8，变异概率为 0.5，最大代数为 10000 时，能得到较理想的结果。

遗传算法的终止条件如下，满足其一即可终止算法。

(1) 当最优个体的适应度达到给定的阈值时。

(2) 最优个体的适应度和群体适应度不再上升。

(3) 当迭代次数达到预设的代数时。

本节所设计的遗传算法的终止条件是条件(3)。图 2-10 显示了当交叉概率为 0.8，变异概率为 0.5，最大代数为 10000 时的最优解的搜索曲线，横轴表示迭代次数，纵轴表示搜索的距离。可以发现，在搜索 1000 代后，搜索过程曲线开始趋于平缓，达到 4000 代后曲线基本不再变化，所以根据终止条件(2)，遗传算法可以终止，不必再继续计算到 10000 代，从而减少了时间和资源的开销。因而算法也可以从这个方面进行优化。

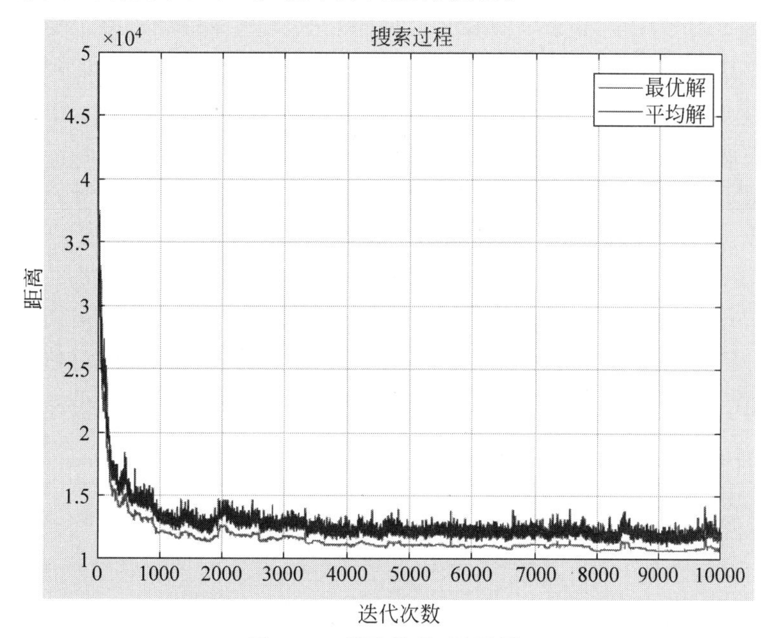

图 2-10 搜索结果(见彩插)

此外，遗传算法还可应用于带时间窗车辆路径问题，相关 MATLAB 代码见目录二维码中的附录 2。

2.4.4 遗传算法在机器学习中的应用

新的研究方向把遗传算法从历史离散的搜索空间的优化搜索算法扩展到具有独特的规则生成功能的崭新的机器学习算法。新的学习机制为解决人工智能中知识获取和知识优化精炼的瓶颈难题带来了希望。遗传算法作为一种搜索算法从一开始就与机器学习有着密切联系。分类器系统 CS-1 是 GA 的创立者 Holland 教授等实现的第一个基于遗传算法的机器学习系统。分类器系统在很多领域都得到了应用。例如,分类器系统在学习式多机器人路径规划系统中得到的成功应用;Goldberg 研究了用分类器系统来学习控制一个煤气管道仿真系统;Wilson 研究了一种用于协调可移动式视频摄像机的感知运动的分类器系统等。分类器系统在基于遗传算法的机器学习研究中影响很大,但具体实现方法和要解决的具体问题有关。基于遗传算法的概念学习是近几年机器学习领域的一个较为引人注目的研究方向,由于概念学习隐含的搜索机制,使得遗传算法在概念学习中有用武之地。此外,学习分类系统的并行实现在基于遗传算法的机器学习研究中也占有相当的分量。

2.4.5 遗传算法在其他领域中的应用

遗传算法正日益和神经网络、模糊推理及混沌理论等其他智能计算方法相互渗透结合,达到取长补短的作用。近年来在这方面已经取得不少研究成果,并形成了"计算智能"的研究领域,这对开拓 21 世纪中新的智能计算技术具有重要的意义。GA 的出现使神经网络的训练(包括连接权系数的优化、网络空间结构的优化和网络的学习规则优化)有了崭新的面貌,目标函数既不要求连续,也不要求可微,仅要求该问题可计算,而且它的搜索始终遍及整个解空间,因此容易得到全局最优解。GA 与神经网络的结合正成功被用于从时间序列的分析来进行财政预算,在这些系统中,训练信号是模糊的,数据是有噪声的,一般很难正确地给出每个执行的定量评价,若采用 GA 来学习,就能克服这个困难,显著提高系统的性能。Muhlenbein 分析了多层感知机网络的局限性,并猜想下一代神经网络将会是遗传神经网络。遗传算法还可以用于学习模糊控制规则和隶属度函数,改善模糊系统的性能。混沌表现出的随机性是系统内在的随机性,被称为伪随机性,它在生物进化中起着重要的作用,是系统进化与信息之源。

并行处理的遗传算法的研究不仅是遗传算法本身的发展,而且对于新一代智能计算机体系结构的研究也是十分重要的。GA 在操作上具有高度的并行性,许多研究人员都正在探索在并行机上高效执行 GA 的策略。近几年也发表了不少这方面的论文,研究表明,只要通过保持多个群体和恰当地控制群体间的相互作用来模拟并执行过程,即使不使用并行计算机,也能提高算法的执行效率。在并行 GA 的研究方面,一些并行 GA 模型已经被人们在具体的并行机上执行了。并行 GA 可分为两类:一类是粗粒度并行 GA,它主要开发群体间的并行性,如 Cohoon 分析了在并行计算机上解图划分问题的多群体 GA 的性能;另一类是细粒度并行 GA,它主要开发一个群体中的并行性,如 Kosak 将群体中的每个个体映射到一个连接机的处理单元上,并指出了这种方法对网络图设计问题的有效性。

人工生命是用计算机、机械等人工媒体模拟或构造出的具有自然生物系统特有行为的人造系统,人工生命与遗传算法有着密切的关系,基于遗传算法的进化模型是研究人工生命现象的重要理论基础。虽然人工生命的研究尚处于启蒙阶段,但遗传算法已在其进化模型、学习模型、行为模型、自组织模型等方面显示出了初步的应用能力,并且必将得到更为深入的应用和发展。人工生命与遗传算法相辅相成,遗传算法为人工生命的研究提供了一个有效的工具,人工生命的研究也必将促进遗传算法的进一步发展。

遗传算法、进化规则及进化策略是演化计算的三个主要分支，这三种典型的进化算法都以自然界中生物的进化过程为自适应全局优化搜索过程的借鉴对象，所以三者之间有较大的相似性；另一方面，这三种算法又从不完全相同的角度出发来模拟生物的进化过程，分别是依据不同的生物进化背景、不同的生物进化机制而开发出来的，所以三者之间也有一些差异。随着各种进化计算方法之间相互交流的深入，以及各种进化算法机理研究的进一步发展，要严格地区分它们既不可能，也没有必要。在进化计算领域内更重要的工作是生物进化机制，即构造性能更加优良、适应面更加广泛的进化算法。

2.5　本章小结

本章首先介绍了遗传算法的基本原理，然后对遗传算子、算法设计原则及参数设置等方面进行了详细介绍，最后举例说明了遗传算法在求解0-1背包问题、函数极值问题及旅行商问题等方面的应用。此外，MATLAB具有强大的运算能力，利用MATLAB的遗传算法工具箱可以对传统的遗传算法实现全局优化，且精度较高。

2.6　习题

1. 总结遗传算法的特点。
2. 简述遗传算法的原理。
3. 简述遗传算法的基本流程。
4. 如何设计适应度函数？
5. 变异算子的基本操作是什么？
6. 遗传算法为什么引入变异算子？
7. 遗传算法中初始群体该如何设定？

第3章

蚁群算法

蚁群算法(ant colony algorithm,ACA)算法是1991年由意大利M. Dorigo博士等提出的一种群智能优化算法,它模拟了蚁群能找到一条由蚁穴到食物源的最短路径的觅食行为,并成功用于求解旅行商问题。后来,一些研究者把蚁群优化算法改进并应用于连续优化问题。

2008年,Dorigo等又提出了一种求解连续空间优化问题的扩展蚁群优化(extension of ant colony optimization,ACO_R)算法,通过引入解存储器作为信息素模型,使用连续概率分布取代ACO算法中的离散概率分布,将基本蚁群算法的离散概率选择方式连续化,从而将其拓展到求解连续空间优化问题。

本章首先介绍了蚁群算法的基本原理,然后分析了蚁群算法的几个典型应用。

3.1 蚁群算法思想及特点

3.1.1 算法思想

蚂蚁作为一个生物个体,其自身的能力是十分有限的,如蚂蚁个体是没有视觉的,蚂蚁自身体积又是那么渺小,但是由这些能力有限的蚂蚁组成的蚁群却可以做出超越个体蚂蚁能力的超常行为。蚂蚁没有视觉却可以寻觅食物,蚂蚁体积渺小而蚁群却可以搬运比它们个体大十倍甚至百倍的昆虫。这些都说明蚂蚁群体内部的某种机制使得它们具有群体智能,可以做到蚂蚁个体无法实现的事情。

生物学家经过长时间的观察发现,蚂蚁是通过分泌于空间中的信息素进行信息交流,进而实现群体行为的。

1. 蚂蚁的习性与蚁群社会

蚂蚁是一种社会性昆虫,起源约在一亿年前。蚂蚁种类为9000～15000种,但无一独居,都是群体生活,建立了独特的蚂蚁社会。之所以说蚂蚁是一种社会性昆虫,是因为蚂蚁不但有组织、有分工,还有相互的信息的传递。蚂蚁有着独特的信息系统:视觉信号、声音通信和更为独特的无声语言——分泌化学物质信息素(pheromone)。

蚂蚁王国分工细致,职责分明。有专门产卵的蚁后;有为数众多,从事觅食打猎、屋穴兴建、后代抚育的工蚁;有负责守卫门户、对敌作战的兵蚁;还有专备蚁后招婚纳赘的雄蚁。蚁后产下的受精卵发育成工蚁或新的蚁后,而未受精的卵发育成雄蚁。

2. 蚂蚁觅食行为与信息素

昆虫学家研究发现蚂蚁有能力在没有任何可见提示下找出由蚁穴到食物源的最短路径，并能随环境变化而自适应地搜索新的路径。蚂蚁在从食物源到蚁穴并返回的过程中，能在走过的路径上分泌一种化学物质——信息素，通过这种方式形成信息素轨迹（或踪迹），蚂蚁在运动中能感知这种物质的存在及其强度，以此指导自己的运动方向。

蚂蚁之间通过接触提供的信息传递来协调其行动，并通过组队相互支援，当聚集的蚂蚁数量达到某一临界数量时，就会涌现出有条理的大军。蚂蚁的觅食行为完全是一种自组织行为，自组织地选择去往食物源的路径。

大量蚂蚁组成的集体觅食表现为一种对信息素的正反馈现象。某一条路径越短，路径上经过的蚂蚁越多，遗留的信息素越多，信息素浓度就越高，蚂蚁选择这条路径的概率也就越高，由此构成正反馈过程，从而逐渐地逼近最优路径，找到最优路径。

蚂蚁觅食的运行轨迹模式如图 3-1 所示，蚂蚁以信息素作为媒介间接进行信息交流，判断蚁穴到食物源的最佳路径。

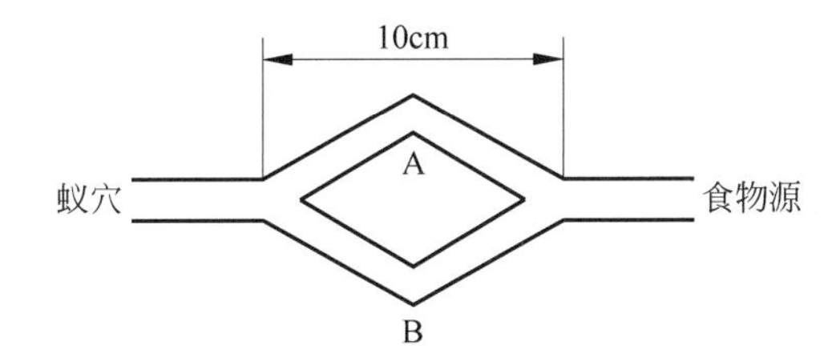

图 3-1　蚂蚁觅食的运动轨迹模式

当蚂蚁从食物源走到蚁穴，或者从蚁穴走到食物源时，都会在经过的路径上释放信息素，从而形成了一条含有信息素的路径，蚂蚁可以感觉出路径上信息素浓度的大小，并且以较高的概率选择信息素浓度较高的路径。

人工蚂蚁的搜索主要包括三种智能行为。

(1) 蚂蚁利用信息素进行相互通信。蚂蚁在所选择的路径上会释放一种叫作信息素的物质，当其他蚂蚁进行路径选择时，会根据路径上的信息素浓度进行选择，这样信息素就成为蚂蚁之间进行通信的媒介。

(2) 蚂蚁的记忆行为。一只蚂蚁搜索过的路径在下次搜索时就不再被该蚂蚁选择，因此在蚁群算法中建立禁忌表进行模拟。

(3) 蚂蚁的集群活动。通过一只蚂蚁的运动很难达到食物源，但整个蚁群进行搜索就完全不同。当某些路径上通过的蚂蚁越来越多时，路径上留下的信息素数量也就越多，导致信息素强度增大，蚂蚁选择该路径的概率随之增加，进一步增加该路径的信息素强度；而通过的蚂蚁比较少的路径上的信息素会随着时间的推移而挥发，从而变得越来越少。

蚁群优化算法是模拟蚂蚁觅食的原理，设计出的一种群集智能算法。算法寻优的快速性是通过正反馈式的信息传递和积累来保证的，而算法的早熟性收敛又可以通过其分布式计算特征加以避免，同时，具有贪婪启发式搜索特征的蚁群系统又能在搜索过程的早期找到可以接受的问题解。这种优越的问题分布式求解模式经过相关领域研究者的关注和努力，已经在最初的算法模型基础上得到了很大的改进和拓展。Dorigo 博士在 1993 年给出改进模型蚁群系统（ACS），其中改进了转移概率模型，并且应用了全局搜索与局部搜索策略来进行深度搜索。Hoos 给出了最大-最小蚂蚁系统（MMAS）。所谓最大-最小，就是为信息素设定上限与下限，设定上限避免搜索陷入局部最优，设定下限鼓励深度搜索。

3.1.2 算法特点

蚁群算法实现的重要原则包括以下几种。

1. 避障原则

如果蚂蚁要移动的方向有障碍物挡住，它会随机地选择另一个方向，并且有信息素指引的话，它会按照觅食的规则选择方向。

2. 播撒信息素原则

每只蚂蚁在刚找到食物或者蚁穴时散发的信息素最多，随着它走的距离越来越远，播撒的信息素越来越少。

3. 范围原则

蚂蚁观察到的范围是一个方格世界，蚂蚁有一个参数为速度半径(一般是 3)，那么它能观察到的范围就是 3×3 个方格世界，并且能移动的距离也在这个范围之内。

4. 移动原则

每只蚂蚁都朝信息素最多的方向移动，当周围没有信息素指引时，蚂蚁会按照自己原来运动的方向惯性地运动下去，并且在运动的方向有一个随机的小的扰动。为了防止原地转圈，蚂蚁会记住最近刚走过了哪些点，如果发现要走的下一点已经在最近走过了，它就会尽量避开。

5. 觅食原则

在每只蚂蚁能感知的范围内寻找是否有食物，如果有就直接过去；否则看是否有信息素，并且比较在能感知的范围内哪一点的信息素最多，这样，它就朝信息素多的地方走，并且每只蚂蚁都会以小概率犯错误，从而并不是往信息素最多的点移动。蚂蚁找蚁穴的规则和上面一样，只不过它对蚁穴的信息素做出反应，而对食物信息素没反应。

6. 环境

蚂蚁所在的环境是一个虚拟的世界，其中有障碍物，有别的蚂蚁，还有信息素。信息素有两种，一种是找到食物的蚂蚁撒下的信息素，每只蚂蚁仅能感知它本身撒下的食物信息素；另一种是找到蚁穴的蚂蚁撒下的蚁穴的信息素，每只蚂蚁仅能感知它范围内的环境信息，环境以一定的速率让信息素挥发。

根据这几条原则，蚂蚁之间并没有直接的关系，但是每只蚂蚁都和环境发生交互，从而通过信息素把每只蚂蚁关联起来。例如，一只蚂蚁找到了食物，它并没有直接告诉其他蚂蚁这里有食物，而是向环境播撒信息素，当其他蚂蚁经过它附近时，就会感觉到信息素的存在，进而根据信息素的指引找到食物。

蚁群算法是通过对生物特征的模拟得到的一种计算算法，其本身具有很多特点。

(1) 蚁群算法是一种本质上并行的算法。每只蚂蚁搜索的过程彼此独立，仅通过信息素进行通信。因此，蚁群算法可以看作一个分布式的多智能体系统，它在问题空间的多点同时开始进行独立的解搜索，不仅增加了算法的可靠性，也使得算法具有较强的全局搜索能力。

(2) 蚁群算法是一种自组织的算法。所谓自组织，就是组织力或组织指令来自系统的内部，区别于其他组织。如果系统在获得空间、时间或功能结构的过程中，没有外界的特定干预，则该系统是自组织的。简单地说，就是系统从无序到有序的变化过程。以蚂蚁群体优化为例，在算法开始初期，单个的人工蚂蚁无序地寻找解，算法经过一段时间的演化，人工蚂蚁间通过信息素的作用，自发地越来越趋向于寻找到接近最优解的一些解，这就是无序到有序的过程。

(3) 蚁群算法具有较强的鲁棒性。相对于其他算法，蚁群算法对初始路线要求不高，即蚁群算法的求解结果不依赖初始路线的选择，而且在搜索过程中不需要进行人工的调整。其次，蚁群算法的参数数目少，设置简单，易于蚁群算法应用到其他组合优化问题的求解。

(4) 蚁群算法是一种正反馈的算法。从真实蚂蚁的觅食过程中不难看出，蚂蚁能够最终找到最短路径，直接依赖最短路径上信息素的堆积，而信息素的堆积却是一个正反馈的过程。正反馈是蚂蚁算法的重要特征，它使得算法演化过程得以进行。

3.2 蚁群算法的应用

随着群智能理论和应用算法研究的不断发展，研究者已尝试将其用于各种工程优化问题，并取得了意想不到的收获。多种研究表明，群智能在离散求解空间和连续求解空间中均表现出良好的搜索效果，并在组合优化问题中表现突出。

蚁群优化算法并不是旅行商问题的最佳解决方法，但是它却为解决组合优化问题提供了新思路，并很快被应用到其他组合优化问题中。比较典型的应用研究包括网络路径优化、数据挖掘及一些经典的组合优化问题。

蚁群算法在电信路径优化中已取得了一定的应用成果。惠普公司和英国电信公司在20世纪90年代中后期都开展了有关这方面的研究，设计了蚁群路径(ant colony routing，ACR)算法。

像蚁群优化算法中一样，每只蚂蚁根据它在网络上的经验与性能，动态更新路径表项。如果一只蚂蚁因为经过网络中堵塞的路径而导致了比较大的延迟，那么就对该表项做较大的增强。同时根据信息素挥发机制实现系统的信息更新，从而抛弃过期的路径信息。

这样，在当前最优路径出现拥堵现象时，ACR算法就能迅速地搜寻另一条可替代的最优路径，从而提高网络的均衡性、负荷量和利用率。目前这方面的应用研究仍在升温，因为通信网络的分布式信息结构、非稳定随机动态特性及网络状态的异步演化与蚁群算法的本质和特性非常相似。

基于群智能的聚类算法源于对蚁群蚁卵的分类研究。Lumerfaieta 和 Deneubourg 提出将蚁穴分类模型应用于数据聚类分析。其基本思想是将待聚类数据随机地散布到一个二维平面内，然后将虚拟蚂蚁分布到这个空间内，并以随机方式移动，当一只蚂蚁遇到一个待聚类数据时将之拾起并继续随机运动，若运动路径附近的数据与背负的数据相似性高于设置的标准则将其放置在该位置，然后继续移动，重复上述数据搬运过程。按照这样的方法可实现对相似数据的聚类。

蚁群算法(ACA)还在许多经典组合优化问题中获得了成功的应用，如二次分配问题(quadratic assignment problem，QAP)、机器人路径规划、作业流程规划、图着色(graph coloring)等问题。经过多年的发展，ACA已成为能够有效解决实际二次规划问题的几种重要算法之一。利用ACA实现对生产流程和物料管理的综合优化，并通过与遗传、模拟退火和禁忌搜索算法的比较证明了ACA的工程应用价值。

3.2.1 蚁群算法在旅行商问题中的应用

旅行商问题(travelling salesman problem，TSP)是物流领域中的典型问题。它的求解具有十分重要的理论和现实意义。采用一定的物流配送方式，可以大幅节省人力物力，完善整个物流系统。

被广泛采用的遗传算法是旅行商问题的传统求解方法，但遗传算法收敛速度慢，具有一定的缺陷。

本节采用蚁群算法，充分利用蚁群算法的智能性，求解旅行商问题，并进行实例仿真。进行仿真计算是为了该算法能获得旅行商问题的优化结果、平均距离和最短距离。

在求解旅行商问题的蚁群算法中，每只蚂蚁相互独立，用于构造不同的路线，若干蚂蚁之间通过自适应的信息素值来交换信息，合作求解并不断优化。

利用蚁群算法求解旅行商问题的过程如下：

(1) 初始化。设迭代的次数为 NC，初始化 NC＝0。

(2) 将 n 只蚂蚁置于 n 个顶点上。

(3) m 只蚂蚁按概率函数选择下一座城市，完成各自的周游。每只蚂蚁按照状态变化规则逐步地构造一个解，即生成一条回路。蚂蚁的任务是访问所有的城市后返回到起点，生成一条回路。设蚂蚁 k 当前所在的顶点为 i，那么蚂蚁 k 由点 i 向点 j 移动要遵循规则而不断迁移，按不同概率来选择下一点。

(4) 记录本次迭代最佳路线。

(5) 全局更新信息素值。应用全局信息素更新规则来改变信息素值。当所有 m 只蚂蚁生成了 m 个解，其中有一条最短路径是本代最优解，将属于这条路线上的所有弧相关联的信息素值进行更新。全局信息素更新的目的是在最短路线上注入额外的信息素，即只有位于最短路线的弧上的信息素才能得到加强，这是一个正反馈的过程，也是一个强化学习的过程。在各弧上，伴随着信息素的挥发，全局最短路线上各弧的信息素值得到增加。

(6) 终止。若终止条件满足，则结束；否则 NC＝NC＋1，转入步骤(2)进行下一代进化。终止条件可指定进化的代数，也可限定运行时间，或设定最短路长的下限。

(7) 输出结果。详细 MATLAB 代码见目录二维码中的附录 3。

蚁群算法优化路径和各代最短距离与平均距离对比分别如图 3-2 和图 3-3 所示。

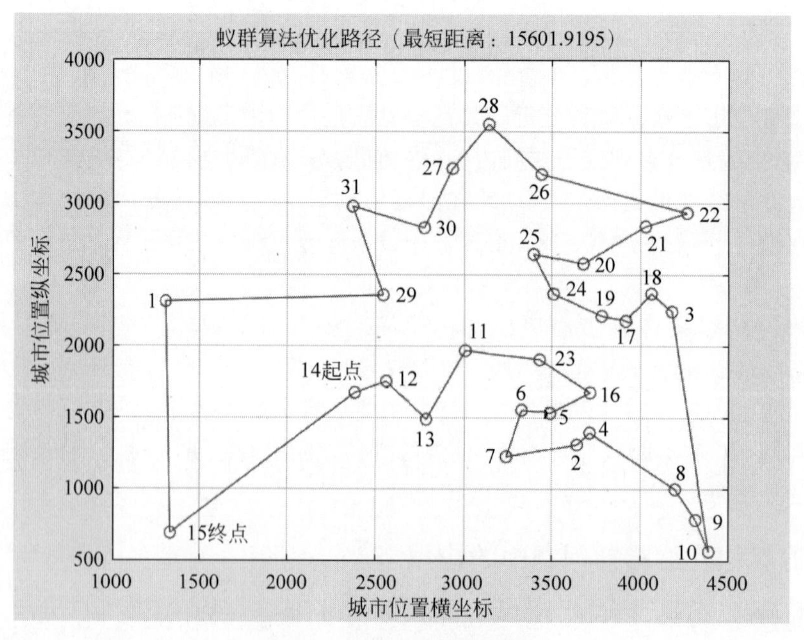

图 3-2 蚁群算法优化路径

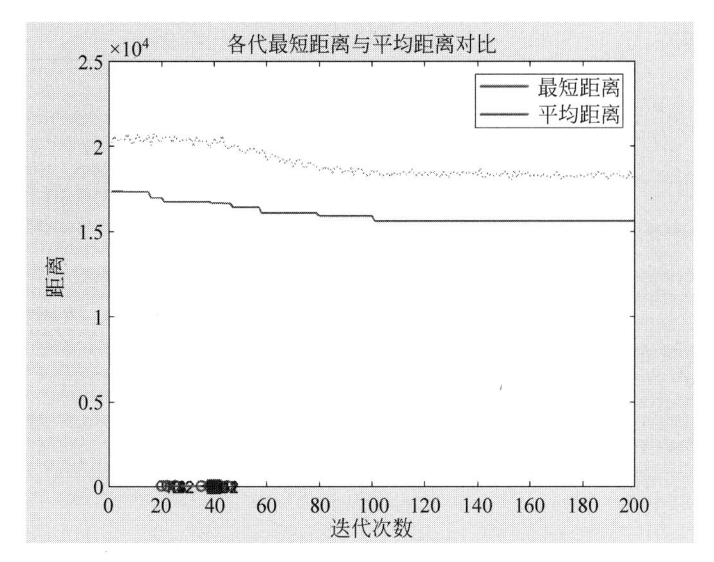

图 3-3　各代最短距离与平均距离对比(见彩插)

3.2.2　蚁群算法在函数极值问题中的应用

本案例的寻优函数如下：

$f(x,y)=20(x^2-y^2)^2-(1-y^2)^2-3(1+y)^2=0.3,\quad x\in[-5,5],y\in[-5,5]$

求解步骤如下：

步骤 1：初始化蚂蚁只数 $m=300$，最大迭代次数 iter_max=80，信息素挥发因子 Rho=0.9，转移概率常数 $P_0=0.2$，局部搜索步长 step=0.05。

步骤 2：随机产生蚂蚁初始位置，计算适应度函数值，设为初始信息素，计算状态转移概率。其计算公式如下：

$$P(\text{iter},i)=\frac{\max(\text{Tau})-\text{Tau}(i)}{\max(\text{Tau})}$$

其中，max(Tau)表示信息素的最大值，Tau(i)表示蚂蚁 i 的信息素，$P(\text{iter},i)$表示第 iter 次迭代蚂蚁 i 的转移概率值。

步骤 3：进行位置更新，当状态转移概率小于转移概率常数时，进行局部搜索，搜索公式为 $\text{new}=\text{old}+r_1\cdot\text{step}\cdot\lambda$，其中 new 为待移动的位置，old 为蚂蚁当前位置，r_1 为[−1,1]的随机数，step 为局部搜索步长，λ 为当前迭代次数的倒数；当状态转移概率大于转移概率常数时，进行全局搜索，搜索公式为 $\text{new}=\text{old}+r_2\cdot\text{range}$，其中 r_2 为[−0.5,0.5]的随机数，range 为自变量的区间大小。

通过判断待移动位置的函数值与当前位置函数值的大小来确定是否更新蚂蚁当前的位置，并利用边界吸收方式进行边界条件处理，将蚂蚁位置界定在取值范围内。

步骤 4：计算新的蚂蚁位置的适应度值，判断蚂蚁是否移动，更新信息素，更新公式为 $\text{Tau}=(1-\text{Rho})\cdot\text{Tau}+f$，其中 Rho 为信息素挥发因子，Tau 为信息素，f 为目标函数值。

步骤 5：判断是否满足终止条件。若满足，则结束搜索过程，输出优化值；若不满足，则继续进行迭代优化。

具体 MATLAB 代码见目录二维码中的附录 4。

3.3 本章小结

蚁群算法是受自然界中蚁群搜索食物行为的启发而提出的一种智能优化算法。通过分析蚁群觅食过程中基于信息素的最短路径的搜索策略，本章首先介绍了蚁群算法的起源、基本原理等，然后介绍了如何用MATLAB实现蚁群算法编程，最后重点介绍了蚁群算法在旅行商问题和函数极值问题中的应用。

3.4 习题

1. 简述蚁群算法的概念。
2. 简述蚁群算法有哪些特点。
3. 简述蚁群算法求解过程。
4. 蚁群算法的设计原则有哪些?
5. 什么是蚁群算法的自组织性?
6. 信息素有何作用?

第 4 章

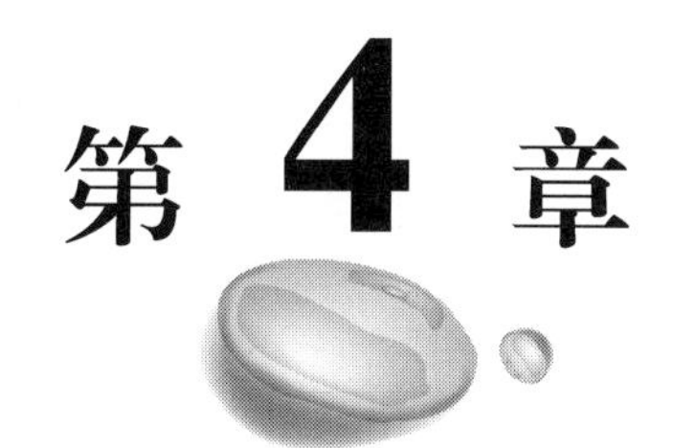

模拟退火算法

模拟退火的思想在 1983 年被引入组合优化领域后，在实际应用中以其在解决局部极小问题上的突出表现迅速得到了人们的青睐，同时也引起了大量学者的研究兴趣，使得模拟退火得到了迅猛的发展。模拟退火曾经是解决复杂组合问题的一种非常流行的方法，现在已经退居二线，取而代之的是新的算法和启发式算法，这些算法和启发式算法旨在更好地利用问题的独特性质和特点。然而，由于模拟退火算法的简单性和易实现性，它仍然被广泛应用。此外，它的简单结构往往与其他元启发式算法结合和混合。

模拟退火算法的广泛性和灵活性催生了几种新的退火算法。Pepper 等介绍了 demon 算法，并在旅行商问题上进行了测试。Ohlmann 等介绍了模拟退火的另一种变体，称为压缩退火。除了温度外，他们还结合了压力和体积的概念，以解决具有松弛特性的离散优化问题。通过同时调整温度和压力，引入了原对偶元启发式算法。

Herault 提出了重标度模拟退火算法，它是为有限计算量的组合问题而设计的。在应用 Metropolis 准则之前，这种泛化将对作为过渡候选的状态的能量进行重定标。这种重缩放的直接后果是通过避免俯冲和逃离高能量的局部极小值来加速算法的收敛。Mingjun 和 Huanwen 提出了混沌模拟退火算法，用混沌初始化和混沌序列代替高斯分布。这些特性提高了收敛速度，而且效率高，易于实现。

相比较国外，我国引进模拟退火算法的历史较短，研究的程度也不深。但是其在工程方面的实际应用以及考察算法的实际效果和效率也有不错的优越性，但是它也存在着收敛速度较慢的缺点。本章首先简单介绍了模拟退火算法的原理，接着总结出模拟退火算法在各领域的应用范围，最后通过几个案例进一步说明了模拟退火算法的应用。

4.1 模拟退火算法思想及特点

4.1.1 算法思想

在热力学上，退火(annealing)现象指物体逐渐降温的物理现象，温度越低，物体的能量状态越低；当温度足够低后，液体开始冷凝与结晶，在结晶状态时，系统的能量状态最低。大自然在缓慢降温(即退火)时，可“找到”最低能量状态——结晶。但是，如果过程过急过快，快速降温(也称淬炼)时，会导致不是最低能态的非晶形态。

退火粒子状态如图 4-1 所示，首先物体处于非晶体状态，将固体加温至充分高，再让其徐徐冷却，也就退火。加温时，固体内部粒子随温度升高变为无序状，内能增大，而徐徐冷却时粒子渐趋有序，在每个温度都达到平衡态，最后在常温时达到基态，内能减为最小(此时物体以晶体形态呈现)。

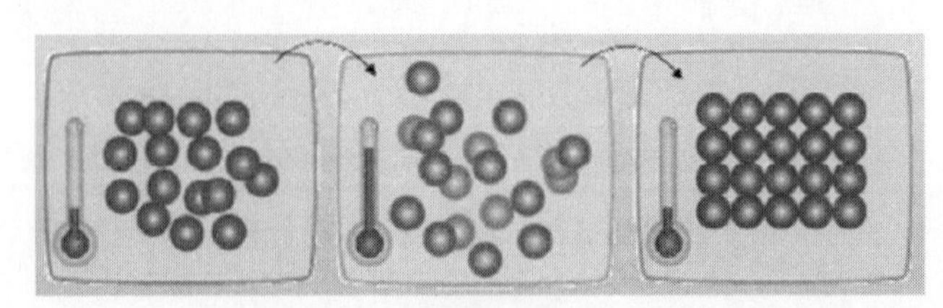

图 4-1　退火粒子状态(见彩插)

简单而言，物理退火过程由加温过程、等温过程和冷却过程组成。

加温的目的是增强粒子的热运动，使其偏离平衡位置。当温度足够高时，固体将熔解为液体，从而消除系统原先可能存在的非均匀态，使随后进行的冷却过程以某一平衡态为起点。熔解过程与系统的熵增过程相联系，系统能量也随温度的升高而增大。

对于与周围环境交换热量而温度不变的封闭系统，系统状态的自发变化总是朝自由能减少的方向进行，当自由能达到最小时，系统达到平衡态。

冷却的目的是使粒子的热运动减弱并渐趋有序，系统能量逐渐下降，从而得到低能的晶体结构。

假设开始状态在 A，随着迭代次数更新到 B 局部最优解，这时发现更新到 B 时，能量比 A 要低，则说明接近最优解了，因此百分百转移，状态到达 B 后，发现下一步能量上升了，如果是梯度下降则是不允许继续向前的，而这里会以一定的概率跳出这个坑，这个概率和当前的状态、能量等都有关系，如果 B 最终跳出来了到达 C，又会继续以一定的概率跳出来，直到到达 D 后，就会稳定下来。模拟退火算法原理如图 4-2 所示。

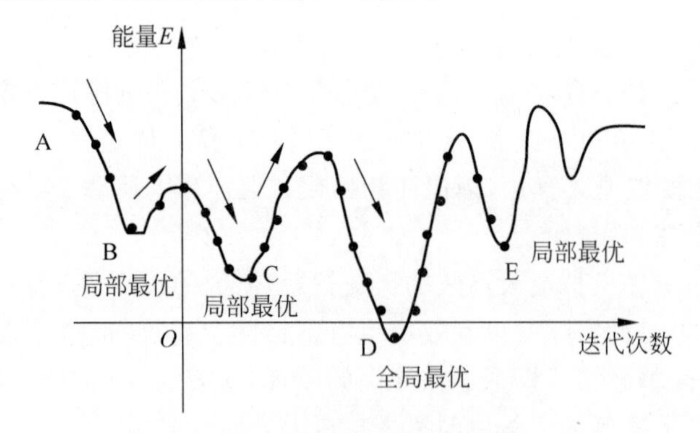

图 4-2　模拟退火算法原理

模拟退火算法是在一个给定温度下，搜索从一个状态随机变化到另一个状态，并用一个随机接受准则(Metropolis 准则)进行判断；温度缓慢下降，当温度很低时，就以概率停留在最优解上。模拟退火算法的思想最早是由 N. Metropolis 于 1953 年提出的。Kirkpatrick 等于 1983 年成功地将其应用在组合优化问题领域。其出发点是基于物理中固体物质的退火过程与一般组合优化问题之间的相似性。组合优化问题的目标函数与能量等价，解与微观状态等价，最优解与能量最低状态等价。根据 Metropolis 准则，粒子在温度 T 时趋于平衡的概率为 $\mathrm{e}-\dfrac{\Delta E}{kT}$，其中 E 为温度 T 时的内能，ΔE 为其改变量，k 为 Boltzmann 常数。用固体退火模拟组合优化问题，将内能 E 模拟为目标函数值 f，温度 T 演化成控制参数 t，即得到解组合优化问题的模拟退火算法：由初始解 i 和控制参数初值 t 开始，对当前解重复“产生新解→计算目标函数差→接受或舍弃”的迭代，并逐步衰减 t 值，算法终止时的当前解即所得近似最优解，这是基于蒙特卡洛迭代求解法的一种启发式随机搜索过程。退火过程由冷却进度表(cooling schedule)控制。

模拟退火算法的实现形式，可从以下几方面进行描述。

数学模型包括解空间、目标函数和初始解三部分。解空间是所有可能解的集合。如果问题的所有可能的解都是可行解，那么解空间就定义为所有可能解的集合。目标函数是对优化问题所要达到的目标的一个数学的量化描述，是解空间到某个数集的一个映射，通常情况下表示为若干优化目标的一个和式。目标函数应该能够正确体现优化问题对整体优化的要求，并且比较容易计算。同时，当解空间包含不可行解时，目标函数中还要包括罚函数项。初始解是算法迭代开始的起点，部分局部搜索算法所求得的最终解的质量很大程度上取决于初始解的选取，这样在不知道最终优化解的情况下无法有目的地选择初始解，也不能保证算法有良好的表现。

邻域的产生：按某种随机机制由当前解产生一个新解，通常通过简单变化(如对部分元素的置换、互换或反演等)产生，可能产生的新解构成当前解的邻域。连续变量存在着无数个状态，邻域的产生方法应该保证算法的迭代能达到变量的所有取值，且在产生新解时没有倾向性；对离散变量而言，设 X 为离散变量的取值序列，m 为当前变量的取值位置，即 $X_k=X(m)$，则在当前离散位置的基础上随机产生一个位置的增值 m^*，令 $X_{k+1}=X(m+m^*)$。

新解的接受机制：根据产生的新解计算新解伴随的目标函数差，一般可由变化的改变部分直接求得；根据接受准则，即新解更优，或恶化但满足 Metropolis 准则，判断是否接受新解，对有不可行解而限定了解空间仅包含可行解的问题还要判断新解是否具有可行性；最后，如果新解满足接受准则则进行当前解和目标函数值的迭代，否则舍弃新解。

冷却进度表是一组控制算法进程的参数，其中包括的参数有初始温度 T_0 充分大且温度衰减得足够慢，Markov 链的长度 L_k 足够大，终止温度 T_f 即算法的停止准则。冷却进度表是模拟退火算法的重要支柱，对于算法的性能有着非同寻常的作用。

模拟退火算法多种多样，包括快速模拟退火算法、适应性模拟退火算法、遗传模拟退火算法、有记忆的模拟退火算法、并行模拟退火算法与单纯形模拟退火算法等。下面简单介绍两种。

模拟退火算法在迭代的过程中不但能够接受使目标函数向好的方向前进的解，而且能够在一定限度内接受使目标函数恶化的解，这使得算法能有效跳出局部极小的陷阱。然而，对于具有多个极值的工程问题，该算法就很难保证最终得到的最优解是整个搜索过程中曾经到达过的最优解。为了解决这个问题，可以给算法增加一个“记忆器”，使它能够记住搜索过程中曾经达到过的最好结果，这样可以在许多情况下提高最终所得到的解的质量。有记忆的模拟退火算法可描述如下：设置记忆变量 $\boldsymbol{x}'$ 和 $f(\boldsymbol{x}')$，分别用于记忆当前遇到的最优解和最优目标函数值；算法开始时，令 $\boldsymbol{x}'$ 和 $f(\boldsymbol{x}')$ 分别初始化，等于初始解 $\boldsymbol{x}_0$ 和其目标函数值 $f(\boldsymbol{x}_0)$；迭代开始后，每当接受一个新的搜索解时，将其目标函数值 $f(\boldsymbol{x}_k)$ 与 $f(\boldsymbol{x}')$ 进行比较，如果 $f(\boldsymbol{x}_k)$ 优于 $f(\boldsymbol{x}')$，则分别用 $\boldsymbol{x}_k$ 和 $f(\boldsymbol{x}_k)$ 取代 $\boldsymbol{x}'$ 和 $f(\boldsymbol{x}')$；当算法结束时，从当前解与记忆变量中选取较优者为问题的近似全局最优解。

单纯形模拟退火算法是一种将单纯形法与模拟退火算法相结合的算法。单纯形法是由 Nelder 和 Mead 提出的一种多变量函数的寻优方法。它应用规则的几何图形，通过计算单纯形顶点的函数值，根据函数值大小的分布来判断函数变化的趋势，然后按照一定规则搜索寻优。该方法不必计算目标函数的梯度，不是沿着某一方向进行搜索，而是将 N 维空间的 $N+1$ 个点(它们构成一个单纯形的顶点)上的函数值进行比较，丢掉其中最差的点，从而构成一个新的单纯形，这样逐步逼近极小值点。

一个单纯形是一个几何形体，它在 N 维的情况下是由 $N+1$ 个点、所有相互连接的线段及多边形面等组成的多面体。如果相邻顶点之间的距离都是相等的，则称为正则单纯形。二维空间中的单纯形为三角形，三维空间中的单纯形就是一个四面体。单纯形法必须从 $N+1$ 个点而不仅仅是从单个点开始迭代，这 $N+1$ 个点构成了初始的单纯形。如果将其中一个点作为初始点 $\boldsymbol{x}_0$，那么另外的 N 个点可取为 $\boldsymbol{x}_i=\boldsymbol{x}_0+\lambda_i\boldsymbol{e}_i$，其中 $\boldsymbol{e}_i$ 为 N 维单位向量，λ_i 是一个常数，称为步长，是对问题的特征长度大小的估计值。

初始单纯形构造完成后就要对其进行一系列的操作。通常是将函数值达到最大的单纯形点(即最高点)通过单纯形的背向面移到一个较低点，也称为反射，即用初始的 $N+1$ 组值计算出 $N+1$ 组目标函数值并比较大小，找到最大的目标函数值，并剔除相应的初值，然后按照一定的换点规则换入一个新的值，用这个新的值与其余的 N 个值构成一个新的单纯形。如此构造新单纯形是为了保持单纯形的体积不变，从而保持其非退化性。新构造出的单纯形至少有一个顶点的函数值比原单纯形小，以此为基础寻优，反复计算、比较、剔除，直至最小的目标函数值以给定的精度逼近其极小值。一般来说，总能收缩到函数的极小值。

单纯形法的优点是直接快速地搜索到极小值，对于大型、复杂的函数求极值问题，不会出现收敛性不稳定的情况。但单纯形也有一个很大的缺陷，即当目标函数具有多个极小值时，由于初始值选取的不同会得到不同的结果，并且这个结果不一定是目标函数的全局极小值，可能只是一个局部最小值。从前面对模拟退火算法的讨论可知，模拟退火算法是一种随机搜索算法，它能跳出局部极小的陷阱并最终得到全局极小值，但在搜索的过程中也做了很多无用功，浪费了时间，效率还有待提高。因此，我们考虑将模拟退火算法与单纯形相结合，融合两种算法的优点，联合起来求解函数的极小值。这种单纯形-模拟退火算法的基本思想是，对任一给定的初始解 x_0，首先用单纯形法快速求得一个极小值点，然后改用模拟退火算法进行随机搜索，跳离该局部极小值，一旦找到一个比该局部极小值更小的点，立即以该点为初始值调用单纯形法直接搜索该点附近的另一个极小值点，如此交叉进行，直至满足条件，算法结束，得到的结果则必为目标函数的全局极小值。

4.1.2 算法特点

对于一个算法，我们不可避免地要讨论它的有限终止性和可行性，即算法能否在一个可以接受的有限的时间内终止，以及算法能否达到我们的要求，得到所需要的解。首先讨论第一个问题，即算法的有限步终止性问题。对于模拟退火算法，由于其随机性，就转为讨论其渐进收敛性，即算法按渐进的概率原则是否收敛。根据 Markov 理论可以证明：在多项式时间里算法渐进地收敛于一近似最优解。这个结果对于 NP 完全问题已经是比较好的了。对于恶化解，随着 T 值的衰减，$\exp(-\Delta t'/T)$趋近于无穷，故当 T 衰减到一定程度时即不再接受；至于优化解，一般都可以较快搜索到该邻域的最优解。因此，算法在有限时间内必定会出现解在连续 M 个 Markov 链中无任何改变的情况，即完全可以在有限时间内终止，所以算法从概率的角度是渐进收敛的。其次讨论第二个问题，即算法求得的解的好坏。我们知道，模拟退火算法根据 Metropolis 准则接受新解，因此除了接受优化解外，它还在一定限度内接受恶化解，这也正是模拟退火算法与局部搜索算法的本质区别。开始时 t 值较大，$\exp(-\Delta t'/T)$也较大，比较容易接受较差的恶化解，随着 t 值的减小，$\exp(-\Delta t'/T)$ 也逐渐减小，$\exp(-\Delta t'/T)$ 最终趋向于 $1/\infty$，则只能接受较少的恶化解，最后在 T 值趋于零时，就不再接受恶化的解了，从而使模拟退火算法能够从局部最优的“陷阱”中跳出来，最后得到全局最优解。

与遗传算法、粒子群优化算法和蚁群算法等不同，模拟退火算法不属于群优化算法，不需要初始化种群操作。模拟退火算法是通过赋予搜索过程一种时变且最终趋于零的概率突跳性，从而可有效避免陷入局部极小并最终趋于全局最优的串行结构的优化算法。

模拟退火算法收敛速度较慢。一是因为它初始温度一般设定得很高，而终止温度设定得低，这样才符合物体规律，认为物质处于最低能量平衡点；二是因为它接受恶化解，并不是全程都在收敛的过程中，这一点可以类比 GA 中的变异，因为不是持续收敛的，所以耗时更多一些。

综上所述，模拟退火算法具有以下优点。

(1) 对目标函数、约束条件没有要求，可以不可微甚至不连续。

(2) 能以较大概率求得全局最优解。

(3) 具有较强的鲁棒性、广泛的适应性。

同时，模拟退火算法具有以下缺点。

(1) 优化效果与计算时间存在矛盾。

(2) 马尔可夫链的长度不易控制。

4.2　模拟退火算法设计原则

模拟退火算法的执行步骤如下。

步骤 1：初始化。初始温度 T(充分大)，初始解状态 S(算法迭代的起点)。

步骤 2：对 $k=0,1,\cdots,L$ 做步骤 3 至步骤 6。

步骤 3：产生新解 S'。

步骤 4：计算增量 $\Delta t'=C(S')-C(S)$，其中 $C(S)$ 为评价函数。

步骤 5：若 $\Delta t'<0$ 则接受 S' 作为新的当前解，否则以概率 $\exp(-\Delta t'/T)$ 接受 S' 作为新的当前解。

步骤 6：如果满足终止条件(通常为连续若干新解都没有被接受时)则输出当前解作为最优解，结束程序。

步骤 7：T 逐渐减少，且 $T\geqslant 0$，然后转步骤 2。

以上算法执行过程如图 4-3 所示。

模拟退火算法新解的产生和接受可分为如下 4 步。

步骤 1：由一个产生函数从当前解产生一个位于解空间的新解。为便于后续的计算和接受，减少算法耗时，通常选择由当前新解经过简单的变换即可产生新解的方法，如对构成新解的全部或部分元素进行置换、互换等。注意到产生新解的变换方法决定了当前新解的邻域结构，因而对冷却进度表的选取有一定的影响。

步骤 2：计算与新解所对应的目标函数差。因为目标函数差仅由变换部分产生，所以目标函数差的计算最好按增量计算。事实表明，对大多数应用而言，这是计算目标函数差的最快方法。

步骤 3：判断新解是否被接受。判断的依据是一个接受准则，最常用的接受准则是 Metropolis 准则：若 $\Delta t'<0$ 则接受 S' 作为新的当前解 S，否则以概率 $\exp(-\Delta t'/T)$ 接受 S' 作为新的当前解 S。

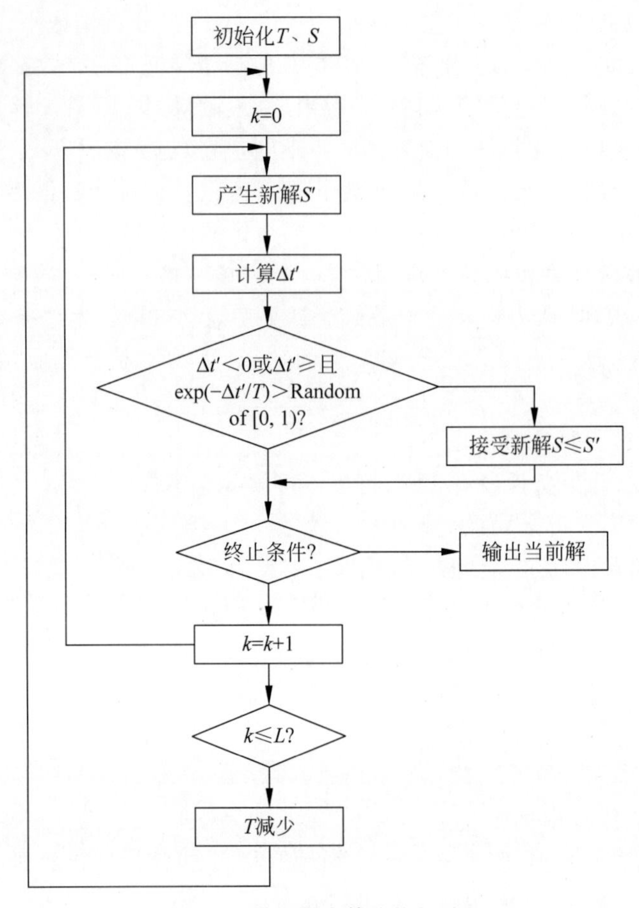

图 4-3 模拟退火算法执行过程

步骤 4：当新解被确定接受时，用新解代替当前解，这只需将当前解中对应于产生新解时的变换部分予以实现，同时修正目标函数值即可。此时，当前解实现了一次迭代，可在此基础上开始下一轮实验；而当新解被判定为舍弃时，则在原当前解的基础上继续下一轮实验。

模拟退火算法与初始值无关，算法求得的解与初始解状态 S(算法迭代的起点)无关；模拟退火算法具有渐近收敛性，已在理论上被证明是一种以概率 $\exp(-\Delta t'/T)$收敛于全局最优解的全局优化算法；模拟退火算法具有并行性。

下面介绍模拟退火算法的关键参数和操作的设计原则。

1. 状态产生函数

设计状态产生函数(邻域函数)的出发点是尽可能保证产生的候选解遍布全部解空间。通常，状态产生函数由两部分组成，即产生候选解的方式和候选解产生的概率分布。通常在当前状态的邻域结构内以一定概率方式产生，而邻域函数和概率方式可以多样化设计，其中概率分布可以是均匀分布、正态分布、指数分布和柯西分布等。

2. 状态接受函数

状态接受函数一般以概率的方式给出，不同接受函数的差别主要在于接受概率的形式不同。状态接受概率的设置，应该遵循以下原则：在固定温度下，接受使目标函数值下降的候选解的概率要大于使目标函数值上升的候选解的概率；随温度的下降，接受使目标函数值上升的解的概率要逐渐减小；当温度趋于零时，只能接受目标函数值下降的解。算法中通常采用 $\min[1,\exp(-\Delta t'/T)]$作为状态接受函数。

3. 初始温度的设定

初始温度越大，获得高质量解的概率越大，但计算时间将增加。因此，初始温度的确定应折中考虑优化质量和优化效率。其常用方法包括均匀抽样一组状态，以各状态目标值的方差为初始温度；随机产生一组状态，确定两两状态间的最大目标值差 Δ_{max}（$\Delta_{max}>0$），然后依据差值，利用一定的函数确定初始温度。例如，$T=-\Delta_{max}/\ln p_r$，其中 p_r 为初始接受概率。若取 p_r 接近1，且初始随机产生的状态能够在一定程度上表征整个状态空间，则算法将以几乎相同的概率接受任意状态，完全不受极小解的限制。最后，初始温度还可以利用经验公式给出。

4. 温度更新函数

温度更新函数，即温度的下降方式，用于在外循环中修改温度值。各温度下产生的候选解越多，温度下降的速度越快。目前，最常用的温度更新函数为指数退温，即 $T_{k+1}=T_k$，其中 $0<\lambda<1$ 且其大小可以不断变化。

5. 冷却进度表

冷却进度表是一组控制算法的参数，它的合理选取是保证算法在可以接受的有限时间内返回问题的最优解的关键，也是保证全局收敛性的效率的关键。虽然模拟退火算法的渐近收敛性已经被证明，但这并不能保证冷却进度表都能够确保算法的收敛，不合理的冷却进度表会使算法在某些解之间来回波动却不能收敛于某一个近似的解。模拟退火算法的最终解的质量与其所需的时间是相互矛盾的，它不能确保短时间内得到最好的解。最好的办法就是折中地将其利用，也就是能够在最合理的时间内尽量提高得到的最终解的质量，这涉及冷却进度表所有参数的合理选取。冷却进度表的参数设置如下：

1）初始温度 T_0 的选取

T_0 要选取得足够大，Johnson 等建议通过计算若干次随机更换目标函数平均增量的方法来确定 T_0 的值。

$$T_0=\frac{\overline{\Delta f}}{\ln(x_0^{-1})}$$

其中，$\overline{\Delta f}$ 为上述平均增量，x_0 为初始接受率，一般取0.8～1。

2）温度衰减函数的选取

一个常用的温度衰减函数是 $t_{x_1}=a\cdot t, k=0,1,2,\cdots$，其中 a 取0.5～0.99。Skiscim 等固定控制参数值得到衰减步数 K，把区间$[0,t_0]$划分为 K 个小区间，温度衰减函数取为

$$t_k=\frac{K-k}{K}\cdot t_0,\quad k=1,2,\cdots,K$$

3）Markov 链长度 L_k 的选取

固定长度 L_k 通常取为问题规模 n 的一个多项式函数。用接受和拒绝的比率来控制 L_k，当温度很高时，L_k 应尽量小，随着温度的逐渐下降，L_k 逐渐增大。

4）内循环终止准则

内循环终止准则，或称 Metropolis 抽样稳定准则，用于决定在各温度下产生候选解的数目。常用的抽样稳定准则包括检验目标函数的均值是否稳定、连续若干步的目标值变化较小以及按一定的步数抽样。

5）外循环终止准则

外循环终止准则，即算法终止准则，用于决定算法何时结束。通常的做法如下：设置终止温度的阈值，设置外循环迭代次数；算法搜索到的最优解连续若干步保持不变。

4.3 模拟退火算法的应用

4.3.1 模拟退火算法在旅行商问题中的应用

旅行商问题描述如下：有若干城市，任何两个城市之间的距离都是确定的，现要求一旅行商从某城市出发必须经过每一个城市且只在一个城市拜访一次，最后回到原来出发的城市。如何确定一条线路才能保证其旅行的路程最短？

至今还没有找到一个有效的算法解决旅行商问题。如果想精确地求解，只能通过穷举所有的路径组合，但是随着城市数量的增加，其复杂度会很高。模拟退火算法不能精确求解这个问题，但能近似求解，具体做法如下。

步骤 1：设定初始温度 T_0，并且随机选择一条遍历路径 $P(i)$ 作为初始路径，算出其长度 $L(P(i))$。

步骤 2：随机产生一条新的遍历路径 $P(i+1)$，算出其长度 $L(P(i+1))$。

步骤 3：若 $L(P(i+1))<L(P(i))$，则接受 $P(i+1)$ 为新路径，否则以模拟退火的概率接受 $P(i+1)$，然后降温。

步骤 4：重复步骤 1 和步骤 2 直至温度达到最低值 $T_{\min}$。

产生新的遍历路径的方法有很多，下面列举 3 种。

第一种，随机选择 2 个节点，交换路径中这 2 个节点的顺序。

第二种，随机选择 2 个节点，将路径中这 2 个节点间的节点顺序逆转。

第三种，随机选择 3 个节点 m、n、k，然后将节点 m 与 n 间的节点移位到节点 k 后面。

详细 MATLAB 代码见目录二维码中的附录 5。运行代码后，得到的结果如下：

```
初始种群中的一个随机值:
11 >> 10 >> 14 >> 9 >> 5 >> 3 >> 7 >> 4 >> 8 >> 1 >> 2 >> 13 >> 12 >> 6 >> 11
总距离:62.7207
最优解:
9 >> 11 >> 8 >> 13 >> 7 >> 12 >> 6 >> 5 >> 4 >> 3 >> 14 >> 2 >> 1 >> 10 >> 9
总距离:29.3405
```

初始旅行商路线如图 4-4 所示。

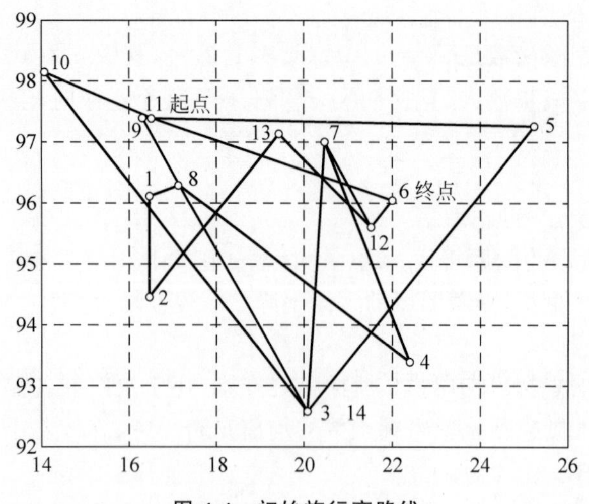

图 4-4 初始旅行商路线

最终求得的旅行商路线如图 4-5 所示。

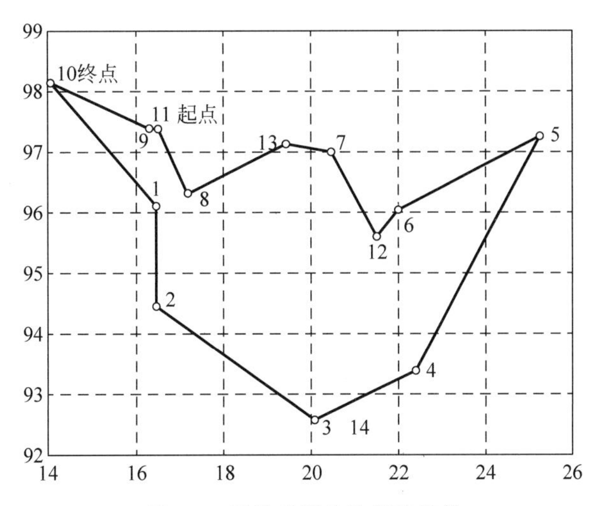

图 4-5 最终求得的旅行商路线

每次迭代求得的旅行距离如图 4-6 所示。

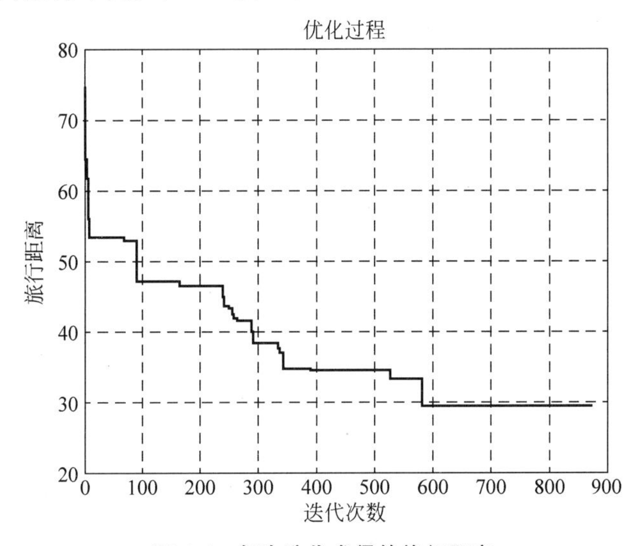

图 4-6 每次迭代求得的旅行距离

由此可见,从某种意义上而言,模拟退火算法在近似求解一些问题方面,起着很大的作用。

4.3.2 模拟退火算法在电商物流配送问题中的应用

随着互联网的发展,电商行业不断兴起,而电商的发展,离不开供应商和消费群体。由于集聚效应,徐州新沂市墨河皮草电商产业园同时聚集了皮草企业、制造商与物流企业,拥有自己的产品展销区、仓储物流区、配套服务区、生产厂房区和创业孵化区。影响电商企业成本的重要因素从产业链中间环节,变得更加倾向于物流运输成本。因此,为了更快地将产品送达消费群体,墨河皮草产业园迫切需要改进产品运往皮草店铺和商城路径规划的问题。物流运输时间越长,需要支付运输人员的工资和产品所发生的损耗就越多,对电商园区的利润影响就越大,制订合理的运输方案有利于提高企业的成本控制能力。

1. 电商产业园物流配送问题的描述

路径规划问题的本质是从某点出发,依据某些准则,寻找到达终点的最优化路径。常用的算法有 Dijkstra 算法、蚁群算法、遗传算法等。Dijkstra 算法只对当前做出最优选择,不能回溯,因此容易出现局部最优解。蚁群算法和遗传算法都具有全局优化的能力,但蚁群算法容易陷入局部最优,遗传算法的缺点是运算效率不高。模拟退火算法也存在收敛速度慢、随机性大等缺点,但通过多次寻优、调整参数的方法,可以减少随机性对结果的影响。这里求解从徐州墨河皮草产业园出发,经过徐州都市圈内部分皮草销售点,最终回到徐州电商产业园的路径优化问题。通过运用百度拾取坐标系统,获得产业园和销售点的经纬度信息,用 A 标识皮草产业园,用 B,C,…,U 标识各皮草销售点,通过软件绘制分布图如图 4-7 所示。

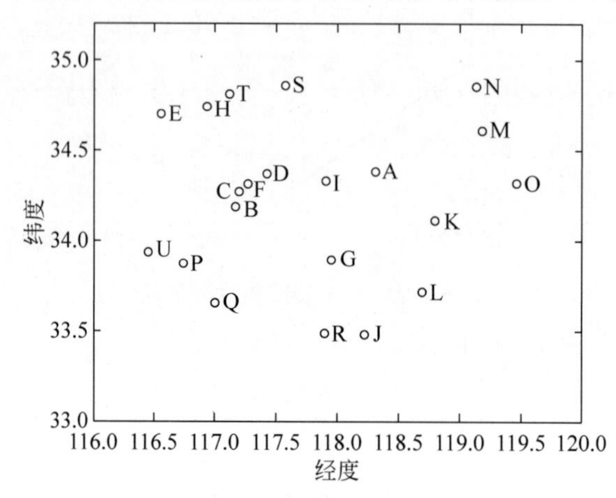

图 4-7　皮草产业园和销售点分布情况

2. 模拟退火算法的物流配送路径优化

1) 模拟退火算法的原理

模拟退火算法是一种适用于大规模组合优化问题的有效近似算法,来源于对固体退火过程的模拟。统计力学表明,在给定初始温度的条件下,通过将温度缓慢降低,微观粒子会在各个温度达到热平衡状态,当物体冷却到常温时达到基态,内能达到最小。模拟固体退火的过程,给定一个初始温度和初始解,随着温度的下降,每一个温度状态下,通过解的变换生成新的解。如果解的目标函数值小于前一个解,接受当前解;否则,以概率接受新解。最终的解是迭代寻优的结果。模拟退火算法具有概率突跳性,能够跳出局部最优陷阱,找到全局最优解。模拟退火算法依据 Metropolis 接受准则接受新解,而不是使用完全确定的规则。当固体从状态 i 经过降温变化到状态 j,它所具有的能量从 $E(i)$ 变化到 $E(j)$。显然,如果 $E(j)<E(i)$,接受新的状态 j;否则,依据概率 P 接受新解。

$$P(i \to j)=\mathrm{e}^{\frac{E(i)-E(j)}{KT}}$$

其中,K 是物理学波尔兹曼常数,T 是固体的温度。在路径规划的问题中,这种概率就是当新解的目标函数值小于原来的解的函数值时新解仍被接受的概率。以 x 表示温度 T 下的一个解,通过退火,可以生成一个新解 x',那么接受 x' 的概率如下:

$$P(x \to x')=\begin{cases}1, & f(x')<f(x)\\ \mathrm{e}^{\frac{E(i)-E(j)}{KT}}, & \text{其他}\end{cases}$$

2) 模拟退火算法模型的建立

(1) 目标函数。首先,规定解空间。对销售点 B,C,…,U 重新进行编号(2,3,…,21),A 点为产业园,既是起点也是终点,将它进行两次编号,记为 1 号和 22 号,以便于程序计算。问题转化为求解从 1 出发,走遍所有中间点,到达 22 的一个最短路径。通过运用百度拾取坐标系统,获得产业园和销售点的经纬度信息。由于选取的点的范围在徐州都市圈,所以两点之间的曲线距离可以近似看作直线距离。用 k_1、k_2 分别表示经度、纬度和千米的换算系数，将经纬度转换为千米。通过改进坐标距离公式计算距离：

$$|AB|=\sqrt{(k_1(x_1-x_2))^2+(k_2(y_1-y_2))^2}$$

计算得到皮草产业园和所有销售点中，任意两点间的距离，构成一个对称矩阵 $\boldsymbol{D}=(d_{ij})_{22\times22}$。规定 $z_1,z_2,\cdots,z_{22}$ 中，$z_2,z_3,\cdots,z_{21}$ 是由 2～21 随机打乱得到的一组数，则 $d_{z_iz_{i+1}}$ 表示所有可能路径中，第 i 个和第 $i+1$ 个经过的点间的距离。

(2) 模拟退火算法实现过程。

步骤 1：初始化。通过 MATLAB 随机模拟数给定初始路径，计算得到初始路径长度。设定初始温度 $T(0)=1$。

步骤 2：产生新解。运用变换法，任选序号 $a,b(a<b)$，交换 a 和 b 之间的顺序，得到新的路径：

$$z_1\cdots z_{a-1}z_az_{a+1}\cdots z_{b-1}z_bz_{b+1}\cdots z_{22}\Rightarrow z_1\cdots z_{a-1}z_bz_{b-1}\cdots z_{a+1}z_az_{b+1}\cdots z_{22}$$

步骤 3：判定标准。新路径与原路径长度的差可以表示如下：

$$\Delta f=(d_{z_{a-1}z_b}+d_{z_az_{b+1}})-(d_{z_{a-1}z_a}+d_{z_bz_{b+1}})$$

当路径差 $\Delta f<0$ 时，用新路径代替原路径；否则，以概率 $\exp(-\Delta f/T)$ 接受新的路径。

步骤 4：重复步骤 2 和步骤 3，进行迭代。

步骤 5：结束条件。选用降温系数 α，令 $T\leftarrow\alpha T$，得到新的温度。当温度降至终止温度时，算法结束，输出当前状态。

3. MATLAB 模拟退火算法求解

以徐州都市圈为例，运用模拟退火算法，对最优路径进行选择，用 MATLAB 软件计算结果。这是同一起讫点的电商物流配送路径优化问题，实际上，就是从徐州墨河皮草产业园出发经过徐州都市圈各省市部分皮草销售点和商城，最终回到产业园的问题。首先通过百度坐标拾取系统，拾取其中 20 个皮草销售点和商城的坐标，并对其进行编号，如表 4-1 所示。

表 4-1　徐州都市圈各皮草销售点经纬度坐标

地　点	百度经纬度坐标	地　点	百度经纬度坐标
A 墨河皮草产业园	(118.31,34.38)	L 泗阳海宁皮草	(118.69,33.71)
B 徐州海宁皮草城	(117.17,34.19)	M 海州海宁皮草特卖	(119.18,34.61)
C 云龙海宁皮草	(117.2,34.27)	N 墨尚皮草	(119.13,34.85)
D 国亚皮革店	(117.43,34.37)	O 贵夫人	(119.47,34.32)
E 梦源皮革	(116.57,34.7)	P 华东濉溪皮革	(116.75,33.87)
F 润龙裘皮	(117.27,34.31)	Q 埇桥海宁皮草	(117,33.65)
G 睢宁海宁皮草	(117.96,33.9)	R 名媛皮草	(117.9,33.49)
H 东方皮草	(116.94,34.74)	S 丽豪皮草行	(117.57,34.86)
I 邳州海宁皮革城	(117.91,34.33)	T 三星皮草行	(117.13,34.81)
J 泗洪海宁皮草城	(118.23,33.48)	U 名牌之家经典皮草行	(116.46,33.94)
K 优尚皮草行	(118.8,34.11)		

通过坐标拾取系统得到的地点坐标的单位是经纬度，与实际生活中使用的距离单位不符合，不便于求解分析。这里通过 MATLAB 计算得到范围内近似经度换算系数 $k_1=92.1644$ 千米/经度，纬度换算系数 $k_2=111.1775$ 千米/纬度。根据改进的距离公式，可以得到各邻接点的距离矩阵：

$$
\boldsymbol{D}=(d_{ij})_{22\times 22}:\begin{bmatrix}
0 & 107.1698 & 103.0309 & \cdots & 177.3828 & 0 \\
107.1698 & 0 & 9.314056 & \cdots & 71.09495 & 107.1698 \\
103.0309 & 9.314056 & 0 & \cdots & 77.44364 & 103.0309 \\
\vdots & \vdots & \vdots & \vdots & \vdots & \vdots \\
177.3828 & 71.09495 & 77.44364 & \cdots & 0 & 177.3828 \\
0 & 107.1698 & 103.0309 & \cdots & 177.3828 & 0
\end{bmatrix}
$$

模拟退火算法的初始温度参数不妨假设为1，温度变化系数α一般取0.95～0.99，这里取变化系数为0.99。根据若干次对初始温度和终止温度的调整，最终得到初始温度为2200，终止温度为9.9082×10^{-4}。对徐州都市圈的实例进行1455次MATLAB仿真计算，最终得到路径长度最小值为913.8221千米，最短路径为A—N—M—O—K—L—J—R—G—I—D—F—C—B—Q—P—U—E—H—T—S—A。在MATLAB运行计算结果过程中，迭代变化过程如图4-8所示。

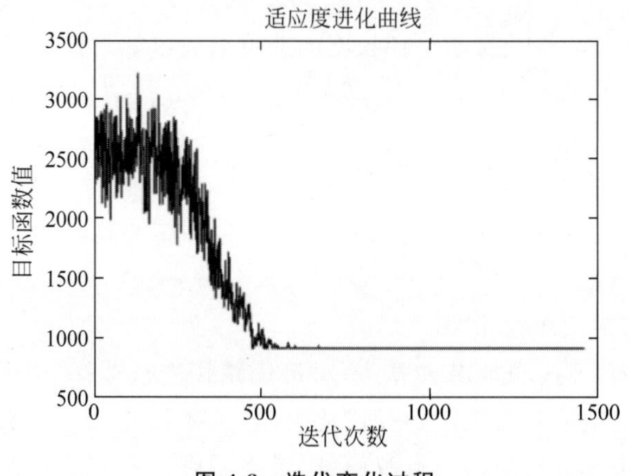

图4-8 迭代变化过程

通过MATLAB运行仿真计算得出的最优路径坐标如图4-9所示。结合模拟退火算法结果和图中坐标，可以得出从徐州新沂市墨河皮草产业园出发的车辆配送货物的顺序：新沂市墨河皮草产业园—墨尚皮草—海州海宁皮草特卖—贵夫人—优尚皮草行—泗阳海宁皮草—泗洪海宁皮草城—名媛皮草—睢宁海宁皮草—邳州海宁皮革城—国亚皮革店—润龙裘皮—云龙海宁皮草—徐州海宁皮草城—埇桥海宁皮草—华东濉溪皮革—名牌之家经典皮草行—梦源皮革—东方皮草—三星皮草行—丽豪皮草行—新沂市墨河皮草产业园。

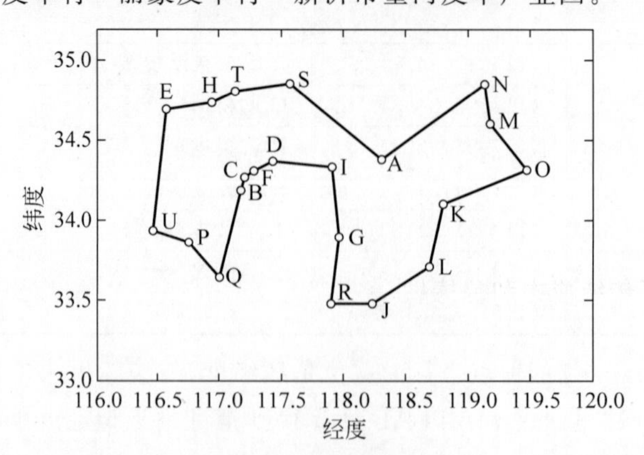

图4-9 最优路径坐标

4. 案例总结

结合模拟退火算法，对徐州都市圈内的电商物流配送路径进行了优化研究。模拟退火算法在处理组合优化问题时，展现了全局寻优的特点。通过多次仿真，调整参数，在一定程度上克服了算法本身的随机性缺陷。实际生活中，电商物流配送问题在目标函数选择和算法改进方面仍有改善空间。将模拟退火算法应用于电商物流路径选择，旨在为电商物流路径规划方法的创新提供参考。

4.3.3 模拟退火算法在登机口分配问题中的应用

登机口分配问题求解的目标函数通常考虑两个主要目标：最小化登机口的使用数量和最小化所有航班的延误时间。必须考虑与登机口相关的约束条件，例如登机口只能容纳特定类型的飞机、两个大型飞机不能同时被分配到两个登机口等。当飞机的数量较少时，可以通过变换不同的目标条件来生成有效的分配计划。但当飞机数量显著增加时，就很难生成有效的分配方案。在目前国内外的研究中，有关登机口分配问题的求解方法可分为精确算法和(元)启发式算法两类。

精确算法能够产生最优解。Mangoubi 等提出了整数线性规划模型，并以最小化旅客的行走距离为目标。Bihr 提出了一种原始对偶单纯形算法，并找到了最优解。Yan 等建立了多目标 0-1 整数规划模型，并使用加权方法、列生成方法、单纯形法和分支定界法来求解登机口分配模型。李云鹏等使用 CPLEX 求解混合整数规划模型。但是登机口分配问题是一个 NP-hard 的组合优化问题，当扩大求解规模后，可行解的数量将呈指数增加，如果仍然采用精确算法来求解，就会导致维数灾难，因此研究者们提出了启发式算法和元启发式算法来对登机口分配问题进行求解。

Xu 等采用禁忌搜索算法对登机口分配的 0-1 混合整数二次规划模型进行求解，该模型以旅客步行总时间为目标函数，并没有考虑捷运时间和流程时间，而且禁忌搜索算法对初始解的依赖性较强。Ding 等对过量限制条件下的登机口分配问题进行了研究，并对文献中提出的禁忌搜索方法进行了改进，同时提出了禁忌搜索混合模拟退火和模拟退火算法，但是他们只考虑了最小化航班数和旅客的行走总距离，并未考虑时间因素。Lim 等考虑了航班到达和离开时间可能发生变化的更现实的情况，并使用插入移动算法、间隔交换移动算法和贪婪算法，以解决建立的登机口分配模型，但没有考虑最小化登机口的数量。陈欣等设计了一种排序模拟退火算法以求解枢纽机场的停机位指派问题，同样没有考虑最小化登机口的数量。鞠姝妹等以旅客满意度为优化目标建立数学模型，并设计了贪婪模拟退火算法来求解枢纽机场的停机位分配问题，只是从顾客的角度来建立模型，并没有考虑机场的登机口使用情况。Zhao 等建立了一种混合整数模型，并设计了蚁群算法对该模型进行求解，却未考虑登机口情况，而且蚁群算法一般需要较长的搜索时间。Dell'Orco 等基于模糊蜂群优化(FBCO)开发了一种新的元启发式算法，该算法将 BCO 的概念与模糊推理系统相结合，在建模方面和本案例比较相似，都考虑了旅客和机场登机口两方面，但是本案例的考虑更加全面。Yu 等扩展了传统的登机口分配问题，同时考虑了传统成本和鲁棒性，并建立了数学模型，然后设计了自适应大邻域搜索(ALNS)算法来求解该模型。

综上所述，针对登机口分配问题，本案例综合考虑时间和登机口使用数量两方面来建立数学模型，并结合变邻域搜索的邻域构造思想，综合利用集束搜索和模拟退火算法的优势，提出了一种优化效果和鲁棒性均较好的求解算法——基于集束搜索的改进型模拟退火算法，通过算例验证了该算法的优化效果和鲁棒性。

1. 问题描述

本案例以某机场固定登机口分配为研究对象,并假定该机场现有航站楼 T 的旅客流量已达饱和状态,为了应对未来的发展,现正增设卫星厅 S。其中航站楼 T 的所有登机口集合为 K,卫星厅 S 中的临时登机口数量假设为无限,示意图如图 4-10 所示。

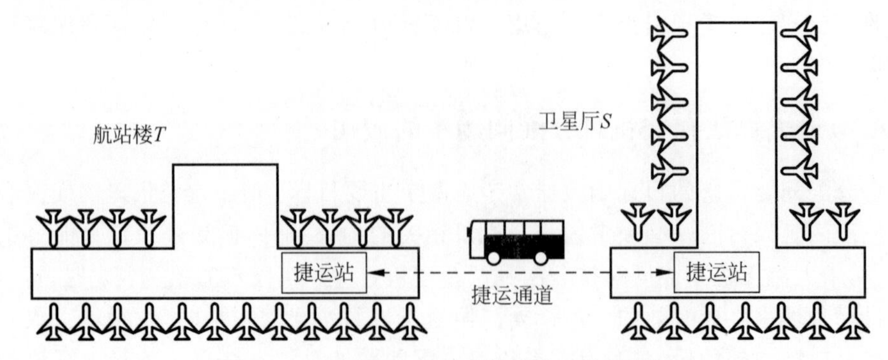

图 4-10 卫星厅 S 相对于航站楼 T 的示意图

1) 机场布局

该机场包含了航站楼 T 和卫星厅 S。航站楼 T 具有完备的国际机场航站楼所拥有的功能,其中包含出发、到达、出入境及候机功能。卫星厅 S 为航站楼 T 的延伸,但其功能只有候机,没有设置出入境功能。同时航站楼 T 与卫星厅 S 之间具有相通的快速运输通道,称为捷运通道,能够快速运送国内及国际的出入境旅客。现假设旅客无须等待,随时可以离开,并且单程运送旅客所需的时间为 8 分钟。

2) 登机口的分配

登机口是用来在飞机停靠时,对飞机进行相关技术操作的固定位置,一般每个登机口统一配备专业的设备。分配航班的登机口需要考虑以下 5 个规则:①航站楼 T 和卫星厅 S 的所有登机口统筹规划和分配;②考虑到每个登机口的国内/国际、到达/离开、宽体机型/窄体机型等的功能,飞机转场计划中的航班需分配给与其属性匹配的登机口;③每次飞机转机的出发和到达航班必须分配在同一登机口,不能转移到其他登机口;④分配于同一登机口的两架飞机之间的空档时间间隔必须大于或等于 45 分钟;⑤机场存在临时停机位,当出现无法分配固定登机口时飞机可以停靠,国内和国际飞机均可以停靠在临时停机位。

3) 旅客流程

旅客可以分为 3 类,包括始发旅客、终点到达旅客、过境中转旅客。由于新建立的卫星厅对始发旅客和终点到达旅客的影响较小,所以这两类旅客不属于本案例所研究的对象。而过境中转旅客则可以根据前一航班到达至后一航班出发之间的流程,按国内航班和国际航班、航站楼和卫星厅组成 16 种不同的场景。最短流程时间不包括捷运通行时间和旅客步行时间。

4) 旅客换乘紧张度

旅客换乘紧张度表示旅客航班换乘时间除以航班的连续时间,而航班的换乘时间则等于最短旅客流程时间加上捷运通行时间以及步行时间。航班的连续时间等于前一航班的达到时间减去下一航班的出发时间。

在航班合理分配登机口的基础上,尽可能减少登机口数量和临时登机口的使用数量,同时还需考虑旅客换乘影响因素,例如捷运通行时间、旅客的行走时间和航班连接时间这 3 个外生变量。新建的卫星厅延长了中转旅客的换乘时间,综合考虑了所有旅客的换乘紧张度、使用登机口的数量、使用临时登机口的数量,使其加权和最小。

2. 数学模型建立

1）基本假设

假设临时机位的数量无限多，停留在临时登机口的乘客不计算其换乘紧张度。因为在模型中已最小使用临时登机口的数目，假设临时机位数量无限多，为了防止飞机无法安排在合适的登机口，得不到可行解。

2）参数及决策变量的定义

（1）参数。K 代表固定登机口的集合；I 代表所有飞机的集合；C 代表旅客的集合；s_i 代表飞机 i 的到达时刻；e_i 代表飞机 i 的出发时刻；s_c 代表旅客 c 的到达时刻；e_c 代表旅客 c 的出发时刻；d_{ik} 代表飞机 i 是否允许使用登机口 k，如果是则为 1，否则为 0；n_i 代表飞机 i 的乘客数量；h_{ci} 代表旅客 c 是否乘坐飞机 i，如果是则为 1，否则为 0；p 代表 DT、DS、IT 和 IS 中的一种，其中 D 表示国内，I 表示国际，T 表示航空楼，S 表示卫星厅；q 代表 DT、DS、IT 和 IS 中的一种；L 代表 p 和 q 的集合；w_1 代表使用临时机位个数权重；w_2 代表换乘紧张度权重；w_3 代表使用登机口数量权重。

（2）决策变量。u_k 代表登机口 k 是否被使用，如果是则为 1，否则为 0；z_i 代表飞机 i 是否停在临时停机位，如果是则为 1，否则为 0；x_{ik} 代表飞机 i 是否可以停靠在登机口 k，如果是则为 1，否则为 0；l_{ij} 代表在同一登机口的飞机 i 是否比飞机 j 停靠时间早，如果是则为 1，否则为 0；f_c 代表旅客 c 是否换乘成功，如果是则为 0，否则为 1；y^c_{kpmq} 代表到达类型为 p 出发类型为 q 的旅客 c 是否在登机口 k 到达在登机口 m 起飞，如果是则为 1，否则为 0；t^c_{kpmq} 代表到达类型为 p 且在登机口 k 到达，出发类型为 q 且在登机口 m 出发的旅客 c 的流程时间；d^c_{kpmq} 代表到达类型为 p 且在登机口 k 到达，出发类型为 q 且在登机口 m 出发的旅客 c 的行走时间；g^c_{km} 代表在登机口 k 到达在登机口 m 出发的旅客 c 的捷运时间；$M(c)$ 代表换乘成功旅客 c 的换乘紧张度，计算公式如下：

$$M(c)=\frac{\sum_{k\in K}\sum_{m\in K}\sum_{p\in L}\sum_{q\in L}(t^c_{kpmq}+d^c_{kpmq}+g^c_{km})\cdot y^c_{kpmq}}{e_c-s_c},\quad c\in C$$

其中，$N(c)$ 代表换乘失败旅客 c 的换乘紧张度，计算公式如下：

$$N(c)=\frac{360+\sum_{k\in K}\sum_{m\in K}\sum_{p\in L}\sum_{q\in L}d^c_{kpmq}+g^c_{km}}{e_c-s_c},\quad c\in C$$

3）模型建立

0-1 整数线性规划模型如下：

$$\min w_1\sum_{i\in I}z_i+w_2\Big(\sum_{c\in C\setminus\{c|f=1\}}M(c)+\sum_{c\in C}f_c\cdot N(c)\Big)+w_3\sum_{k\in K}u_k \tag{4-1}$$

s. t

$$x\leqslant d,k\in K,i\in I \tag{4-2}$$

$$\sum_{i\in I}x_{ik}\leqslant M\cdot u_k,\quad k\in K \tag{4-3}$$

$$\sum_{k\in K}x_{ik}+z_i=1,\quad i\in I \tag{4-4}$$

$$s_j+M\cdot(1-l_{ij})\geqslant e_i+\tau,\quad i\neq j,i,j\in I \tag{4-5}$$

$$l_{ij}+l_{ji}\geqslant x_{ik}+x_{jk}-1,\quad i\neq j,j\in I,k\in K \tag{4-6}$$

$$\begin{cases} s_c + t_{kpmq}^c \cdot y_{kpmq}^c - f_c \cdot M \leqslant e_c \\ \text{s. t. } c \in C, k, m \in M, p, q \in L \end{cases} \tag{4-7}$$

$$\begin{cases} y_{kpmq}^c \cdot h_{ci} \leqslant x_{ik} \\ \text{s. t. } c \in C, k, m \in M, p, q \in L, i \in I \end{cases} \tag{4-8}$$

$$\begin{cases} y_{kpmq}^c \cdot h_{ci} \leqslant x_{jm} \\ \text{s. t. } c \in C, k, m \in M, p, q \in L, j \in I \end{cases} \tag{4-9}$$

$$X_{ik}, y_{kpmq}^c, u_k, z_i, l_{ij} \in \{0,1\} \tag{4-10}$$

其中,式(4-1)第一项为临时机位的数量,第二项为中转旅客的换乘紧张度,第三项为被使用登机口的数量。式(4-2)表示停靠飞机的类型必须和登机口允许的类型一致。式(4-3)表示如果有飞机停在某登机口,则表明该登机口被使用。式(4-4)表示每架飞机都至少要停在固定登机口或者临时机位。式(4-5)表示停靠在同一个登机口的两架飞机,后一飞机必须在前一飞机起飞后 τ 分钟后才能到达该登机口,该案例中,$\tau=45$。式(4-6)表示在式(4-5)的前提下,这两架飞机都停靠在该登机口。式(4-7)表示某旅客的到达时间、中转流程时间和起飞时间之间的数量关系。式(4-8)和式(4-9)表示某旅客使用的登机口和该旅客乘坐的飞机使用的登机口应该相同。式(4-10)表示这些变量都是0-1变量。

3. 基于集束搜索的改进模拟退火算法

集束搜索(beam search)是一种根据给定的规则,通过下界来指导搜索过程的经典搜索树算法,在不排除最优解的期望下,减掉一些质量较差的解,保留质量较高的解,提高整体算法性能。改进后的算法的基本框架与模拟退火算法相同,但是在迭代规则构造方法上采用集束搜索,同时利用了 Two-exchange 算子及 Relocate 算子构造领域,通过保留一定数量的不完全解和增加搜索空间,来避免算法陷入局部最优解,弥补传统模拟退火算法的不足。

基于此,结合变邻域搜索的邻域构造思想,综合利用集束搜索和模拟退火算法的优点,提出了基于集束搜索的改进型模拟退火算法(simulated annealing algorithm based beam search),并使用该方法对模型进行求解。

1) 参数初始化

(1) 生成初始解。加权使用临时登机口的数目、使用登机口的数目和在固定登机口的旅客数目之和最小为目标函数,以式(4-2)~式(4-6)为约束,用 CPLEX 求出该问题的最优解作为初始解,这个初始解只考虑了飞机-登机口分配,分配好之后,乘客与飞机绑定在一起,这样只是构造一个初始解。

(2) 设定初始温度为 T_{start},衰减率为 d,终止温度为 T_{end}。

2) 基于 Two-exchange 算子的邻域构造

Two-exchange 算子旨在交换两个登机口所停靠的飞机,令在登机口 k_1 停靠的飞机分别为 a'_1, a'_2, a'_3 等,即 $\text{Gate}_{k_1}=\{a'_1, a'_2, a'_3, \cdots\}$,令在登机口 k_2 停靠的飞机分别为 a''_1, a''_2, a''_3 等,即 $\text{Gate}_{k_2}=\{a''_1, a''_2, a''_3, \cdots\}$。经 Two-exchange 算子处理后,停靠在登机口 k_1 和 k_2 飞机的一种调整方式为 $\text{Gate}_{k_1}=\{a'_1, a''_2, a'_3, \cdots\}$ 和 $\text{Gate}_{k_2}=\{a''_1, a', a''_3, \cdots\}$。

利用 Two-exchange 算子得到上述解的集合中每个解的邻域,在其中按照如下模拟退火规则选取 n 个较优的子代解。

(1) 如果子代解的目标值优于父代解,则保留。

(2) 如果子代解的目标值与父代解相同,则以一定的小概率 p 保留。

(3) 如果子代解的目标值劣于父代解,则 $p=1-\mathrm{e}^{-\frac{\Delta}{T}}$,其中 $\Delta=\text{obj}_{\text{new}}-\text{obj}_{\text{old}}$。

决策保留的子代解，越差的解保留概率越大。

(4) 如果保留的解集个数已经达到了上限 n，则遍历已保留的解，替换第一个找到比当前保留的解大的解；如果是未改进的解，则不保留。

3) 基于 Relocate 算子的邻域构造

Relocate 算子旨在将停靠在某个登机口的飞机转移到另一个登机口停靠，对停靠在登机口 k_1 的飞机集合 $\text{Gate}_{k_1}=\{a'_1,a'_2,a'_3,\cdots\}$ 和停靠在登机口 k_2 的飞机集合 $\text{Gate}_{k_2}=\{a''_1,a''_2,a''_3,\cdots\}$，经 Relocate 算子处理后，停靠在登机口 k_1 和 k_2 飞机的一种调整方式为 $\text{Gate}_{k_1}=\{a'_1,a'_3,\cdots\}$ 和 $\text{Gate}_{k_2}=\{a''_1,a',a''_3,a'_2\cdots\}$。

利用 Relocate 算子得到上述解的集合中每个解的邻域，与上述模拟退火规则相同选取 n 个较优的子代解。

4) 基于集束搜索的迭代规则构造

将上述两个集合合并，若其中有优于全局最优解的则进行更新，否则从合并后的集合中根据下列集束搜索规则选取 m 个较优的解进入下一次迭代。

(1) 首先将该集合按照目标值由小到大进行排序。

(2) 选取 $m/2$ 个最优解与 $m/2$ 个最劣解组成下一次迭代的解的集合。

(3) 更新当前温度 $T=T\times d$。

5) 终止条件

判断循环条件并执行循环，若当前温度 $T>T_{\text{end}}$，则继续执行，否则终止。

改进后的算法流程如图 4-11 所示。

4. 算例分析

本案例数据包含某月 20 号某机场的飞机转场记录和旅客中转记录数据以及通过计算机随机生成的旅客数据。其中航站楼 T 有 28 个登机口，卫星厅 S 有 41 个登机口，飞机共计 305 架。在建立数学模型时，包含临时机位数目权重 $w_1=10000$、旅客最短流程时间权重 $w_2=100$、登机口使用数目权重 $w_3=1$ 这 3 个参数；在建立基于集束搜索的改进模拟退火算法时，包含模拟退火算法较优子代解数目 $n=10$、初始温度 T_{start}、衰减比例 d、终止温度 T_{end} 和集束搜索算法较优解数目 m 这 5 个参数，因此共有 6 个可调整参数。该案例所考虑的基准算法是禁忌搜索(tabu search)、变邻域搜索(variable neighborhood search)，并加入经典蚁群算法(ant colony algorithm)进行求解性能对比，通过对这些参数进行调整，得到不同乘客数下算法的最优求解结果。

在不同乘客数下，随着乘客数的增加，本案例所提出算法的优化效果都优于禁忌搜索算法、变邻域搜索算法和经典蚁群算法。而且从表中改进百分比数据可以看出，相较于 3 个算法的最优结果，本案例所提出算法的优化改进效果基本都在 5%以上，由此可见本案例算法的优化效果非常明显。

5. 案例总结

本案例研究了新建卫星厅 S 对中转旅客的航班衔接的影响。为了优化登机口分配和降低中转旅客的换乘紧张程度，建立了 0-1 整数规划模型，利用所提出的基于集束搜索的改进模拟退火算法对问题进行求解，结果表明，与禁忌搜索算法、变邻域搜索算法和经典蚁群算法相比，本案例所提出的算法的优化效果更好。从实际应用的角度来说，本案例所提出的模型对航班-登机口的分配问题具有重要参考价值，对提高机场的运营能力和旅客的服务水平大有裨益，所提出的算法对于未来登机口问题的求解具有重大的参考和应用价值。

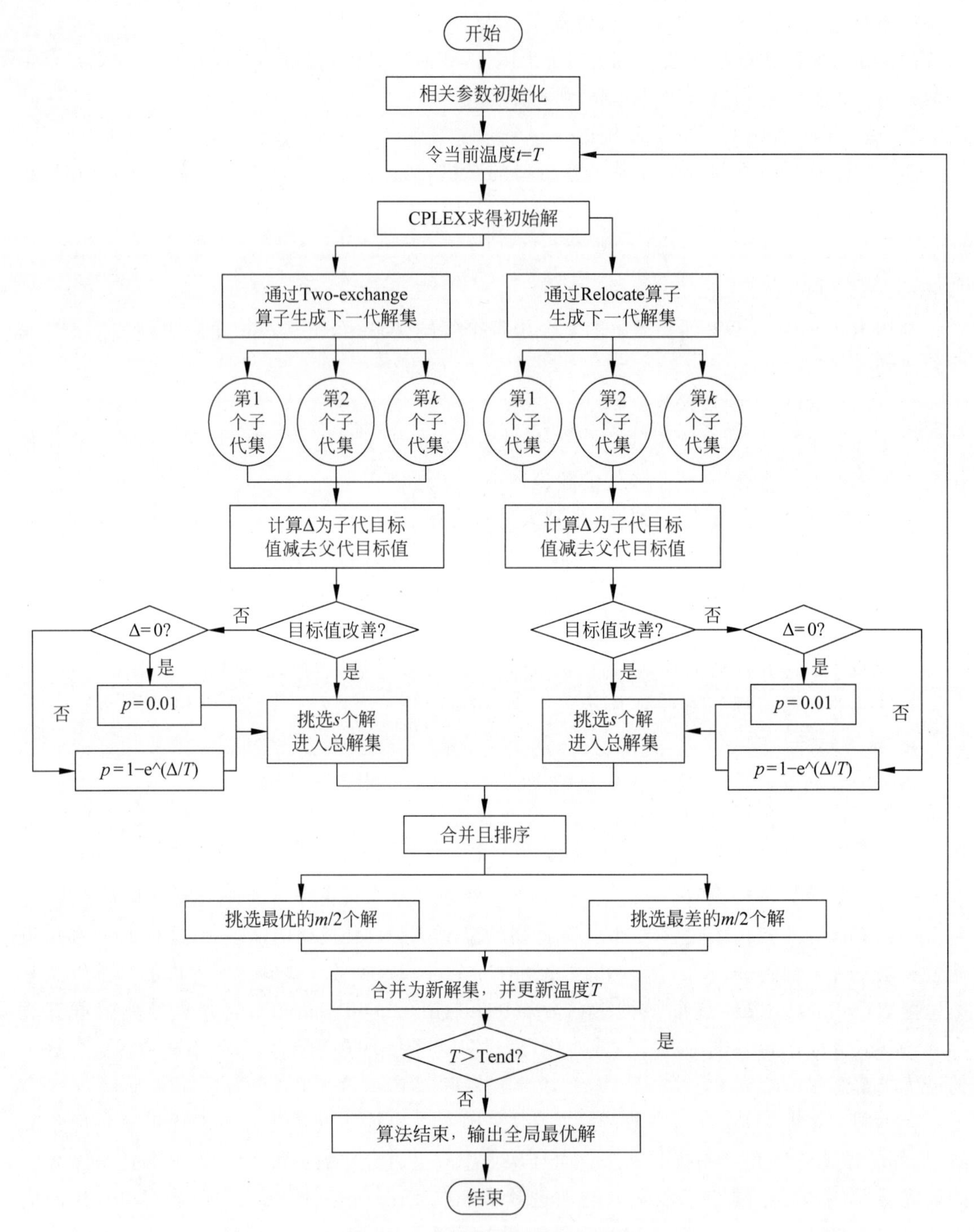

图 4-11 改进模拟退火算法流程

4.3.4 模拟退火算法在多核多用户任务卸载调度问题中的应用

随着物联网、移动互联网、大数据技术的快速发展，人类进入了一个万物互联的智能时代，移动智能终端随时随地在线，服务于移动终端上的交互式游戏、智慧城市等计算密集型的业务也正在兴起，这些业务需要大量的计算资源才能满足自身对低时延的要求。由于移动智能设备处理能力、存储容量有限，因此大量的计算需要在云端进行，而云端存在较大的传输时延，当云端资源不足时，甚至存在较大的排队等待时延，这些时延严重影响了众多业务的服务质量。为了使用户能获得良好的体验，减轻云端服务器的负担，移动边缘计算（mobile edge computing，MEC）概念应运而生。与传统的集中式网络架构不同，MEC将边缘服务器部署在靠近用户的一端，缩短了用户与服务器之间的距离，从而大大降低了用户设备的传输时延。在移动边缘计算系统中，任务卸载调度策略的好坏也会直接影响到系统时延和用户体验。终端将业务卸载至边缘计算服务器时，服务器通过优化业务调度顺序可以进一步降低时延和系统能耗。

1. 问题描述

本案例研究多用户多核任务卸载情景。该边缘任务卸载系统包含了多个用户和一个多核的MEC服务器。每个用户之间卸载相互独立互不影响，每个用户的多个可卸载任务也相互独立互不影响。用户可以通过无线信道将任务上传至边缘服务器进行任务卸载。由于每个任务上传所需的时间和在核服务器上卸载的时间不同，不合理的任务卸载顺序必将导致系统的总体时延较大，因此确定合理的任务卸载顺序至关重要。

2. 模型建立

1）任务调度与传输速率的定义

移动终端将各自的N项独立的计算任务卸载到MEC。记各自的任务集合为$R=\{T_1, T_2, \cdots, T_N\}$，每个任务$T$用一对参数$\langle D_i, C_i\rangle$来表示，其中$D_i$表示任务的数据量，$C_i$表示每比特的数据所需的计算资源。每个用户$N$个任务的卸载调度顺序定义为$\sigma=\{\sigma_1, \sigma_2, \cdots, \sigma_N\}$，其中$T_{N\sigma_i}$表示该任务$N$于第$i$次卸载到MEC服务器上。本案例研究移动端配置单天线情景，一次只能发一个任务，任务$T_{N\sigma_i}$的传输速率定义如下：

$$R(p_i)=w\left(\log_2\left(1+\frac{g_0(L_0/L)^\theta}{N_0 W}\right)\right)$$

其中，P_i是任务$T_{N\sigma_i}$的传输功率，g_0是路径损耗常数，θ是路径损耗指数，取值范围一般为2～4，L_0是参考距离，L是终端与MEC服务器之间的距离，w是系统带宽，N_0是MEC服务器接收端的噪声功率谱密度。

2）系统时延和能耗模型

混合流水车间调度（hybrid flow-shop scheduling problem，HFSP）是一种车间作业排序问题。混合流水车间调度模式如图4-12所示，设有n个独立的工件按照相同加工方向在m道工序上加工，m道工序中至少有一道工序包含多台并行处理器。

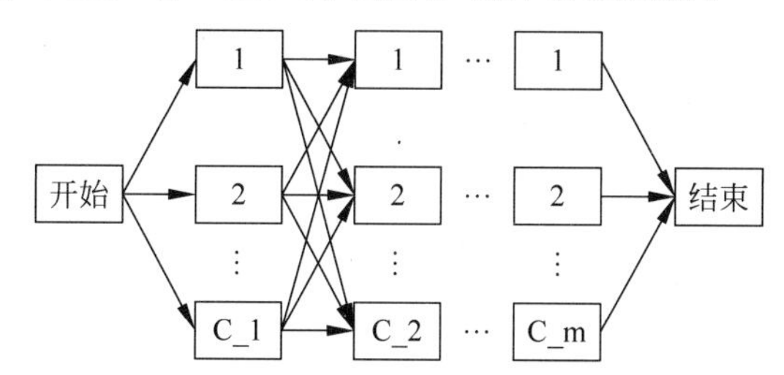

图4-12 混合流水车间调度模式

模型一般满足如下条件。

（1）同一阶段中所有机器都相同。

（2）每个工件可以在某阶段的任意一台机器上进行加工。

（3）任意时刻每个工件至多在一台机器上加工。

(4) 每台机器某时刻只能加工一个工件。

(5) 工件的加工过程不允许中断。

(6) 每台机器都有一个无限的存储空间。

在多用户多核服务器MEC系统中，可将卸载的任务看成待加工的工件，每个计算任务都需要经过本地传输和服务器执行两道工序。在第一道工序中，移动设备负责任务的上传，在第二道工序中，MEC服务器具有 M 个计算能力相同的处理器，因此可以利用混合流水车间模型对多用户多核服务器MEC系统的任务卸载调度进行建模。当任务 $T_{N\sigma_i}$ 卸载到MEC服务器上执行时，系统时延由三部分组成，即任务上传到服务器的时间 $t(1,\sigma_j)$、任务在服务器执行的时间 $t(2,\sigma_j)$ 和任务结果反馈到移动设备的时间，通常由于下行速率远远高于上行速率，因此可忽略结果的反馈时间。

$$t(1,\sigma_j)=\frac{d_{\sigma_j}}{R(p_{\sigma_j})},\quad \sigma_j\in(1,2,\cdots,N)$$

$$t(2,\sigma_j)=\frac{d_{\sigma_j}\times c_{\sigma_j}}{f_{\text{ser}}},\quad \sigma_j\in(1,2,\cdots,N)$$

其中，f_{ser} 表示MEC服务器主频/GHZ；p_{σ_j} 表示 j 个任务卸载调度的传输功率。

在多用户多核MEC系统中，每个用户完工时间定义为该用户最后一个任务在某个核上的完工时间，系统时延定义为每个用户最后一个任务在某个核上的完工时间的累加和，即 $\sum_{t}^{k}c_k(i_2,\sigma_N)$。

系统能耗定义为每个用户每个任务上传所消耗能耗的累加和，即

$$E_{\text{up}}=\sum_{i=1}^{k}\sum_{j=1}^{N}t_k(1,\sigma_j)\times p_k(\sigma_j)$$

3) 问题建模

基于以上分析，以最小化时延和能耗的加权和为目标，即

$$p\min\sum_{i}^{k}c_k(i_2,\sigma_N)+\eta\times E_{\text{up}}$$

$$\text{s.t.}\quad 0\leqslant p_i\leqslant p_{\max},\quad i=1,2,\cdots,N$$

其中，η 为权重因子，用于调节系统时延和能耗之间的数量级，当其较大时，表示对系统能耗的优化更加看重；$p_{\max}$ 表示最大传输功率/mV。该求解问题是一个优化问题，可以使用穷举算法遍历所有情况，但复杂度太高。考虑到模拟退火算法是一种借鉴固体的退火原理的优化算法，计算过程简单、通用，鲁棒性强，适用于并行处理，可用于求解复杂的优化问题，所以用模拟退火算法对问题 p 进行求解。

3. 算法设计

模拟退火算法(simulated annealing algorithm，SAA)是一种基于蒙特卡洛迭代的随机寻优算法，其出发点是模仿物理中固定物质的退火过程与一般组合优化问题之间的相似性。模拟退火算法在某一初温下，随着温度参数的不断下降，以一定的概率突跳，在解空间中随机寻找目标函数的全局最优解。为方便表示，将适应度函数fitness表示为目标函数值 E，目标函数值 E 越低，表示可行解越接近最优解。

$$E=\sum_{i}^{k}c_k(i_2,\sigma N)+\eta\times E_{\text{up}}$$

算法流程如下：

(1) 设定当前解 $T=T_0$，即开始退火的初始温度。随机生成一个初始解 $X_{\text{best}}=X_0$，并计算相应的目标函数值 $E(x_0)$，令 T 等于冷却进度表中的下一个温度值 T_i。

(2) 产生新解与当前解的差值。对当前解 X_i 进行扰动，产生一个新解 X_{new}，并计算相应的目标数值 $E(X_{\text{new}})$ 进而得到 $\Delta E=E(X_{\text{new}})-E(X_i)$。

(3) 判断新解能否被接受。若 $\Delta E<0$，$X_{\text{best}}=X_{\text{new}}$，接受新解；否则新解 X_{new} 按照概率 $e^{\frac{-\Delta E}{T_I}}>\text{random}(0,1)$ 进行接受。

(4) 更新温度 $T_{k+1}=\text{update}(T_k)$。在温度 T_{k+1} 下，再经过 k 次扰动和接受，即执行步骤 2 和步骤 3。

(5) 找到可行解。判断 T 是否达到了终止温度，如果达到就终止算法；否则转到步骤(2)继续执行。

4. 仿真结果与分析

下面对多用户多核服务器的 MEC 系统分别用基于混合流水车间模型的模拟退火算法(HFSP-SAA)和随机任务卸载(random task offload strategy，RTOS)的任务数与时延的关系任务卸载调度进行仿真并分析。仿真中计算任务的数据量 D_t 和所需的计算资源 C_i 都服从均匀分布，即 $C_i\sim U(5\text{cavg},27.975\text{cavg})$，$C_i\sim U(5\text{cavg},27.975\text{cavg})$，其中 davg＝1kb，cavg＝797.5cycles/b。表 4-2 列出了仿真所需要的参数及取值。

表 4-2　仿真参数与取值

参　　数	物 理 意 义	取　　值
g_0	路径损耗常数/Db	－40
L_0	参考距离/m	1
L	用户与 MEC 之间的距离/m	100
θ	路径损耗指数	4
w	传输带宽/MHz	3
N_0	噪声功率谱密度/(dBm/Hz)	－174
$p_{\max}$	最大传输功率/mW	100
p	传输功率/mW	0.5、16、32
f_{ser}	MEC 服务器主频/GHz	1
M	MEC 服务器的处理核数	1、2、3、4、5

图 4-13 展示了当 $\eta=0$ 时基于混合流水车间模型的模拟退火算法在不同传输功率下 2 核 2 用户时延与卸载任务数之间的关系。

可以看出，随着卸载任务数量的增大，时延呈现上升趋势。传输功率从 0.5mW 增大至 16mW，时延显著降低，但传输功率从 16mW 增大至 32mW，时延降低并不明显。

图 4-14～图 4-16 分别展示了在不同传输功率下 2 核 2 用户的卸载任务调度的甘特图。用户的任务数字表示正在上传的任务序号，而核服务器上的数字表示该任务的归属，例如核 2 上的数字 2|5，表示核 2 正在处理用户 2 的第 5 个任务。

从甘特图中可以看出，当 $p=0.5\text{mW}$ 时，核服务器一开始等待时间较长，任务上传时间过

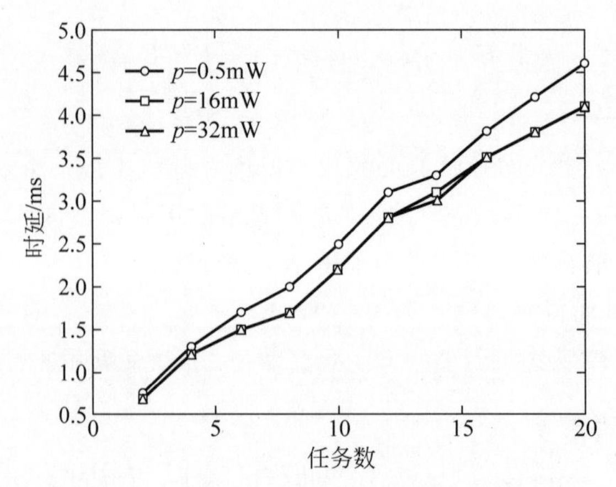

图 4-13　时延与卸载任务数之间的关系($M=2$)

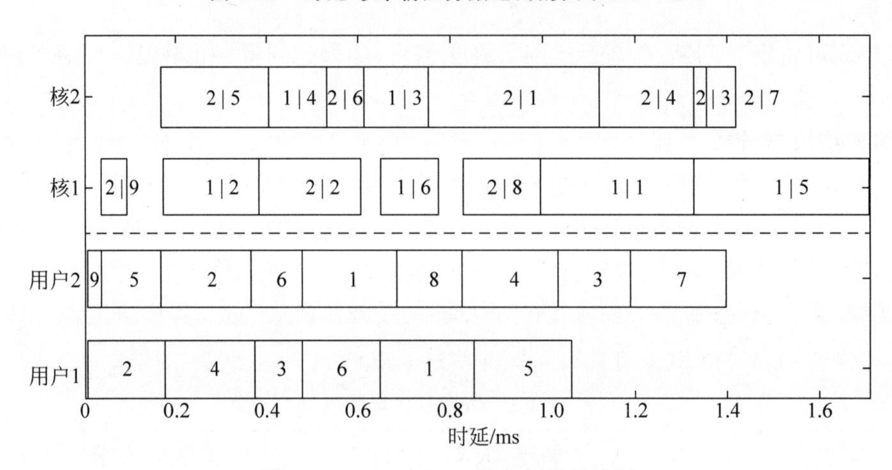

图 4-14　$p=0.5$mW 任务卸载甘特图

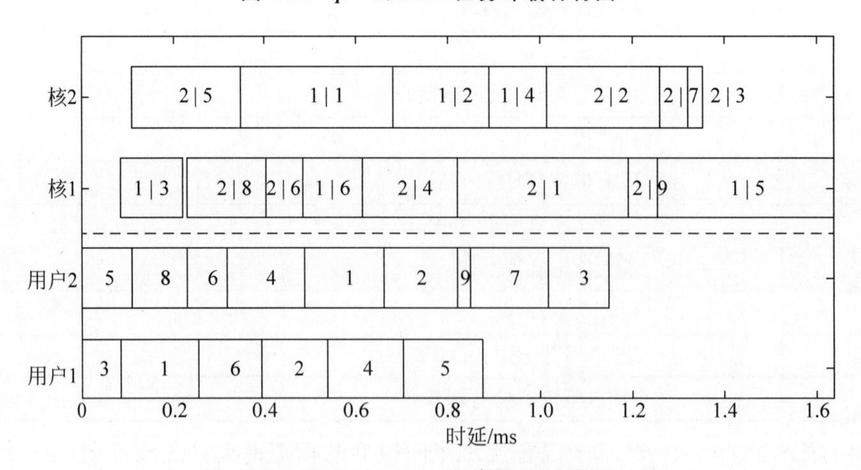

图 4-15　$p=16$mW 任务卸载甘特图

长,从而导致 MEC 服务器资源无法充分得到利用；在处理任务过程中,因为传输功率低而导致核服务器有空闲等待的时刻,从而导致时延较高；当卸载任务数量显著增大时,这种空闲等待情况更加明显,因此时延会显著增大。当 $p=16$mW 时,任务上传时间减少,核服务器等待时间减少,且核服务器无空闲等待时刻,因此时延降低。当 $p=32$mW 时,尽管任务上传时间缩短,但核服务器因为资源有限,上传的任务进入了缓存等待区域,因此传输功率的再次增大并没有换取时延的显著降低。

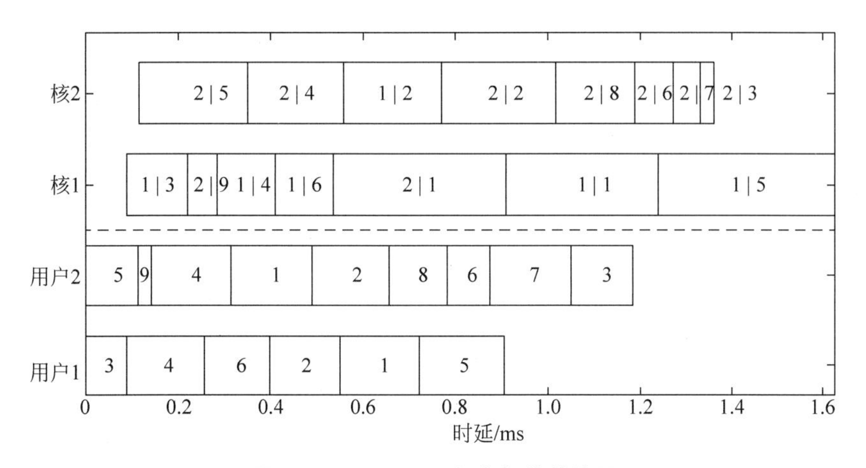

图 4-16 $p=32$mW 任务卸载甘特图

图 4-17 展现了基于混合流水车间模型的模拟退火算法(HFSP-SAA)和随机任务卸载RTOS)的任务数与时延的关系。

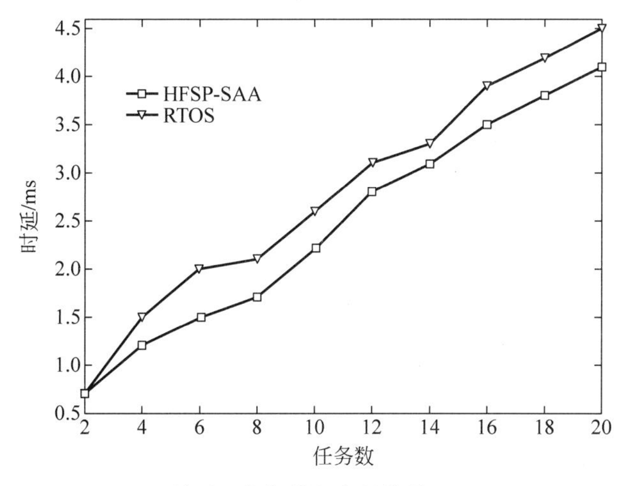

图 4-17 系统时延与卸载任务数的关系($p=16$mW)

可以看出,随着任务数的增大,HFSP-SAA 卸载策略比 RTOS 卸载策略的系统时延要少。这是因为 HFSP-SAA 卸载策略综合考虑了两道工序的加工时间,确定了合理的任务卸载顺序,从而使得系统时延得以减少,且随着任务数量的增大,HFSP-SAA 卸载策略的优势更加明显,因此提出的卸载策略可以有效降低时延,提高用户体验。

图 4-18 展示了在 2 用户不同核数情况下,系统时延与卸载任务数的关系。可以看出,当核数小于用户数时,系统时延优化瓶颈在核服务器等待和空闲时延上,此时核数的增加可以显著减少时延;而当核数大于或等于用户数时,核数的增加不会显著减少时延,系统时延优化瓶颈在第一道工序的任务上传上。因此可得出参与计算卸载最佳的核数应该等于或近似于参与任务卸载的用户数,因此可以实现服务器端能耗的节约,当参与调度的用户数改变时,动态调节核数,保证核数等于或近似于用户数时,从而可以有效降低用户任务卸载时延。

图 4-19 展示了 2 用户情景下,不同核数不同权重下,能耗与时延的优化关系。可以看出,当用户数大于核数时,增加核数可以显著减少时延。系统时延随着 η 增大而增大,系统能耗随着 η 增大而减小,但能耗呈现先陡峭后平缓减少的走势;陡峭部分的能耗说明当能耗增大到某一程度后,能耗的增加不会降低时延,当能耗小到某一程度,能耗与时延成反比关系,能耗降低会引起时延的增大。当 $M=1$ 时,用户数大于核服务器数量,此时能耗的增

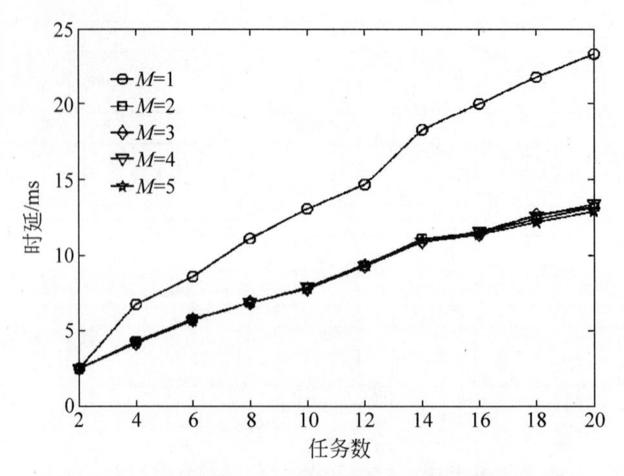

图 4-18 不同核数下系统时延与卸载任务数的关系

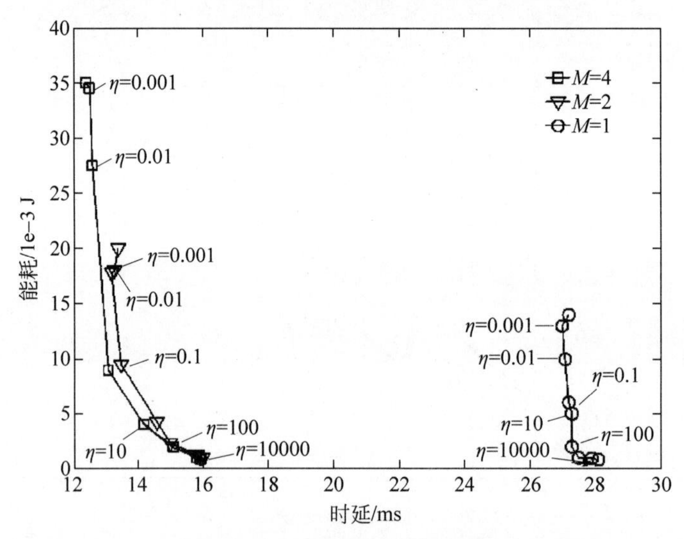

图 4-19 系统时延与能耗关系

加并不会引起时延降低，可取 $\eta=10000$ 作为优化权重，从而实现节约能耗，对于用户数小于核数($M=4$ 和 $M=2$)的情况，可取 $\eta=10$ 作为优化权重，此时能耗较低，时延较低，由此实现节约能耗的目的。

5. 案例总结

本案例研究多核多用户任务卸载情景，采用混合流水车间模型进行建模，以最小化系统时延和能耗加权和为优化目标，采用模拟退火算法进行求解，通过仿真获得了多用户最优的任务卸载策略，最后对系统时延和能耗关系进行了分析。与随机任务卸载调度相比，本案例提出的卸载调度策略时延较小；找到了一种基于混合车间模型的核服务器数量与参与调度的用户数的关系，从而确定最佳的核服务器数量，解决了当用户数大于核数时，系统时延的优化瓶颈；揭示了时延与能耗之间的关系，根据核数与用户数关系，找到了不同情况下最佳的优化权重，从而达到了节约能耗的目的。

4.3.5 模拟退火算法在同时取送货车辆路径问题中的应用

同时取送货的车辆路径问题(vehicle routing problem with simulaneous delivery and pickup，VRPSDP)是在带容量约束的车辆路径问题的基础上增加了回收顾客货物的步骤，即货车在为顾客配送货物的同时，还从有回收需求的顾客处回收货物。因此，在考虑货车装载量约束时，需要计算货车从一条路线上的配送中心处和每个顾客处离开时的装载量。假设现有一个配送中心和若干有需求的顾客分布在地图上的各个位置，每个城市的需求量和回收量已知，配送中心与顾客之间及任意两个顾客之间的距离都已知，则 VRPSDP 可简单描述如下：在满足一个顾客只能由一辆车配送货物的前提下，配送中心派遣若干辆车为顾客配送货物，每辆车都从配送中心出发，在对若干顾客同时配送货物和回收货物后，再返回配送中心，规划出所有车辆行驶距离之和最小的配送方案，即为配送货物的每辆车都规划出一条路线，使得这些车的行驶总距离最小。相关 MATLAB 代码见目录二维码中的附录 6。

输入数据如表 4-3 所示。

表 4-3　输入数据

序　号	横 坐 标	纵 坐 标	需 求 量	回 收 量
0	40	50	0	0
1	20	80	40	10
2	20	85	20	30
3	15	75	20	40
4	15	80	10	20
5	2	40	20	10
6	0	45	20	20
7	40	5	10	30
8	35	5	20	10
9	95	30	30	40
10	92	30	10	20
11	87	30	10	20
12	85	25	10	30
13	85	35	30	10
14	62	80	30	10
15	18	80	10	10
16	42	12	10	10
17	55	60	16	16
18	65	55	14	20
19	47	47	13	8
20	49	58	10	7
21	57	29	18	21
22	12	24	13	1
23	24	58	19	33
24	57	48	23	7
25	4	18	35	16

输出结果如下：

配送路线 1：0→24→18→13→11→10→9→12→21→19→0。

配送路线 2：0→20→17→14→2→1→15→4→3→23→0。

配送路线 3：0→16→7→8→22→25→5→6→0。

全局最优解的总成本变化趋势和最优配送方案路线分别如图 4-20、图 4-21 所示。

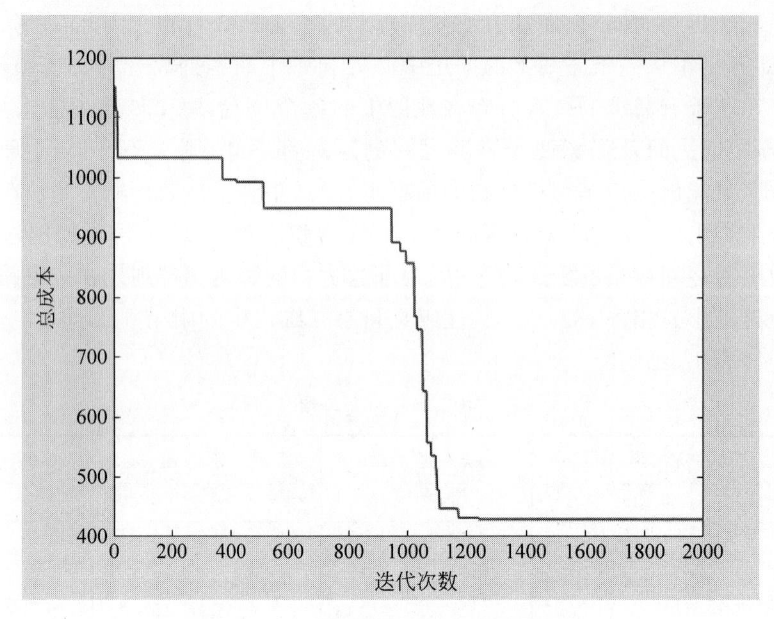

图 4-20 全局最优解的总成本变化趋势

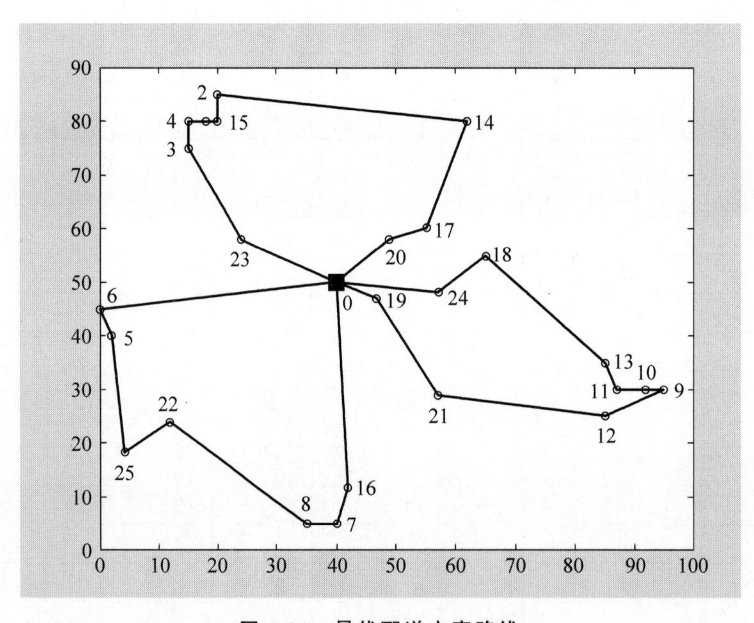

图 4-21 最优配送方案路线

4.5 本章小结

本章先后阐述了模拟退火算法的思想、原理及应用等。模拟退火算法被广泛应用于系统工程、运筹学、智能材料等领域。利用模拟退火算法进行 VLSI(very large scale integration)的最优设计，是目前模拟退火算法最成功的应用实例之一。用模拟退火算法可以很好地完成全局布线、布板、布局和逻辑最小化等优化 VLSI 设计工作。模拟退火算法在图像处理方面的应用前景是广阔的，可用来进行图像恢复等工作，即把一幅被污染的图像重新恢复成清晰的原图，滤掉其中被畸变的部分。此外，模拟退火算法具有跳出局部最优陷阱的能力。在 Boltzmann 机中，即使系统落入了局部最优的陷阱，经过一段时间后，它还能再跳出来，系统最终将往全局最优值的方向收敛。大量的模拟实验表明，模拟退火算法在求解这些问题时能产生令人满意的近似最优解,而且花费时间也较短。

4.6 习题

1. 画出模拟退火原理图。
2. 画出模拟退火算法基本思想框架图。
3. 模拟退火算法的研究有哪几种?
4. 模拟退火算法的模型分为哪几部分?
5. 简述模拟退火算法的特点。
6. 简述模拟退火算法。
7. 什么是冷却进度表?
8. 怎样判断模拟退火算法的终止条件?
9. 模拟退火算法求解旅行商问题的具体步骤有哪些?
10. 模拟退火算法可应用在哪些领域?

第5章

禁忌搜索算法

禁忌搜索(tabu search,TS)的思想最早由 Glover 于 1986 年提出,它是局部邻域搜索的扩展,是一种全局逐步寻优算法,也是对人类智力过程的一种模拟。禁忌搜索算法通过引入一个灵活的存储结构和相应的禁忌准则来避免迂回搜索,并通过藐视准则来赦免一些被禁忌的优良状态,进而保证多样化的有效探索以最终实现全局优化。相较于模拟退火和遗传算法,禁忌搜索是另一种搜索特点不同的元启发式算法。

本章首先介绍了禁忌搜索算法思想及特点,然后阐述了禁忌搜索算法的设计原则,最后通过几个案例分析了禁忌搜索算法在实际问题中的应用。

5.1 禁忌搜索算法思想及特点

5.1.1 算法思想

禁忌搜索算法是局部邻域搜索算法的扩展,是人工智能在组合优化算法中的成功应用。禁忌搜索算法可以看作比模拟退火法更为一般的一种邻域搜索算法,它采用了类似爬山法的移动原理,将最近若干步内所得到的解存储在禁忌表(tabu list,TL)中,从而强制搜索避免再次重复表中的解。如果说遗传算法开创了在解空间中从多出发点搜索问题最优解的先河,禁忌搜索法则是首次在搜索过程中使用了记忆功能,它们在求解各种实际应用问题中都取得了相当大的成就。

邻域是给定点附近其他点的集合。在距离空间中,邻域一般定义为以给定点为圆心的一个圆。而在组合优化问题中,邻域一般定义为由给定转化规则对给定的问题域上每个节点进行转化所得到的问题域上节点的集合。

$$N: x \in D \rightarrow N(x) \in 2^D$$

其中,$x \in N(x)$称为一个邻域映射,2^D 表示 D 的所有子集组成的集合。$N(x)$称为 x 的邻域,$y \in N(x)$称为 x 的一个邻居。

局部搜索算法基本步骤如下:

步骤 1:选定一个初始可行解,记录当前最优解 $x^{\text{best}} \leftarrow x^0$,$T=N(x^{\text{best}})$。

步骤 2:当 $T\backslash\{x^{\text{best}}\}=\Phi$ 或满足其他停止运算准则时,输出计算结果,停止运算;否则,从 T 中选一集合 S,得到 S 中的最好解 x^{now}。若 $f(x^{\text{now}})<f(x^{\text{best}})$,则 $x^{\text{best}} \leftarrow x^{\text{now}}$,$T=N(x^{\text{best}})$;否则,$T \leftarrow T\backslash S$;重复步骤 2。

在局部搜索算法中，步骤 1 的初始可行解可用随机的方法选择，也可以用一些经验方法或其他算法计算得到。步骤 2 中集合 S 的选取可以大到 $N(x^{\text{best}})$ 本身，也可以小到只有一个元素，例如在 $N(x^{\text{best}})$ 中随机选择一点。可以看出，S 选取得小，每一步的计算量就少，但是可比较的范围就小；S 选取得大，每一步计算的时间增加，比较的范围自然增加。两种情况的应用效果依赖于实际问题。S 选取大到 $N(x^{\text{best}})$ 本身，称为最优改进(best improvement)，S 选取只有一个元素，称为一步改进(first improvement)。步骤 2 中，其他停止准则是除步骤 2 中 $T\backslash\{x^{\text{best}}\}=\Phi$ 外的准则，这些准则往往取决于对算法的计算时间、计算结果的要求。

局部搜索算法的计算结果主要依赖起点的选取和邻域的结构。同一个起点，不同的邻域结果会得到不同的计算结果。同样，同一个邻域结构，不同的初始点会得到不同的计算结果。因此，在使用局部搜索算法时，为了得到好的解，可以比较不同的邻域结构和不同的初始点。一个非常直观的结论：如果初始点的选择足够多，总可以计算出全局最优解。

禁忌搜索算法的基本思想是：给定一个当前解(初始解)和一种邻域，然后在当前解的邻域中确定若干候选解；若最佳候选解对应的目标值优于"best so far"状态则忽视其禁忌特性，用其替代当前解和"best so far"状态，并将相应的对象加入禁忌表，同时修改禁忌表中各对象的任期；若不存在上述候选解，则选择在候选解中选择非禁忌的最佳状态为新的当前解，而无视它与当前解的优劣，同时将相应的对象加入禁忌表，并修改禁忌表中各对象的任期；如此重复上述迭代搜索过程，直至满足停止准则。

其基本步骤可大致叙述如下：

步骤 1：给定算法参数，随机产生初始解 x，置禁忌表为空。

步骤 2：判断算法终止条件是否满足。若是，则结束算法并输出优化结果；否则，继续以下步骤。

步骤 3：利用当前解 x 的邻域函数产生其所有(或若干)邻域解，并从中确定若干候选解。

步骤 4：判断候选解是否满足藐视准则。若成立，则用满足藐视准则的最佳状态 y 替代 x 成为新的当前解，即 $x=y$，并用与 y 对应的禁忌对象替换最早进入禁忌表的禁忌对象，同时用 y 替换"best so far"状态，然后转步骤 6；否则，继续以下步骤。

步骤 5：判断候选解对应的各对象的禁忌属性，选择候选解集中非禁忌对象对应的最佳状态为新的当前解，同时用与之对应的禁忌对象替换最早进入禁忌表的禁忌对象元素。

步骤 6：转步骤 2。

5.1.2　算法特点

禁忌搜索算法采用了禁忌技术，所谓禁忌就是禁止重复前面的工作。其重要思想是标记已得到的局部最优解或求解的过程，并在进一步的迭代中避开这些局部最优解或过程。因此不仅可以避免一些重复无效的迭代，节省算法所需时间，还有利于避免陷入局部最优的困境，从而寻求到全局最优解。为了回避局部邻域搜索陷入局部最优的主要不足，禁忌搜索算法用一个禁忌表记录下已经到达过的局部最优点或达到局部最优的一些过程，在下一次搜索中，利用禁忌表中的信息不再或有选择地搜索这些点或过程，以此来跳出局部最优点。

与传统的优化算法相比，禁忌搜索算法的主要特点如下：

(1) 在搜索过程中可以接受劣解，因此具有较强的"爬山"能力。

(2) 新解不是在当前解的邻域中随机产生，而或是优于"best so far"的解，或是非禁忌的最佳解，因此选取优良解的概率远远大于其他解。

由于禁忌搜索算法具有灵活的记忆功能和藐视准则，并且在搜索过程中可以接受劣解，所以具有较强的"爬山"能力，搜索时能够跳出局部最优解，转向解空间的其他区域，从而增强获得更好的全局最优解的概率，所以禁忌搜索算法是一种局部搜索能力很强的全局迭代寻优算法。

但是禁忌搜索算法也有明显的不足。

(1) 对初始解有较强的依赖性，好的初始解可使 TS 在解空间中搜索到好的解，而较差的初始解则会降低 TS 的收敛速度。

(2) 迭代搜索是串行的，仅是单一状态的移动，而非并行搜索。

为了进一步改善禁忌搜索的性能，一方面可以对禁忌搜索算法本身的操作和参数选取进行改进，另一方面则可以与模拟退火、遗传算法、神经网络以及基于问题信息的局部搜索相结合。

5.2 禁忌搜索算法设计原则

与遗传算法、模拟退火法类似，禁忌搜索算法的运行效果也在很大程度上受其有关参数的影响。禁忌搜索算法的特征由禁忌对象和长度、候选集和评价函数、停止规则和一些计算信息组成。禁忌表特别指禁忌对象及其被禁的长度。禁忌对象多选择造成解变化的状态。候选集中的元素依评价函数而确定，根据评价函数的优劣选择一个可能替代被禁对象的元素，同时还需考虑禁忌规则和其他一些特殊规则。

作为一种人工智能算法，禁忌搜索算法的实现技术是算法的关键。下面按照禁忌对象、候选集合的构成、评价函数的构造、特赦规则、记忆频率信息和终止规则等分别进行介绍。

1. 禁忌对象、长度和候选集

禁忌表中的两个主要指标是禁忌对象和禁忌长度。禁忌对象指禁忌表中被禁的那些变化元素。因此，首先需要了解状态是怎样变化的。我们将状态的变化分为解的简单变化、解向量分量的变化和目标值变化三种情况。在这三种变化的基础上，讨论禁忌对象。下面还将同时介绍禁忌长度和候选集确定的经验方法。

1) 解的简单变化

这种变化最为简单。假设 $x, y \in D$，其中 D 为优化问题的定义域，则简单解变化如下：

$$x \rightarrow y$$

是从一个解变化到另一个解。这种变化在局部搜索算法中经常采用，这种变化将问题的解看成变化最基本因素。

2) 向量分量的变化

这种变化考虑得更为精细，以解向量的每一个分量为变化的最基本因素。设原有的解向量为$(X_l \cdots X_{l-1}, X_{l+1} \cdots X_n)$，用数学表达式来描述向量分量的最基本变化为$(X_l \cdots X_{i-1}, X_i, X_{l+1} \cdots X_n) \rightarrow (X_l \cdots X_{i-1}, Y_i, X_{l+1} \cdots X_n)$，即只有第 i 个分量发生变化。向量的分量变化包含多个分量发生变化的情形。部分优化问题的解可以用一个向量形式 $x-(X_1, X_2, \cdots, X_n) r \in \{0,1\} n$ 表示。解与解之间的变化可以表示某些分量的变化，如用分量 $X_1=0$ 变化为 $X_1=1$ 或从 $X_K=1$ 变化为 $X_K=0$，或是两者的结合。

3) 目标值变化

在优化问题的求解过程中，我们非常关心目标值是否发生变化，是否接近最优目标值。这就产生一种观察状态变化的方式：观察目标值或平均值的变化。就犹如等位线的道理一样，把处在同一等位线的解视为相同。

$$II(a) = \{x \in D \mid f(x) = a\}$$

其中，$f(x)$为目标函数。其表面是两个目标值的变化，即从 $a \to b$，但隐含着两个解集合的各种变化 $\forall x \in II(a) \to \forall y \in II(b)$的可能。

4）禁忌对象的选取

由上面关于状态变化三种形式的讨论，禁忌的对象可以是其中的任何一种。在实际应用中，应根据具体问题采用一种方法。由于解的简单变化比解分量的变化和目标值变化的受禁忌范围要小，因此可能造成计算时间的增加。解分量的变化和目标值变化的禁忌范围大，减少了计算时间，可能引发的问题是禁忌范围太大导致陷入局部最优解。

因为 NP-hard 问题不可能奢望计算得到最优解，因此在算法的构造和计算过程中，要尽量少地占用机器内存，这就要求禁忌长度尽可能短、候选集合尽可能量小。需要注意的是，禁忌长度过短易造成搜索的循环，候选集合过小易造成过早陷入局部最优。

5）禁忌长度的确定

禁忌长度是被禁对象不允许选取的迭代次数。一般是给被禁对象 X 一个数（禁忌长度）t，要求对象 X 在 t 步迭代内被禁，在禁忌表中采用 $\text{tabu}(X)=t$ 记忆，每迭代一步，该项指标做运算 $\text{tabu}(X)=t-1$，直到 $\text{tabu}(X)=0$ 时解禁。于是，可将所有元素分成两类，被禁元素和自由元素。有关禁忌长度 t 的选取，可以归纳为下面几种情况。

（1）t 为常数，如 $t=0$、$t=\sqrt{n}$，其中 n 为邻域解的个数。这种规则容易在算法中实现。

（2）$t=[t_{\min},t_{\max}]$，此时 t 是可以变化的数，它的变化依据是被禁对象的目标值和邻域的结构。此时 $t_{\min}$、$t_{\max}$ 是确定的，确定 $t_{\min}$、$t_{\max}$ 的常用方法是根据问题的规模 T，限定变化区间$[\alpha^{\sqrt{t}},\beta^{\sqrt{t}}]$（$0<\alpha<\beta$）；也可以用邻域中解的个数 n 确定变化区间$[\alpha^{\sqrt{n}},\beta^{\sqrt{n}}]$（$0<\alpha<\beta$）。当给定了变化区间时，确定 t 的大小主要依据实际问题、实验和设计者的经验。直观上，当函数值下降较大时，可能谷较深，欲跳出局部最优，希望被禁的长度较大。

（3）$t_{\min}$、$t_{\max}$ 的动态选取。有的情况下，用 $t_{\min}$、$t_{\max}$ 的变化能达到更好的解。它的基本思路与(2)类似。

禁忌长度的选取同实际问题、实验和设计者的经验有紧密的联系。同时，它决定了计算的复杂性，过短会造成循环的出现，过长又造成计算时间较长。

6）候选集合的确定

候选集合由邻域中的解组成。常规方法是从邻域中选择若干目标值或平均值最佳的解入选。有时认为计算量还是太大，则不在邻域中的解中选择，而是在邻域中的一部分解中选择若干目标值或评价值最佳的解入选。也可以用随机选取的方法实现部分解的选取。

2. 评价函数

评价函数是候选集合元素选取的一个评价公式，候选集合的元素通过评价函数值来选取。以目标函数作为评价函数是比较容易理解的。目标值是一个非常直观的指标，但有时为了方便或易于理解，会采用其他函数来取代目标函数，可以将评价函数分为基于目标函数的评价函数和其他方法两类。

1）基于目标函数的评价函数

这一类主要包括以目标函数的运算所得到的评价方法，如记评价函数为 $p(x)$，目标函数为 $f(x)$，则评价函数可以采用目标函数 $p(x)=f(x)$；目标函数值与 x_{now} 目标值的差值 $p(x)=f(x)-f(x_{\text{now}})$，其中 x_{now} 是上一次迭代计算的解；目标函数值与当前最优解目标值的差值 $p(x)=f(x)-f(x_{\text{best}})$，其中 x_{best} 是目前计算中的最好解。

基于目标函数的评价函数的形成主要通过对目标函数进行简单的运算，它的变形有很多。

2）其他方法

有时计算目标值比较复杂或耗时较多，解决这一问题的方法之一是采用替代的评价函数。替代的评价函数还应该反映原目标函数的一些特征，如原目标函数对应的最优点还应该是替代函数的最优点。构造替代函数的目标是减少计算的复杂性。具体问题的替代函数构造依问题而定。

3. 特赦规则

在禁忌搜索算法的迭代过程中，会出现候选集中的全部对象都被禁忌，或有一对象被禁，但若解禁则其目标值将有非常大的下降情况。在这种情况下，为了达到全局的最优，我们会让一些禁忌对象重新可选。这种方法称为特赦，相应的规则称为特赦规则。常用的特赦规则如下：

1）基于评价值的规则

在整个计算过程中，记忆已出现的最好解 x_{best}。当候选集中出现一个解 x_{now}，其评价值（可能是目标值）满足 $c(x_{\text{best}})>c(x_{\text{now}})$ 时，虽然从 x_{best} 达到 x_{now} 的变化是被禁忌的，此时，解禁 x_{now} 使其自由。直观理解，我们得到一个更好的解。

2）基于最小错误的规则

当候选集中所有的对象都被禁忌时，而 1)的规则又无法使程序继续下去。为了得到更好的解，从候选集的所有元素中选一个评价值最小的状态解禁。

3）基于影响力的规则

有些对象的变化对目标值影响很大，而有的变化对目标值变化较小。我们应该关注影响力大的变化。

4. 记忆频率信息

在计算的过程中，记忆一些信息对解决问题是有利的。如一个最好的目标值出现的频率很高，这使我们有理由推测：现有参数的算法可能无法再得到更好的解，因为重复的次数过高，使我们认为可能出现了多次循环。根据解决问题的需要，我们可以记忆解集合、有序被禁对象组、目标值集合等的出现频率。一般可以根据状态的变化将频率信息分为静态和动态两类。

静态的频率信息主要是某些变化，例如解、对换或目标值在计算中出现的频率。求解它们的频率相对比较简单，如可以记录它们在计算中出现的次数，出现的次数与总的迭代数的比率，从一个状态出发再回到该状态的迭代次数等。这些信息有助于我们了解一些解、对换或目标值的重要性，是否出现循环和循环的次数。在禁忌搜索中，为了更充分地利用信息，一定要记忆目前最优解。

动态的频率信息主要是从一个解、对换或目标值另一个解、对换或目标值的变化趋势，如记忆一个解的序列的变化，或记忆一个解序列变化的若个点等。由于记录比较复杂，因此它提供的信息量也较大。在计算动态频率时，通常采用的方法如下：

（1）一个序列的长度，即序列中的元素个数。在记录若干关键点的序列中，按这些关键点的序列长度的变化进行计算。

（2）从序列中的一个元素出发，再回到该序列该元素的迭代次数。

（3）一个序列的平均目标（评价）值，从序列中一个元素到另一个元素目标（评价）值的变化情况。

（4）该序列出现的频率。

5. 终止规则

无论如何，禁忌搜索算法是一个启发式算法。我们不可能让禁忌长度充分大，只希望在可接受的时间中给出一个满意的解。于是，很多直观、易于操作的原则包含在终止规则中。常见终止规则如下：

1）确定步数终止

给定一个充分大的数 N，总的迭代次数不超过 N 步。即使算法中包含其他的终止原则，算法的总迭代次数有保证。这种原则的优点是易于操作和可控计算时间，但无法保证解的效果。在采用这个规则时，应记录当前最优解。

2）频率控制终止

当某一个解、目标值或元素序列的频率超过一个给定的标准时，如果算法不做改进，只会造成频率的增加，此时的循环对解的改进已无作用，因此，终止计算。这一规则认为如果不改进算法，解不会再改进。

3）目标值变化控制原则

在禁忌搜索算法中，提倡记忆当前最优解。如果在一个给定的步数内，目标值没有改变，同2)相同的观点，如果算法没有其他改进，解不会改进。此时，停止运算。

4）目标值偏离程度原则

对一些问题可以简单地计算出它们的下界(目标为极小)，目标计算得到的解与最优值很接近，终止计算。

5.3　禁忌搜索算法的应用

5.3.1　禁忌搜索算法在旅行商问题中的应用

旅行商问题(TSP)是经典的组合优化问题。假设有若干城市，任意两个城市之间的距离已知，则旅行商问题可简单描述如下：一个旅行商从任意一个城市出发，在访问完其余城市后(每个城市只被访问一次，不允许多次访问)，最后返回出发城市，找到旅行商所行走的最短路线。

相关MATLAB代码见目录二维码中的附录7。

5.3.2　禁忌搜索算法在双层级医疗设施选址问题中的应用

目前，不论是在城市还是农村，都存在着这样一个群体，他们害怕看病，更害怕进医院，于是就小病撑，大病扛。而纵观全国各大医院，更是人满为患，门诊“一号难求”，住院“一床难求”，“看病难”已是亟待解决的问题之一。“看病难”这一问题出现的很大一部分原因在于医疗资源不足，配置不均。

医疗设施合理的层级布局可以有效分流患者，使大医院人满为患及患者“看病难”问题得到一定解决，使小医院的优质资源与设备的利用率得到提高，并对完善“大病进医院、小病进社区”的医疗模式具有很好的推动作用。

为了完善不同层级医院之间的分层就诊制度，以及提高医疗资源的整体利用效率，将以双层级多样流的医疗服务设施选址问题为研究对象，构建考虑距离、容量等多方面因素的双层级医院设施选址模型，为每个服务对象指派两个层级的医疗设施，使患者的需求在可以自行选择的情况下得到满足。

1. 分级诊疗问题描述

结合分级诊疗政策，将基层社区卫生服务中心及区域医疗中心分别作为第一层级医疗设施和第二层级医疗设施。区域医疗中心承担的一般性门诊、康复和护理等诊疗服务可分流到社区卫生服务中心，同时区域医疗中心担负与社区卫生服务中心上下联动、协同共进的任务，提供必要的转诊服务。患者首先选择基层社区卫生服务中心，检查后有一定比例的患者需要转诊到区域医疗中心继续治疗。这样原来作为供给点的基层社区卫生服务中心成为了需求点，新的供给点为区域医疗中心。但是，现实生活中还存在其他两种情况。

（1）有一定比例的患者病况严重，需要直接选择区域医疗中心进行治疗。

（2）有一定比例的患者虽然仅需要社区卫生服务中心可以提供的医疗服务，但其直接选择区域医疗中心进行诊疗，至此形成了多样流嵌套型层级系统，该系统如图 5-1 所示。

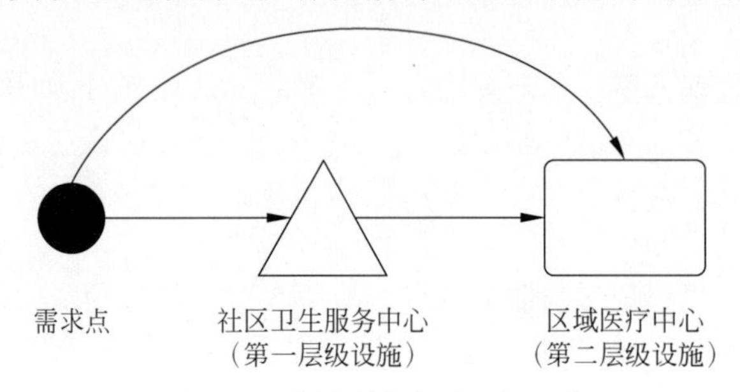

图 5-1　多样流嵌套型层级系统

2. 模型构建

设 $I=\{1,2,\cdots,e\}$ 为需求点的集合。$M=\{1,2,\cdots,m\}$ 表示第一层级候选设施集合，共 m 个候选点；$N=\{1,2,\cdots,n\}$ 表示第二层级候选设施集合，共 n 个候选点。选址模型目的为在 M 中选择 p 个第一层级设施和在 N 中选择 q 个第二层级设施作为服务设施。

定义 5 个变量，含义如下：x_j 代表 0-1 变量，其取值为 1 时，第一层级候选设施 j 被选中设立；y_k 代表 0-1 变量，其取值为 1 时，第二层级候选设施 k 被选中设立；u_{ij} 代表需求点与第一层级设施之间的流动人数；v_{jk} 代表第一层级设施 j 与第二层级设施 k 之间的流动人数；z_{ik} 代表需求点 i 与第二层级设施 k 之间的流动人数。

其他参数定义如下：w_i 代表需求点处的需求量；d_{ij} 代表需求点 i 与第一层级设施 j 之间的单位流动费用(元/人)；h_{ik} 代表需求点 i 与第二层级设施 k 之间的单位流动费用(元/人)；r_{ik} 代表第一层级设施 j 与第二层级设施 k 之间的单位流动费用(元/人)；f_j 代表第一层级候选设施 j 的费用；g_k 代表第二层级候选设施 k 的费用；θ 代表需求点需要基础医疗服务的患者首选第一层级设施的比例；β 代表被第一层级设施服务后的患者需要前往第二层级设施的比例；μ 代表需求点居民需要基础医疗服务的患病率；α 代表需求点居民需要第二层级医疗服务的患病率；c_j^1 代表第一层级设施 j 的容量；c_k^2 代表第二层级设施 k 的容量。

模型如下：

$$\min Z=\sum_{i=1}^{e}\sum_{j=1}^{m}d_{ij}u_{ij}+\sum_{j=1}^{m}\sum_{i=1}^{n}r_{jk}v_{jk}+\sum_{i=1}^{e}\sum_{k=1}^{n}h_{ik}z_{ik}+\sum_{j=1}^{m}f_jx_j+\sum_{k=1}^{n}g_ky_k \tag{5-1}$$

$$\text{s.t.}\quad \sum_{j=1}^{m}u_{ij}=\theta\cdot\mu\cdot w_i,\quad \forall i\in I \tag{5-2}$$

$$\sum_{k=1}^{n}v_{jk}=\beta\sum_{i=1}^{e}u_{ij},\quad \forall i\in M \tag{5-3}$$

$$\sum_{k=1}^{n}z_{ik}=\alpha w_i+(1-\theta)\cdot\mu w_i,\quad \forall i\in I \tag{5-4}$$

$$\sum_{i=1}^{e} u_{ij} \leqslant c_j^1 x_j, \quad \forall j \in M \tag{5-5}$$

$$\sum_{j=1}^{m} v_{jk} + \sum_{i=1}^{e} z_{ik} \leqslant c_k^2 y_k, \quad \forall k \in N \tag{5-6}$$

$$\sum_{j=1}^{m} x_j = p, \quad \forall j \in M \tag{5-7}$$

$$\sum_{k=1}^{n} y_k = q, \quad \forall k \in N \tag{5-8}$$

$$x_j = \{0,1\}, \quad j = 1,2,3,\cdots,m \tag{5-9}$$

$$y_k = \{0,1\}, \quad k = 1,2,3,\cdots,n \tag{5-10}$$

$$u_{ij} \geqslant 0 \text{ 且为整数}, \quad \forall i \in I, \forall j \in M \tag{5-11}$$

$$v_{jk} \geqslant 0 \text{ 且为整数}, \quad \forall j \in M, \forall k \in N \tag{5-12}$$

$$z_{ik} \geqslant 0 \text{ 且为整数}, \quad \forall i \in I, \forall k \in N \tag{5-13}$$

其中,式(5-1)表示最小化总成本,包括第一、二层级的建设成本和需求点与层级之间流动成本。式(5-2)表示第一层级设施为需求点提供服务的总人数。式(5-3)表示由第一层级设施 j 服务后的患者需要前往第二层级设施就诊的人数。式(5-4)表示需求点 i 直接前往第二层级设施就诊的患者数。式(5-5)和式(5-6)为两个层级设施的容量限制,并确保了只有开放的设施才能提供医疗服务。式(5-7)和式(5-8)确定了第一层级和第二层级所建立设施数量。式(5-9)～式(5-13)为5个决策变量的取值范围。

3. 算法设计

本案例利用禁忌搜索算法求解上述双层级医疗设施选址模型,现将算法中涉及的编码方式、初始解产生方式、邻域结构计算规则、禁忌列表与藐视准则、适应度值计算方法等关键操作介绍如下。

1) 编码方式

根据双层级选址模型的特征,采用0-1编码,解的编码长度为 $m+n$。例如,图5-2中第一、二层级候选设施个数分别为6和4,则解的编码长度为10,且所有第一层级设施都是在第二层级设施之前排列。当解某一个位置上的值为1,表示该候选点的设施开放,否则关闭。图5-2中的编码表示第一层级编号为1、2、3的三个候选设施开放和第二层级编号为4的候选设施开放。

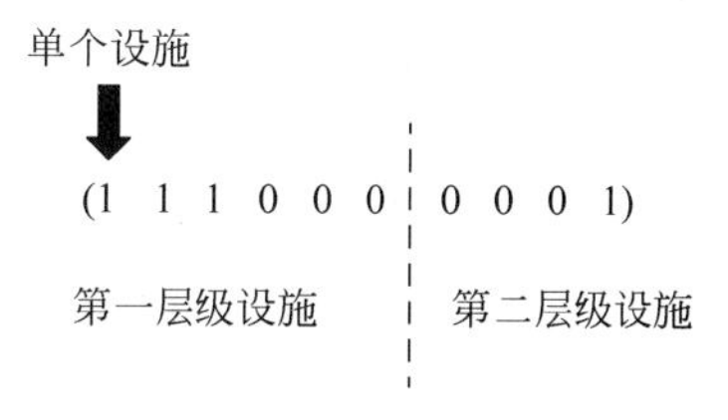

图 5-2 编码方式

2) 初始解产生方式

以往研究表明:以设施的成本效益值为标准选择开放候选设施,能够有效提升初始解的质量。为此,将固定成本和流动成本考虑在一起,设施的成本效益值定义为设施的固定成本与流动成本之和与设施容量的比率,则第一层级设施 j 的成本效益值表示为式(5-14);第二层级设施 k 的成本效益值表示为式(5-15)。分别选择两个层级成本效益值最低的前 p 和 q 个设施开放,若开放设施容量之和不能满足总需求,则利用邻域解的产生方式产生邻域解,在产生的 $p(m-p)q(n-q)$ 个邻域解中选取一个可行解作为初始解。

$$\frac{f_i + \sum_{i=1}^{e} d_{ij}}{c_j^1} \tag{5-14}$$

$$\frac{g_k + \sum_{j=1}^{m} r_{jk} + \sum_{i=1}^{e} h_{ij}}{c_k^2} \tag{5-15}$$

3）邻域结构计算规则

对当前解进行邻域搜索：在开放设施中依次选择一个，将其关闭，同时在未开放设施中依次选择一个，将其开放。由于双层级设施选址的特殊性，需要对当前解中的每一个层级分别执行以上操作。对第一层级来讲，每个当前解对应 $p(m-p)$ 个邻域解；对第二层级来讲，每个当前解对应 $q(n-q)$ 个邻域解。将两个层级的邻域解组合，产生 $p(m-p)q(n-q)$ 个不同的邻域解，并从中剔除总容量不满足总需求的解；为保证邻域解的质量，选取总成本效益值最低的前若干个解，然后利用 CPLEX 求解适应度值。

4）禁忌列表与藐视准则

在双层级设施选址问题中，当前解与其邻域解相比，每层级均有一个不同的开放设施，因此将其作为禁忌对象列入禁忌列表，且禁忌长度设置为偶数。例如，禁忌长度为 4，禁忌任期为 2，当前禁忌列表为[2，6，3，9]，若此时新的禁忌对象为[4，7]，则禁忌列表更新为[3，9，4，7]。在迭代过程中，当候选解集中的全部或某一对象被禁忌，此时需采用藐视准则将禁忌对象解禁。本案例采用基于适应度准则，若某个禁忌候选解的适应度值优于当前最佳解，则将对应对象解禁，并更新当前解及最佳解。

5）适应度值计算方法

确定了变量 x_i、y_k 后，模型的约束条件及决策变量的个数都得到一定减少。本案例在禁忌搜索过程中，利用 CPLEX 求解缩减后的模型，从而得到整数变量 u_{ij}、v_{jk}、z_{ik} 的值，并将原模型的目标函数值作为当前解的适应度值。适应度值越优（小），则解的质量越高。

6）算法步骤

步骤 1：初始化参数。输入模型参数 d_n、r_{ik}、h_{ik}、M、N、β、θ 等的值，并初始化算法迭代次数、禁忌搜索最大迭代次数以及禁忌长度。

步骤 2：按照式（5-14）和式（5-15）分别计算两个层级候选设施的成本效益值。

步骤 3：产生初始解。采用 0-1 编码方式，生成一个满足总需求量的初始解 Sol。

步骤 4：判断算法是否满足终止条件满足。若是，结束迭代并输出优化结果；否则，转步骤 5。

步骤 5：利用当前解的邻域函数产生满足容量限制及设施数量的候选解。

步骤 6：判断候选解是否满足藐视准则。若成立，则用满足藐视准则适应度值最佳的候选解作为新的当前解，并将与新的当前解对应的禁忌对象加入禁忌列表，更新禁忌列表，转步骤 4；否则，转步骤 7。

步骤 7：判断候选解对应的各对象的禁忌属性，选择候选解集中非禁忌对象对应的最佳状态为新的当前解，同时将与新的当前解对应的禁忌对象加入禁忌列表，更新禁忌列表，并转步骤 4。

4. 算例分析

1）算例说明

选择上海市某区社区卫生服务机构以及区域医疗中心作为研究主体。根据《2017 年上海市统计年鉴》及各医院官网数据，该区的各级医疗设施分布如图 5-3 所示。

由图 5-3 可知，该区的 12 个街道（镇）中，街道 2、3、6、11 医疗资源比较充足，都拥有三个医院且至少有一个二级综合医院；街道 8、9、10、12 的医疗资源配置量相对较低，都拥有两个医院；街道 1、4、5、7 资源数量少于其他街道。因此对该区域医疗设施选址布局进行科学规划，改善医疗设施分布状况，有助于提高其医疗资源的配置水平。

图 5-3 上海市某区各级医疗设施分布

把该区的 12 个街道(镇)看作 12 个需求点，几何中心视为人口中心。根据《上海市医疗机构设置"十三五"规划》中对床位的规定标准：每千人配备 5.2 张床位。将每个街道的居住人口量换算成所需床位量并作为需求点的需求量，具体信息如表 5-1 所示。另外，考虑到居民出行情况，以欧氏距离作为需求点与设施点的距离不符合实际情况，因此根据百度地图规划得到居民的出行路线。

表 5-1 需求点及其需求量

需求点编号	人口(万人)	需求量	需求点编号	人口(万人)	需求量
1	2.725	142	7	9.033	470
2	19.255	1002	8	7.019	365
3	17.899	931	9	9.538	496
4	14.909	776	10	8.587	447
5	9.250	481	11	12.495	650
6	10.561	550	12	10.048	623

选择该区基层社区卫生服务机构作为第一层级候选设施点，包括社区卫生服务中心、社区卫生服务站。通过实地考察分析，剔除了一些硬件设施远不及社区卫生服务中心标准的候选设施点；考虑到街道 1、4、5、7 等的医疗资源相对匮乏，新增该区域的家庭医生工作站和社区卫生服务中心延伸点作为候选点，最终得到 41 个候选设施点，候选点分布如图 5-5 所示。将床位数作为候选点的容量，根据城市社区卫生服务中心建设标准，每个中心床位数设置为 20～99 张。候选点设施的固定成本根据其床位数确定，平均每个床位占地 $30\mathrm{m}^2$，对应建造成本为 2000 元/m^2，第一层级候选点的需求量如表 5-2 所示。

选择该区二级及以上综合医院作为第二层级候选设施点，最终得到 10 个满足硬件设施要求的综合医院候选点，其分布如图 5-4 所示。每个候选点的固定成本根据该设施的床位数确定，平均每个床位占地 $45\mathrm{m}^2$，对应建造成本为 2000 元/m^2。第二层级候选点的需求量如表 5-3 所示。

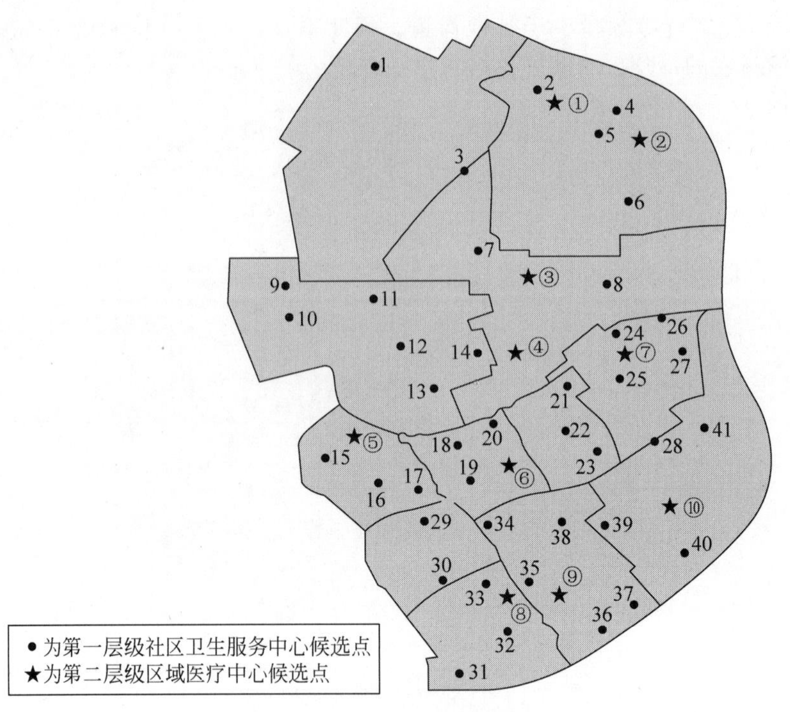

图 5-4 医疗设施候选点分布

表 5-2 社区卫生服务中心候选点容量(床位数)

序号	容量	序号	容量	序号	容量	序号	容量
1	36	12	78	23	60	34	60
2	45	13	72	24	72	35	96
3	45	14	84	25	60	36	79
4	87	15	48	26	84	37	84
5	74	16	60	27	72	38	60
6	78	17	72	28	60	39	72
7	79	18	78	29	240	40	72
8	72	19	90	30	60	41	78
9	42	20	48	31	48		
10	62	21	66	32	48		
11	60	22	78	33	86		

表 5-3 区域医疗中心候选点容量(床位数)

序号	容量	序号	容量
1	600	6	640
2	880	7	600
3	550	8	980
4	650	9	600
5	500	10	1012

根据《上海市医疗机构设置“十三五”规划》(以下简称《规划》)关于基层医疗卫生机构设置的规定,社区卫生服务机构按每新增 5～10 万居住人口增设 1 家社区卫生服务中心或分中心。根据第六次人口普查,该区常住人口数为 131.32 万,应在该区设立 15 个社区卫生服务中心,以承担一般常见病、多发病和诊断明确慢性病的初级诊疗及转诊服务。《规划》明确指出,按每

30～50 万人口设立 1 家区域医疗中心。因此应在该区建立 3 个区域医疗中心，以承担一般疑难杂症和转诊患者的治疗。

2）算例求解

利用 MATLAB 2016b 对 TS 算法进行编程实现，算法参数设置如下：患者首选第一层级设施的比例 θ 为 0.55；需求点居民需要基础医疗服务的患病率 μ 为 0.186；需求点居民需要第二层级医疗服务的患病率 α 为 0.13；第一层级设施服务后的患者需要至第二层级设施的比例 β 为 0.1；最大迭代次数 $G_{\max}$ 为 50；禁忌长度 len 为 10。

禁忌搜索过程中，选择合适长度的禁忌列表有助于提高算法的搜索效率。本案例将不同禁忌长度的算法求解结果进行对比，其结果如图 5-5 所示，禁忌长度为 10 时算法的总体迭代次数最少，运行结果较优。

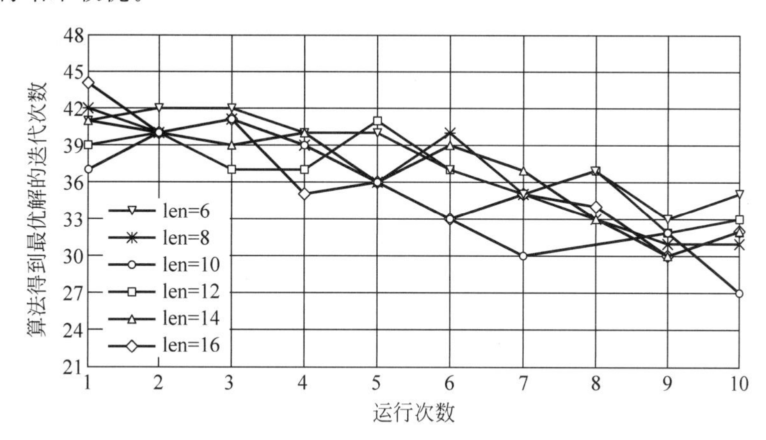

图 5-5 不同禁忌长度的算法迭代情况

5. 案例总结

合理布局不同等级的医疗设施对分流患者、提高医疗资源的利用率及完善“大病进医院、小病进社区”的医疗模式具有积极的推动作用。本案例以街道作为资源配置的基本单位，均衡配置区域医疗资源，建立了更加适合分级诊疗政策的双层级多样流选址模型，并针对模型的具体特点，设计了求解该问题的禁忌搜索算法。最后以上海市某区社区卫生服务中心为第一层级医疗设施和区域医疗中心为第二层级医疗设施，对其布局进行选址优化，计算结果表明，优化后的设施布局更加合理，能够有效分流患者，满足居民的就医需求，减少了医疗资源的浪费。

5.3.3 禁忌搜索算法在机场外航服务人员班型生成问题中的应用

机场外航服务人员班型生成问题是实现机场人员智能化排班的重要组成部分，主要是在满足各类约束条件的情况下生成一个安排员工完成一天全部任务的班型方案。有效的班型方案能降低后续人员排班过程中的复杂度，保证排班结果的稳定性，且通过班型方案管理人员可以了解完成现有任务所需人力资源情况。班型生成问题是一个 NP-hard 问题，大规模、多目标及复杂的劳动法规约束使得该问题的求解非常困难。

1. 问题描述

本案例以首都机场外航服务人员班型生成问题为例，对多任务层次资质场景下的班型生成过程进行了阐述，提出了相应的优化模型和算法，求得了最优的班型方案，为机场外航服务部的班型生成问题提供了理论依据。

1）多任务

外航服务部主要为停靠在机场的所有国际航班提供包括值机、接机、送机和签证审查等在内的多种地面保障服务。为了保证服务质量，航空公司与外航服务部签订了服务水平协议，详细规定了不同保障任务要求的到岗时间、离岗时间及员工需求情况等。

2）层次资质

由于教育水平及工作经验等使得员工在执行不同任务时具有不同层次资历，外航服务部员工资历分为3个层次等级，分别是组长、控制人员和普通人员。其中，组长资历等级最高，控制人员次之，普通人员最低，且资质存在向下兼容的层次关系，即高等级资历的员工能够向下兼容执行低等级资历的任务，反之则不能。

3）班型

班型是指员工一天的工作任务，在多任务层次资质场景下班型需要给出员工的到岗时间和离岗时间、保障的任务集合、对保障任务需要具备的层次资质等信息。

面向多任务层次资质场景下的班型生成问题是：给定一天内的多任务集合和员工层次资质集合，生成一个优化的班型方案，要求该班型方案能够覆盖全部任务且每个班型需满足约束条件，优化目标为最小化班型方案中的总工作时间。

2. 模型建立

1）符号说明

集合 $K=\{1,2,\cdots,k\}$ 表示外航服务保障的多种任务类型，$S=\{1,2,\cdots,s\}$ 表示航班保障涉及员工的层次资质种类，$|\cdot|$ 表示集合维度，即集合中元素的个数。

多任务集合 $T=\{(k_i,h_i,f_i,M_i)\mid i=1,2,\cdots,n\}$，其中 n 表示任务总数，k_i 表示任务类型，h_i 表示任务到岗时间，f_i 表示任务离岗时间，$M_i=\{m^s\mid s=1,2,\cdots,|S|\}$ 表示任务所需各层次资质的员工数量集合，$m^s\in\mathbf{N}$ 表示需类资质员工的数量。

员工对各种任务的层次资质集合 $P=\{(p_d^{(k,s)})\mid d=1,2,\cdots,m;\ k=1,2,\cdots,|K|;\ s=1,2,\cdots,|S|\}$，其中 m 表示员工总数，$p_d^{(k,s)}\in\{0,1\}$ 表示员工 d 对任务类型 k 具备 s 级资质信息，取值为1表示具有该类资质，否则取值为0，因员工资质存在向下兼容的层次关系，故当 $p_d^{(k,s)}=1$ 时，$p_d^{(k,s-1)}=p_d^{(k,s-2)}=\cdots=p_d^{(k,1)}=1$。

优化变量为班型集合 $W=\{s_j,c_j,T_j,P_j\mid j=1,2,\cdots,t\}$，其中 t 表示班型总数，s_j 表示班型到岗时间，c_j 表示班型离岗时间，$P_j=\{p^{(k,s)}\mid\forall k\in K_j,s\in S\}$ 表示保障该班型的员工对班型内各任务需具备的资质信息，$p_d^{(k,s)}\in\{0,1\}$，取值为1表示要求服务该班型的员工对任务 k 必须具有 s 类的资质，$T_j\subset T$ 表示班型保障的任务集合。规定 s_j 为保障任务集合 T_j 中最早的到岗时间，即 $s_j=\min h_i,i\in T_j$，c_j 为保障任务集合 T_j 中最晚的离岗时间，即 $c_j=\max f_i,i\in T_j$。根据班型集合 W 可以得到 $x_{ij}\in\{0,1\}$，表示班型 j 是否服务任务 i，取值为1表示服务。

由于员工对不同的任务类型具有不同的层次资质，且不同任务类型之间的资质不存在交集，因此在生成班型时需考虑能否找到满足班型资质要求的员工。用 p_d^j 表示员工 d 对班型 j 是否具有服务资质，$p_d^j\in\{0,1\}$，员工 d 满足班型 j 的资质要求，取值为1，且员工 d 称为班型 j 的候选员工。为了使得求得的班型更具有实际意义，规定班型的候选员工数量必须大于 K。

2）优化目标及约束

结合机场外航服务部的实际业务，建立面向多任务层次资质场景下的班型生成模型如下：

$$\min_{x_{ij}\in\{0,1\}}\sum_{j=1}^{t}(c_j-s_j) \tag{5-16}$$

s. t.

$$\sum_{j=1}^{t} x_{ij} \cdot p^{(k,s)} = \sum_{1}^{s} M_i^s ;\quad i=1,2,\cdots,n;\ s=1,2,\cdots,|S| \tag{5-17}$$

$$x_{ij} \cdot f_i - x_{i'j} \cdot h'_i > 0, \forall j;\ i,i' \in T_j;\ i \neq i' \tag{5-18}$$

$$I_{\min} \leqslant c_j - s_j \leqslant I_{\max}, \forall j \in W \tag{5-19}$$

$$p_d^j = \begin{cases} 1, & \sum_{s=1}^{|S|} p_d^{(k_i,s)} \geqslant \sum_{s=1}^{|S|} p^{(k_i,s)}, \quad \forall i \in T_j \\ 0, & \leqslant \text{其他} \end{cases} \tag{5-20}$$

$$\sum_{d=1}^{M} p_d^j \geqslant K, \quad j \in W \tag{5-21}$$

其中,式(5-16)表示最小化班型方案的总工作时间。式(5-17)表示班型方案需覆盖全部的任务集合,即生成的班型方案能满足每个任务要求的各层次资质的人数。式(5-18)表示同一班型内保障任务的工作时间不能冲突,即任意两个任务的到岗时间和离岗时间不能有重叠。式(5-19)表示班型的服务时长应在给定的合法区间内。式(5-20)是 p_d^j 的计算方式,即当员工对班型保障任务集合中的所有任务具有的资质都高于或等于班型要求的服务人员的资质时,p_d^j 取值为 1,否则为 0。式(5-21)规定班型候选员工数量必须大于或等于 K,以保证所生成班型在进行人员安排时能找到具备服务该班型资质的员工。

3. 模型求解

上面介绍的班型生成优化模型的求解是一个集合划分问题,属于 NP-hard 问题。传统算法很难在多项式时间内求得较优的解。禁忌搜索算法具有灵活的记忆功能和藐视准则,在搜索过程中可以接受劣质解,表现出较强的"爬山"能力。另外,禁忌搜索算法能够跳出局部最优解,转向解空间的其他区域,增大获得全局最优解的概率。故本案例基于禁忌搜索算法对所建立的面向多任务层次资质场景下的班型生成模型进行求解。

1) 多任务复制转换

在面向多任务层次资质场景下的班型生成问题中,任务不同所需各层次资质的人数不同,增加了邻域移动设置的困难性。为简化邻域移动设置,本案例提出如下复制方法对多任务集合进行等价转换:任务 i 需各层次资质服务总人数 p,则将任务 i 复制 p 次,且设置复制后的任务需要的服务人数为 1,即用 p 个所需服务人数为 1 的等价任务替换 1 个需要服务人数为 p 的任务,复制过程保证了排班任务量不变。如表 5-4 所示,任务 GA891 复制为表 5-5 所示的 5 个等价任务。

表 5-4　原始任务

星期	航班号	开始时间	结束时间	需组长人数	需控制人员人数	需普通人员人数
1	GA891	5:40	8:50	1	1	3

表 5-5　复制以后的等价任务

星期	航班号	开始时间	结束时间	需组长人数	需控制人员人数	需普通人员人数
1	GA891	5 : 40	8 : 50	1	0	0
1	GA891	5 : 40	8 : 50	0	1	0
1	GA891	5 : 40	8 : 50	0	0	1
1	GA891	5 : 40	8 : 50	0	0	1
1	GA891	5 : 40	8 : 50	0	0	1

基于复制以后的等价任务，设计禁忌搜索算法还需解决的关键问题包括初始解生成、邻域移动和适应值函数选择等。

2）初始解生成

模型优化最终结果对初始解依赖性很大，一个好的初始解，不仅能加快算法收敛速度，也更容易找到全局最优的解。本案例基于贪婪算法生成初始解，具体步骤如下。

步骤 1：将集合 T 中的任务按照到岗时间 h_i 先后进行排序。

步骤 2：从 T 中的第 1 个任务 t_1 开始，找到满足式(5-18)和式(5-19)的任务，形成备选任务集合 T'。

步骤 3：遍历备选任务集合 T'，按式(5-16)计算目标值，并找到目标值最小的任务形成班型 j 并加入班型集合 W。

步骤 4：在任务集合 T 中删除班型 j 包含的所有任务。

步骤 5：如果任务集合 T 为空，得到初始解班型集合 W，结束算法，否则转步骤 2。

需要说明的是，通过上述算法生成的初始解满足式(5-17)、式(5-18)、式(5-19)，不满足式(5-21)，主要基于以下考虑。

(1) 式(5-21)需要检查所有员工对不同任务的资历信息，计算量较大。

(2) 在满足式(5-4)的情况下，班型保障任务较少，很大概率满足式(5-21)。

综合(1)(2)，为了加快初始解的生成速度，在生成初始解时未考虑式(5-21)。由于概率极小时可能不满足式(5-21)，因此在随后的禁忌搜索算法设计中，加入了对该状况的巨大惩罚。

3）邻域移动

采用交换移动和插入移动两种邻域移动方式生成候选解。

插入移动是将任务 i 插入班型 j 的保障任务集合 T_j 中，其过程如图 5-6 所示。

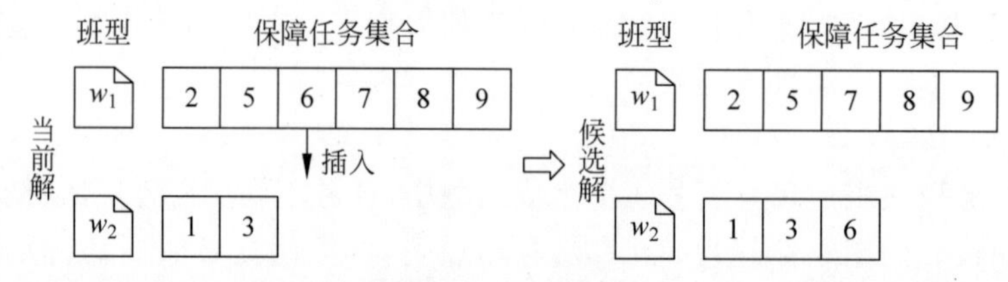

图 5-6 插入移动

交换移动是将班型 j 中的任务 i 与班型 j' 中的任务 i' 进行交换，其过程如图 5-7 所示。

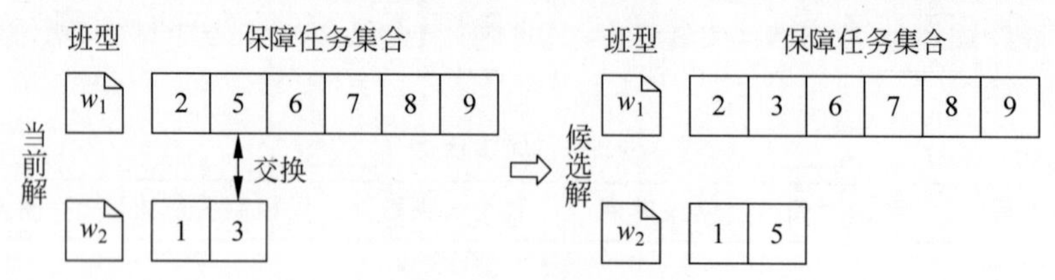

图 5-7 交换移动

进行插入移动和交换移动时需满足上述模型中的约束条件。

4）适应值函数选择

适应值函数用于对搜索结果进行评价，本案例的适应值函数包括目标函数和惩罚函数两部分。惩罚函数也由两部分组成。

(1) 为了增加模型在资源不足情况下的适应性，将式(5-18)的约束条件设置为软约束。结合实际设置了如下惩罚函数：班型的服务时长在法定区间之内，惩罚值取 0；班型

的服务时长超出法定区间，惩罚值为服务时长到法定区间的中心距离，距离越远惩罚值越大，记为

$$\begin{cases} g(x)=\begin{cases} 0, & I_{\min} \leqslant x \leqslant I_{\max} \\ \alpha \cdot |x-d|, & \text{其他} \end{cases} \\ x=c_j-s_j, \quad d=\dfrac{I_{\max}-I_{\min}}{2}+I_{\min} \end{cases} \tag{5-22}$$

(2) 若班型不满足式(5-21)，则惩罚值为一个较大的惩罚常数 β，记为

$$h(j)=\begin{cases} \beta, & \text{班型 } j \text{ 不满足式(5-21)} \\ 0, & \text{其他} \end{cases} \tag{5-23}$$

结合式(5-16)、式(5-22)、式(5-23)，本案例的适配值函数设定如下：

$$f(W)=\sum_{j=1}^{t}\left(g(w_j)+h(w_j)+\chi \cdot (c_j-s_j)\right) \tag{5-24}$$

5) 其他设置

(1) 禁忌表。禁忌表用于防止搜索过程中出现死循环，避免陷入局部最优解。禁忌对象设为每次发生邻域移动时的任务。候选解大小设置为固定值，本案例采用前人证明过的禁忌长度 $\alpha=\sqrt{A}$ 时算法收敛速度和求得的解是最好的方式。

(2) 特赦准则。选取基于评价值的规则作为藐视准则，即当前解的适应值优于最优值，则满足特赦准则，更新最优值为当前值。

(3) 终止条件。终止准则采用固定步长的方式，达到设定的最大步长 M 终止算法。

6) 基于禁忌搜索算法的模型求解

基于禁忌搜索算法对模型进行求解的流程如图 5-8 所示。

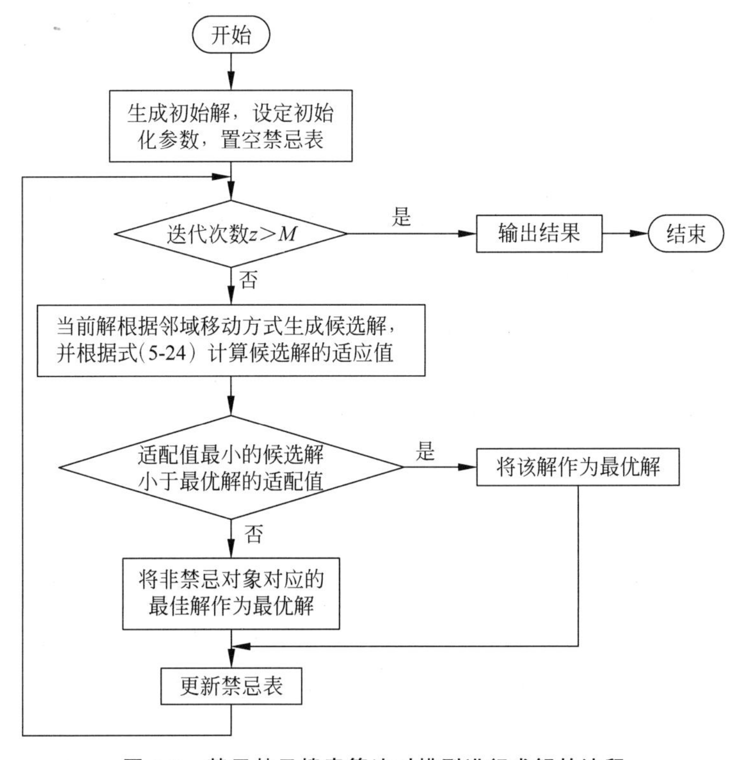

图 5-8　基于禁忌搜索算法对模型进行求解的流程

4. 实验及分析

1）实验数据

实验数据选用首都机场外航服务部2018年1月15日至2018年1月21日累计1周的生产数据，共包括100个任务信息如表5-6所示，84名员工在10家航空公司的4种层次资质信息如表5-7所示。为描述方便，采用3表示组长，2表示控制人员，1表示普通员工，0表示没有服务资质，且组长资质最高，控制人员次之，普通最低。

表5-6 排版任务信息数据表

星期	航班号	开始时间	结束时间	需组长人数	需控制人员人数	需普通人员人数
1	GA891	5:40	8:50	1	1	3
1	KE856	9:00	14:15	1	1	3
1	JS152	9:30	12:55	1	1	2
…	…	…	…	…	…	…

表5-7 员工资质信息

员工姓名	航空公司类型									
	AA	KE	SU	GA	PK	J2	IR	7C	VN	JS
李晓敏	0	2	0	1	0	0	0	2	2	2
曹曦月	0	2	0	2	0	0	0	2	1	2
李艳香	2	0	0	3	0	0	0	0	3	1
⋮	⋮	⋮	⋮	⋮	⋮	⋮	⋮	⋮	⋮	⋮

2）实验结果

结合机场外航服务部的实际业务算法参数设置如下：班型的最长工作时长 $I_{\max}=9\text{h}$；班型的最短工作时长 $I_{\min}=6\text{h}$；候选比例值 $K=10$；惩罚值 $\alpha=100,\beta=1000,\chi=100$；最大迭代次数 $M=100$；候选解大小 $A=100$；禁忌表长度 $\alpha=10$。

实验部分结果数据如表5-8所示。表5-8中一行代表1个班型，规定了到岗时间、离岗时间、保障的任务(航班号)及其任务要求的层次资质。例如星期一的第1个班型要求7:50到岗，11:45离岗，保障任务KE880、SU2852，且要求保障人员对任务KE必须具备普通资质，对任务SU必须具备控制人员资质。

表5-8 班型方案示例

星期	到岗时间	离岗时间	保障任务集合(航班号)及资质要求
1	7:50	11:45	KE880/1 SU2852/2
1	5:00	10:10	J2067/1 AA186/1
1	5:20	14:15	PK852/2 KE856/1
⋮	⋮	⋮	⋮

3）实验结果分析

(1) 班型分析。为了验证算法的有效性，将本案例实验得到的班型方案与首都机场外航服务部现有人工生成的班型方案从总服务时间和总服务人数两方面进行对比，如表5-9所示。

从表5-9可看出，本案例模型求得的每天的班型方案在优化目标班型总工作时间上相比较于人工班型方案都有不同程度的降低，且在减少班型的总服务时间的同时并没有增加班型的服务人数，有效地提高了资源利用率。同时由于约束复杂，任务量大，人工生成班型方案中存在部分班型不能满足硬约束条件的情况，而本案例模型生成的班型方案中所有班型完全满足全部硬约束条件。

表 5-9 与人工班型对比结果

星期	总服务时间(h)		总服务人数(人)	
	人工方案	本案例模型	人工方案	本案例模型
1	462.13	444.41	63	62
2	338.71	318.33	54	44
3	415.36	361.50	54	50
4	315.47	299.41	52	45
5	424.67	395.00	60	47
6	375.49	345.16	47	44
7	352.31	313.08	51	45

为了分析班型方案对班型工作时间的优化情况，统计了本案例实验得到班型方案和人工生成班型方案中服务时长在[0,6)，[6,9]，(9,11]，(11,13]区间的班型百分比，如表 5-10 所示。

从表 5-10 可以看出，人工班型方案服务时长在各时间范围内的分布比较分散，26.55%班型服务时长超过 9h，有 3.14%的班型服务时长超过 11h。本案例模型求得的班型方案，49.55%班型服务时长在合法区间内，服务时长在(9,11]区间的班型较少，最长班型服务时长不会超过 11h，其结果更高效更具人性化。

表 5-10 班型服务时长统计(%)

算法	班型服务时长区间(h)			
	[0,6)	[6,9]	(9,11]	(11,13]
人工班型方案	25.56	39.06	26.55	3.14
本案例模型生成的班型方案	35.60	49.55	14.84	0

(2) 算法特性分析。从算法的收敛性和稳定性分析算法的有效性，其结果如图 5-9 所示。

图 5-9(a)给出了算法执行过程中每一步迭代对应的适应值，可以发现，在搜索初期，目标函数收敛速度较快，经过大概 40 次迭代以后，目标函数值趋于稳定，仅在一个很小范围内进行波动，可见本案例设计的算法具有良好的收敛性，同时也验证了迭代次数设置为 100 是合理的。智能优化算法具有一定的随机性，为了分析本案例算法的稳定性，图 5-9(b)给出了算法多次运行时，求得的班型方案的总工作时间的变化情况，可以看出，算法多次运行时求得的总工作时间相差不大，表明算法具有较好的稳定性。

5. 案例总结

针对首都机场外航服务部班型生成面临的任务种类多、员工对任务具有层次资质、人工生成班型困难且资源利用率不高等问题，研究构建了面向多任务层次资历场景下的班型生成模型，并设计了禁忌搜索算法对模型进行求解。在首都机场外航服务部的实际数据集上进行实验，实验结果表明，提出的模型和算法很好地实现了多任务层次资质场景下的班型生成过程全自动化，且比较于人工生成的班型方案，所需工作总时间和总人数都有降低，提高了机场资源的利用率和运行效率，为机场智慧决策提供了理论依据。

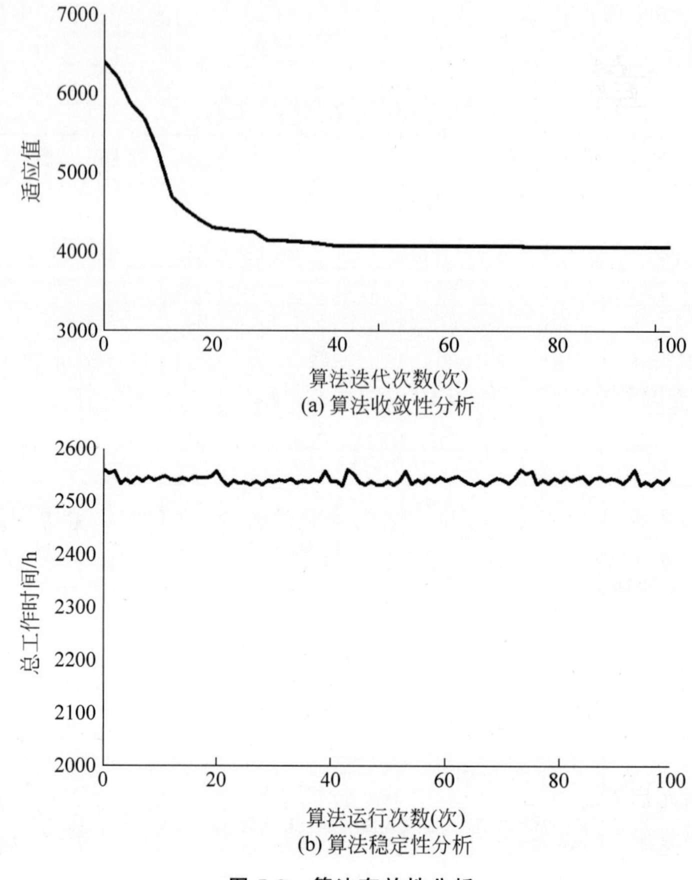

图 5-9 算法有效性分析

5.4 本章小结

本章先后介绍了禁忌搜索算法的基本思想和设计原则，并详细阐述了禁忌搜索算法在旅行商问题、双层级医疗设施选址问题以及机场外航服务人员班型生成问题中的应用。迄今为止，禁忌搜索算法在组合优化、生产调度、机器学习、电路设计和神经网络等领域取得了很大的成功。近年来，禁忌搜索算法在函数全局优化方面得到了较多的研究，并大有发展的趋势。

5.5 习题

1. 简述禁忌搜索算法的原理。
2. 简述禁忌搜索算法的特点。
3. 总结禁忌搜索算法的优缺点。
4. 禁忌搜索有哪些关键参数？该如何设置？
5. 简述评价函数的作用。
6. 简述局部搜索算法的基本步骤。
7. 简述禁忌搜索算法求解旅行商问题的基本步骤。
8. 禁忌长度该如何设置？

第6章 大邻域搜索算法

近年来，基于大邻域搜索的启发式算法在解决各种交通和调度问题上取得了显著的成果。大邻域搜索方法使用启发式方法来探索复杂的邻域。使用大邻域可以在每次迭代中找到更好的候选解，从而遍历更有前景的搜索路径。从大邻域搜索方法出发，对超大规模邻域搜索方法进行了概述，并讨论了近年来的变形和扩展版本，例如变深度搜索、自适应大邻域搜索等。

本章主要介绍元启发式大邻域搜索(Large Neighborhood Search，LNS)。在 LNS 中，通过交替地破坏和修复解来逐步改进初始解。LNS 启发式属于一类启发式算法，即超大规模邻域搜索(VLSN)算法。所有 VLSN 算法都是基于这样的观察：搜索一个大邻域会得到高质量的局部最优值，因此整个 VLSN 算法可能会返回更好的解。然而，搜索一个大邻域是非常耗时的，因此，各种过滤技术被用来限制搜索。在 VLSN 算法中，通常将一个可以有效搜索到的解的子集作为邻域。在 LNS 中，邻域是通过方法(通常是启发式)隐式定义的，这些方法用于破坏和修复当前解。

LNS 和 VLSN 是类似的术语，可能会引起混淆。VLSN 用于广义的搜索超大邻域的算法，LNS 用于特殊的元启发式，属于 VLSN 算法的一类。

本章首先定义了几个示例问题，然后阐述了邻域搜索和超大规模邻域搜索的概念，接下来描述了 LNS 启发式算法和自适应大邻域搜索算法。最后，介绍 LNS 的应用概况，并进行本章总结。

6.1 邻域搜索及超大规模邻域搜索定义

本章参考两个示例问题：旅行商问题(TSP)和带容量约束的车辆路径问题(Capacitated Vehicle Routing Problem，CVRP)。

旅行商问题是研究最多且最著名的组合优化问题。在旅行商问题中，旅行商必须访问所有城市，并在旅行结束后返回起始城市。更准确地说，已知一个无向图 $G(V,E)$，其中每条边 $e\in E$ 都有一个相关的成本 c_e。旅行商的目标是找到一个闭环路径，使每个顶点都恰好被访问一次，且路径中所有边的成本之和最小。

CVRP 是旅行商的一种泛化，它基于一个共同的货场，使用同类型车辆所组成的车队为一组客户提供服务。每个客户对最初位于货场的货物都有确定的需求。CVRP 的任务是设计出起点和终点均在货场的车辆路径，以满足所有客户的需求。CVRP 可定义如下：给出一个无向图 $G(V,E)$，顶点集 $V=\{0,\cdots,n\}$，其中顶点 0 为货场，顶点集 $N=\{1,\cdots,n\}$ 是客户。每条边 $e\in E$ 都有一个对应的成本 c_e。每个客户 $i\in N$ 的需求为 $q_i(q_i>0)$。此外，该货场有 m 辆同类型的车辆，每辆车的容量为 Q。CVRP 的目标是找到 m 条路径，开始和结束于货场，每个客户被一辆车访问一次，每条路径上的客户需求总和不超过 Q。m 条路径的成本总和必须最小化。TSP 解和 CVRP 解的例子如图 6-1 所示。

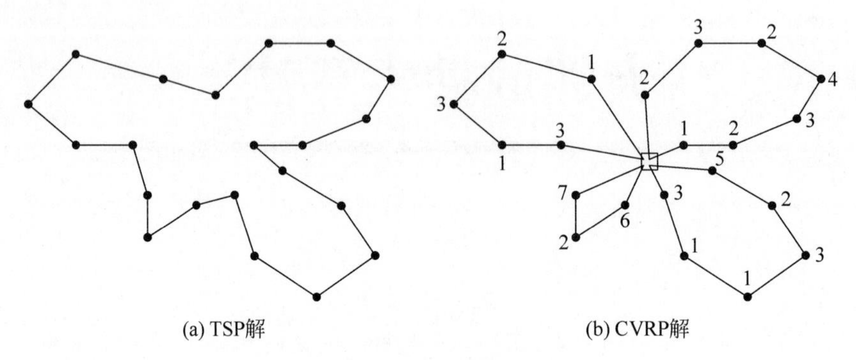

图 6-1 TSP 解和 CVRP 解的例子

（注：在 CVRP 中，货场用正方形标记，客户 i 用带需求 q_i 的节点来标记。）

6.1.1 邻域搜索定义

本节正式介绍邻域搜索。我们给出了组合优化问题中的一个实例 I，其中 X 是该实例的可行解的集合（当需要强调实例和解集之间的联系时写成 $X(I)$），$c:X\to\mathbf{R}$ 是一个函数，是问题解至其成本的映射。X 被认为是有限的，但通常是一个非常大的集合。假设该组合优化问题是一个最小化问题，也就是说，我们想找到一个解 x^* 使得 $c(x^*)\leqslant c(x)\ \forall x\in X$。

定义一个解 $x\in X$ 的邻域为 $N(x)\subseteq X$，也就是说，N 是一个将一个解映射到一组解的函数。我们说一个解 x 是局部最优的，或者如果 $c(x)\leqslant c(x')\ \forall x'\in N(x)$，则说是关于邻域 N 的局部最优解。有了这些定义，就有可能定义一个邻域搜索算法：初始解 x 作为输入，计算 $x'=\arg\min_{x''\in N(x)}\{c(x'')\}$，即在 x 的邻域中找到成本最小的解 x'，如果 $c(x')<c(x)$，则该算法执行更新操作 $x=x'$。搜索新的解 x 的邻域以获得一个改进的解，这个过程不断重复，直到得到一个局部最优解。当这种情况发生时，该算法停止。由于该算法总是选择邻域中的最优解，因此被称为最陡下降算法。

旅行商邻域的一个简单示例是 2-opt 邻域。2-opt 邻域中解 x 的邻域是一组解的集合，这些解可以通过删除 x 中的两条边并添加两条其他边以重连路径来得到。CVRP 邻域的一个简单例子是 relocate 邻域。在这个邻域中，$N(x)$ 被定义为一个解集合，这些解可通过重置 x 中的单个客户来得到。该客户可以移动到其当前路径中的另一个位置，也可以移动到另一条路径。

我们定义一个特定实例 I 的邻域 $N(\cdot)$ 的大小为 $\max\{|N(x)|:x\in X(I)\}$。设 $\varphi(n)$ 为所有规模为 n 的问题实例的集合。然后，我们可以将邻域的大小定义为实例大小 n 的函数 $f(n)$，$f(n)=\max\{|N(x)|:I\in\varphi(n),x\in X(I)\}$。

旅行商的 2-opt 邻域和 CVRP 的 relocate 邻域的大小为 $f(n)=O(n^2)$，其中 n 是城市/客户的数量。

6.1.2 超大规模邻域搜索定义

Ahuja 等定义并研究了 VLSN 算法的分类。如果搜索的邻域随着实例大小呈指数增长，或者邻域太大而不能在实践中明确搜索，则该邻域搜索算法属于 VLSN 算法类。显然，VLSN 算法的种类相当广泛。Ahuja 等将 VLSN 分为三类：变深度方法、基于网络流的改进方法、基于多项式时间可解子类限制的方法。尽管 VLSN 的概念直到最近才正式形成，但基于类似原则的算法已经使用了几十年。

直觉上，搜索一个超大邻域应该比搜索一个小邻域带来更高质量的解。然而，在实践中，如果嵌入元启发式框架，小邻域可以提供类似或更高质量的解，因为它们通常可以实现更快地搜索。这表明 VLSN 算法不是“灵丹妙药”。然而，对于合适的应用，它们提供了极好的结果。

如前所述，本章的重点是一个叫作 LNS 的特殊 VLSN 算法。LNS 启发式算法不适合 Ahuja 等定义的三种类型中的任何一种，但它肯定属于 VLSN 算法，因为它搜索的是一个超大邻域。

1. 变深度方法

较大的邻域通常会生成更好质量的局部解，但搜索更耗时。因此，当搜索陷入局部最小值时，一个自然的想法是，逐渐扩大邻域的大小。

变深度邻域搜索（VDNS）方法以启发方式搜索参数化的更深层的邻域集 $N_1, N_2, \cdots, N_k$。一个典型的例子是改变一个变量/位置的 1-exchange 邻域 N_1。类似地，2-exchange 邻域 N_2 交换两个变量/位置的值。一般来说，k-exchange 邻域 N_k 会改变 k 个变量的值。变深度搜索方法是搜索部分 k-exchange 邻域的技术，因此减少了用于搜索邻域的时间。图 6-2 是变深度邻域的说明。

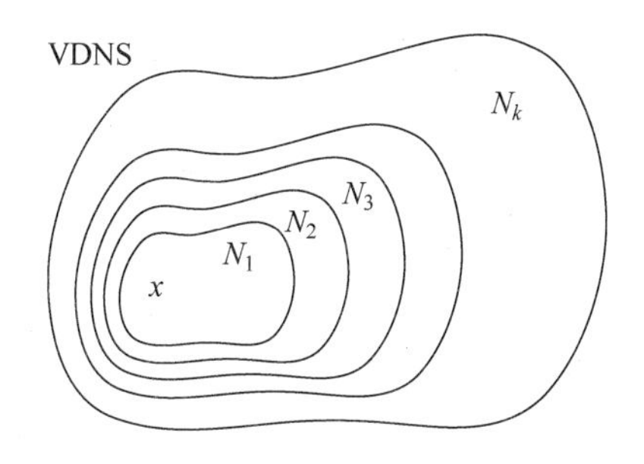

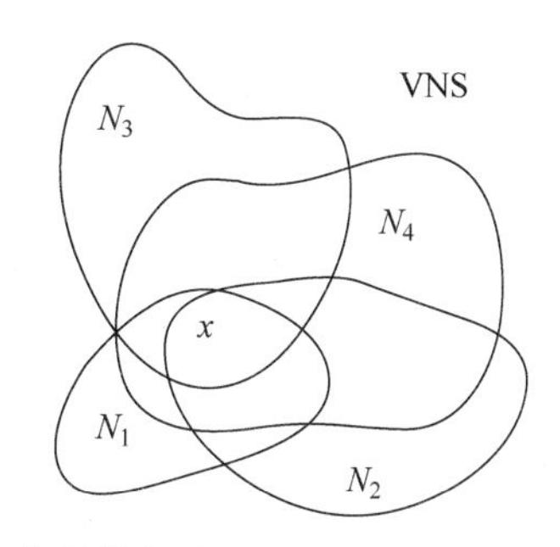

图 6-2 VDNS 和 VNS 使用的邻域

（注：图中 x 为当前解，VDNS 通常操作一种可变深度的邻域类型，而 VNS 操作结构不同的邻域 $N_1, \cdots, N_k$。）

变深度搜索的最早应用之一是求解 TSP 的 Lin-Kernighan 启发式。简单地说，Lin-Kernighan 启发式的思想是当从一条路径 S 移动至路径 T 时，取代 n 条边。该算法在偶数步中插入一条边到哈密顿路径中，在奇数步中删除一条边以恢复哈密顿路径。从每一条哈密顿路径中，一个哈密顿循环隐含地由两个端点节点连接而成。采用贪心方法选择即将加入哈密顿路径的边，使目标函数的增益最大化。当不能构造改进的路径时，Lin-Kernighan 算法终止。

VDNS 启发式算法的基本思想是进行一系列局部移动，并停止所有移动的组合对象，以防止搜索循环。当不能进行进一步的局部移动，并返回所找到的最优解时，VDNS 停止。

Glover 提出了 Lin-Kernighan 启发式的一种扩展，称为弹射链。通过选择一组将经历状态更改的元素来启动弹射链。此更改的结果将生成一个其他集合的集合，其中至少一个集合的元素必须从其当前状态中"弹出"。状态更改步骤和弹射步骤通常交替进行。在某些情况下,可能会触发一系列操作,导致多米诺骨牌效应。

基于变深度和弹射链的算法已被应用于多个问题,包括旅行商问题、带时间窗的车辆路径问题和广义分配问题。Ahuja 等对 VDNS 方法的早期应用做了很好的概述。此外,VDNS 方法经常与其他元启发式框架一起使用。

2. 基于网络流的改进算法

这类改进算法使用各种网络流算法来搜索邻域。一般来说,它们可分为如下三类：最小成本循环方法、基于最短路径的方法、基于最小成本分配的方法。下面我们对这些方法做简要的概述。

由闭环定义的邻域。闭环交换邻域是由在一组子集之间传递的元素序列组成的。Thompson 给出了如何通过在此构造的改进图中找到一个负成本闭环,以在循环交换邻域中找到一个改进解。在改进图中寻找一个负成本子集且不相交的闭环是 NP-hard 问题,但存在有效的启发式来搜索图。

Thompson 和 Psarafitis、Gendreau 等采用循环邻域求解 VRP。Ahuja 等使用循环交换来解决带容量约束的最小生成树问题。

由路径定义的邻域。路径交换是交换邻域的泛化,可以通过聚合任意数量的所谓独立交换操作来定义大规模的邻域。通过求解改进图中的最短路径问题,可以在 $O(n^2)$时间内找到复合交换邻域的旅行商路径的最佳邻域解。

对于一台机器的批处理问题,Hurink 应用了复合交换邻域的一个特例,即只允许相邻对交换。通过求解改进图中的最短路径问题,可以在 $O(n^2)$时间内找到一个改进的邻域解。

针对单机调度问题,Brueggemann 和 Hurink 扩展了相邻的成对交换的邻域,该邻域可通过计算改进图中的最短路径在二次时间内进行搜索。

由分配和匹配定义的邻域。Sarvanov 和 Doroshko 为求解旅行商问题而最早提出了分配邻域。它是通过在改进图中寻找最小成本分配来定义的指数邻域结构。

对于旅行商问题,分配邻域是基于 k 个节点的移除,并以此构造二部图。在这个图中,左边的节点是被删除的节点,右边的节点是剩下的节点。每次分配的成本是在两个现有节点之间插入一个节点的成本。Sarvanov 和 Doroshko 考虑了 $k=n/2$ 且 n 是偶数的情况。Punnen 将其推广到任意的 k 和 n。

使用相同的概念,Franceschi 等在距离受限的 CVRP 中得到了不错的结果,记录了 13 个案例,这些案例改进了文献中的最优解。在分配问题中加入容量约束,可作为整数规划(Integer Programming,IP)问题进行求解。进一步的改进是以一种聪明的方式识别删除的节点并插入点。

Brueggemann 和 Hurink 提出了一个指数规模的邻域,用于求解加权平均完工时间最小的并行机器上的独立作业调度问题。通过对某一改进邻域进行匹配,可对该邻域进行搜索。

3. 有效可解特例

通过限制问题的拓扑结构或在原问题上增加约束条件,可以在多项式时间内求解若干 NP-hard 问题。利用这些特例作为邻域,我们通常可以在多项式时间内搜索指数级大的邻域。

Ahuja 等描述了一种将受限问题的求解方法转化为 VLSN 搜索技术的通用方法。对于每个当前解 x,我们创建一个结构良好的问题实例,可以在多项式时间内求解。求解结构良好的实例,并找到新的解 x。尽管搜索方法有很大的潜力,但构造一个将 x 转换成结构良好的实例的算法并不简单。

Halin 图是这样一种图，针对一棵平面上没有 2 度节点的树，通过一个循环将叶节点连接起来，从而得到平面图。当转换成 Halin 图时，很多 NP-hard 问题通常在线性时间内即可被求解。例如，Cornuejols 等设计了一个定义在 Halin 图上的旅行商问题的线性时间算法。

Brueggemann 和 Hurink 还提出了一个基于序列支配规则的单机调度问题的邻域。利用最短处理时间优先规则，可以在多项式时间内求解支配规则的松弛问题。

6.2　大邻域搜索算法介绍

大邻域搜索（LNS）元启发式算法是由 Shaw 提出的。大多数邻域搜索算法明确定义邻域，如 relocate 邻域。在 LNS 元启发式中，邻域由 destroy 和 repair 两种方法来进行定义。destroy 方法毁坏当前解中的一部分，而 repair 方法则重建该毁坏的解。destroy 方法通常包含一个具有随机性的元素，以便在每次调用该方法时毁坏解的不同部分。将解 x 的邻域 $N(x)$ 定义为先应用 destroy 方法再应用 repair 方法所得到的解的集合。

以 CVRP 问题为例来说明 destroy 和 repair 的概念。针对 CVRP 问题的 destroy 方法移除当前解中 15% 的客户，从而缩短了客户被移除的位置的路径。一种非常简单的 destroy 方法是随机移除客户。repair 方法可以使用贪婪启发式，通过插入被删除的客户来重建解。这种启发式方法可以简单地扫描所有客户，插入相应的插入成本最低的那个客户，并重复插入，直到插入所有客户。destroy 和 repair 步骤如图 6-3 所示。图 6-3(a)显示了 destroy 操作前的 CVRP 解；图 6-3(b)显示删除 6 个客户的 destroy 操作之后的解；图 6-3(c)显示 repair 操作重新插入客户后的解。

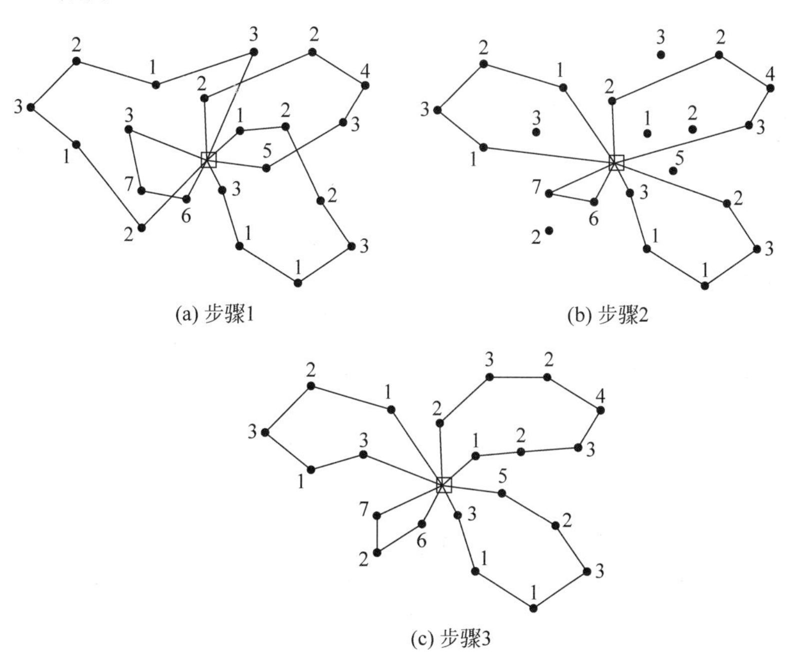

(a) 步骤1　　(b) 步骤2

(c) 步骤3

图 6-3　destroy 和 repair 步骤

destroy 方法可以破坏解的很大一部分，邻域包含大量的解，这解释了启发式的名称。例如，如果解的破坏百分比或破坏程度是 15%，则一个有 100 个客户的 CVRP 实例存在 $C(100, 15)=100!/(15!\times 85!)=2.5\times 10^{17}$ 种不同的方法来选择要删除的客户。对于每一种移除方案，都有许多修复解的方法，但不同的移除方案会导致修复后的解相同。

现在我们详细介绍 LNS 启发式算法。该启发式的伪代码如算法 6.1 所示。

算法 6.1 大邻域搜索算法

1：输入一个可行解 x
2：$x^b=x$；
3：Repeat
  4：$x^t=r(d(x))$；
  5：if accept(x^t,x)then
  6：$x=x^t$；
  7：end if
  8：if $c(x^t)<c(x^b)$then
  9：$x^b=x^t$；
  10：end if
11：until 达到终止条件
12：return x^{b}

该算法存在三个变量。变量 x^b 是搜索过程中得到的最优解，x 是当前解，x^t 是临时解，可以丢弃或提升为当前解。函数 $d(.)$ 为 destroy 方法，$r(.)$ 为 repair 方法。更具体地说，$d(x)$ 返回一个部分被破坏的 x。将 $r(.)$ 应用于部分被破坏的解以修复该解，即 $r(.)$ 返回由破坏的解所构建的可行解。第 2 行初始化全局最优解。在第 4 行中，该启发式算法首先应用 destroy 方法，然后应用 repair 方法来获得一个新的解 x^t。第 5 行对新的解进行评估，并且决定这个解是否成为新的当前解，accept 函数可以以不同的方式实现，最简单的选择是只接受改进的解。第 8 行检查新的解是否比已知的最优解更好，这里 $c(x)$ 表示解 x 的目标值。第 9 行更新最优解。第 11 行检查算法的终止条件，终止条件由实现者来选择，典型的做法是限制迭代次数或时间限制。第 12 行返回找到的最优解。从伪代码中可以注意到，LNS 元启发式并不是搜索一个解的整个邻域，而只是对这个邻域进行采样。

LNS 启发式算法背后的主要思想是，即使实例的约束条件很严格，大邻域也允许启发式算法轻松地遍历解空间。这与小邻域相反，小邻域会使得在解空间中的遍历更加困难。

在原始的 LNS 论文中，accept 方法只接受改进的解。后来的论文则借用了模拟退火的接受准则。在这样的接受准则下，若 $c(x^t)\leqslant c(x)$，则临时解 x^t 总是被接受；若 $c(x)<c(x^t)$，则解 x^t 的接受概率为 $\mathrm{e}^{-(c(x^t)-c(x))/T}$。其中，$T(T>0)$为当前温度，该温度初始化为 $T_0>0$ 并逐渐降低，例如通过在每次迭代时执行更新 $T_{\text{new}}=\alpha T_{\text{old}}(0<\alpha<1)$。初始时 T 相对较高，从而允许接受质量变差的解；随着搜索的进行，T 减小，在搜索接近结束时，只接受少数或不接受质量变差的解。如果采用了这样的接受准则，LNS 启发式可以被视为具有复杂邻域定义的标准模拟退火启发式。

destroy 方法是 LNS 启发式算法的重要组成部分。在执行 destroy 方法时，最重要的是选择解的破坏程度。如果仅破坏解的一小部分，那么该启发式可能会在探索搜索空间时遇到困难；如果解的很大一部分被破坏，那么 LNS 启发式算法几乎退化为重复的再优化过程。根据解的修复方式，这可能会很耗时或产生质量较差的解。Shaw 提出逐步增加解的破坏程度，而 Ropke 和 Pisinger 则是在每次迭代中随机选择破坏程度，根据实例规模从一个特定的范围内选择破坏程度。选择 destroy 方法时必须使整个搜索空间能够被遍历，或者能够遍历搜索空间中期望找到全局最优解的区域。因此，它不能总是专注于毁坏解的特定部分，而必须是毁坏解的每部分。

运行 LNS 启发式算法时能自由选择 repair 方法。最优 repair 操作将比启发式操作慢，但可能在几次迭代中产生高质量的解。然而，从搜索多样化的角度来看，最优 repair 操作可能并不具有吸引力，只会产生改进的或相同成本的解，并且很难在搜索空间中逃离局部最优解，除非在每次迭代中解的大部分被破坏。该框架还允许选择是手工编码 repair 方法，还是调用混合整数规划(Mixed Integer Program，MIP)或约束规划求解器之类的通用求解器。

值得注意的是，LNS 启发式通常在不可行解和可行解之间切换，destroy 操作后生成一个不可行解，repair 启发式将其恢复为可行解。或者，destroy 和 repair 操作可以被看作 fix/optimize 操作：fix 方法(对应 destroy 方法)以当前值修复了解的组成部分，而其余部分保持自由；optimize 方法(对应 repair 方法)试图改进当前解，同时保持被修复的部分不变。如果使用 MIP 或约束规划求解器来执行 repair 方法，该启发式的这种解释可能会更自然。

大邻域中 destroy 和 repair 方法的概念最适合于将问题自然地分解为一个包含若干要执行的任务的主问题和一组需要满足某些约束条件的子问题。在这种情况下，destroy 方法从当前解中删除一些任务，而 repair 方法则重新插入这些任务。因此，若问题中成功应用了 Dantzig Wolfe 分解方法，则该问题可用 LNS 启发式算法进行求解。

此外，Schrimpf 等提出了一个与 LNS 非常相似的框架，该框架的名称为 ruin and recreate。

6.3 自适应大邻域搜索算法介绍

6.3.1 算法思想

自适应大邻域搜索(ALNS)启发式算法是对 LNS 启发式算法的扩展，允许在同一搜索中使用多种 destroy 和 repair 方法。给每个 destroy/repair 方法分配一个权重，以控制在搜索过程中使用特定方法的频率。权重随着搜索的进行而动态调整，使启发式算法适应当前实例和搜索状态。

使用邻域搜索术语，可以说，通过在同一搜索中执行多个邻域，ALNS 扩展了 LNS。使用记录的这些邻域的历史性能来动态控制并选择所要使用的邻域。

算法 6.2 给出了 ALNS 启发式的伪代码。

算法 6.2 自适应大邻域搜索

1：输入一个可行解 x
2：$x^b=x$；$\boldsymbol{\rho}^-=(1,\cdots,1)$；$\boldsymbol{\rho}^+=(1,\cdots,1)$；
3：repeat
  4：利用 $\boldsymbol{\rho}^-$ 和 $\boldsymbol{\rho}^+$ 选择 destroy 和 repair 方法 $d\in\Omega^-$ 和 $r\in\Omega^+$；
  5：$x^t=r(d(x))$；
  6：if accept(x^t,x)then
  7： $x=x^t$；
  8：end if
  9：if $c(x^t)<c(x^b)$then
  10：$x^b=x^t$；
  11：end if
  12：更新$\boldsymbol{\rho}^-$ 和$\boldsymbol{\rho}^+$；
13：until 达到算法终止条件
14：return x^b

与算法 6.1 中的 LNS 伪代码相比，添加了第 4 行和第 12 行，并修改了第 2 行。destroy 和 repair 方法的集合分别用 Ω^- 和 Ω^+ 表示。在第 2 行引入了两个新变量：$\boldsymbol{\rho}^-\in\mathbf{R}^{|\Omega^-|}$ 和$\boldsymbol{\rho}^+\in$

$\mathbf{R}^{|\Omega^+|}$,分别用于存储每个 destroy 方法和 repair 方法的权重。最初,所有方法都有相同的权重。第 4 行中,基于轮盘赌原理,利用权重向量 $\boldsymbol{\rho}^-$ 和 $\boldsymbol{\rho}^+$ 来选择 destroy 和 repair 方法。该算法计算选择第 j 个 destroy 方法的概率为 $\phi_j^- = \boldsymbol{\rho}_j^- / \sum_{k=1}^{|\Omega^-|} \boldsymbol{\rho}_k^-$,且选择 repair 方法的概率也是用同样的方法确定的。

根据每个 destroy 和 repair 方法的历史性能动态调整权重,这体现在第 12 行:当完成 ALNS 启发式算法的一次迭代时,便计算该迭代中所使用的 destroy 和 repair 方法的得分 ψ 为

$$\psi = \max\begin{cases} \omega_1 & \text{若该新解是一个新全局最优解} \\ \omega_2 & \text{若该新解优于当前解} \\ \omega_3 & \text{若该新解被接受} \\ \omega_4 & \text{若该新解被拒绝} \end{cases}$$

其中,ω_1、ω_2、ω_3、ω_4 为参数,ψ 值越高,则方法越成功。通常 $\omega_1 \geqslant \omega_2 \geqslant \omega_3 \geqslant \omega_4 \geqslant 0$。

令 a 和 b 分别表示算法最后一次迭代中使用的 destroy 方法和 repair 方法的指标。在 $\boldsymbol{\rho}^-$ 和 $\boldsymbol{\rho}^+$ 向量中所选的 destroy 方法和 repair 方法对应的分量按照下式进行更新:$\boldsymbol{\rho}_a^- = \lambda \boldsymbol{\rho}_a^- + (1-\lambda)\psi$,$\boldsymbol{\rho}_b^+ = \lambda \boldsymbol{\rho}_b^+ + (1-\lambda)\psi$,其中 $\lambda \in [0,1]$ 是衰变参数,它控制权重对 destroy 和 repair 方法性能变化的敏感性。注意,在当前迭代中未使用的权重保持不变。自适应权重调整的目的是选择适合于正求解的实例的权重值。我们鼓励将搜索向前推进的启发式方法,这些将被赋予 ω_1、ω_2、ω_3 参数。同时,我们不鼓励会导致许多被拒绝的解的启发式方法,因为粗略地说,若某迭代生成了被拒绝的解,则该迭代不产生任何效用,此时给 ω_4 赋一个低值。

截至目前所描述的 ALNS 启发式方法倾向于支持复杂的 repair 方法,与简单的 repair 方法相比,复杂的 repair 方法更容易生成高质量的解。如果复杂和简单的 repair 方法都同样耗时,那么这是可以的,但情况可能并非如此。如果某些方法明显比其他方法慢,可以通过度量相应启发式方法的时间消耗来规范化某个方法的得分 ψ,这确保了时耗和解质量之间的适当权衡。

6.3.2 算法设计原则

同样,我们可考虑在 ALNS 启发式中选择 destroy 和 repair 方法。然而,由于允许多种 destroy/repair 方法,故 ALNS 框架提供了一些额外的自由。在纯粹的 LNS 启发式中,我们必须选择一种能够在广泛的实例中很好地运行的 destroy 和 repair 方法。在一个 ALNS 启发式中,可以包括只在某些情况下适用的 destroy/repair 方法——自适应权重调整将确保这些启发式很少在它们无效的实例中使用。因此,destroy 和 repair 方法的选择可以转变为寻找既能多样化搜索又能强化搜索的方法。

下面讨论一些典型的 destroy 和 repair 方法。在讨论中,假设解由一组决策变量来表示。变量这个术语应该以一种相当抽象的方式来理解。

destroy 方法的多样化搜索和强化搜索可以通过以下方式实现:为了使搜索多样化,可以随机选择解中需要被破坏的部分(random destroy 方法)。为了使搜索强化,可以试图移除 q 个“关键”变量,即成本较大的变量或破坏解的当前结构的变量。这被称为 worst destroy 或 critical destroy。

在保持解的可行性的同时,还可以选择一些易于交换的相关变量。这个 related destroy 邻域是由 Shaw 引入的。对于 CVRP,可以定义每对客户之间的相关性度量。衡量标准可以

简单地是客户之间的距离，它也可以包括客户需求(具有类似需求的客户被认为是相关的)。related destroy 会选择一组具有高度相互关联测度的客户。这样做是为了方便交换类似的客户。

最后，可以使用基于历史的 destroy，其中 q 个变量是根据一些历史信息来选择的。例如，历史信息可以计算将某给定的变量(或一组变量)设置为特定值导致糟糕解的频率。然后，可以根据历史信息，尝试删除当前值不合适的变量。

repair 方法(Ω^{+})通常基于针对给定问题的具体的、性能良好的启发式算法。这些启发式算法可以利用贪婪范式的变形，例如，在每一步中执行局部最佳选择或在每一步中执行最不坏的选择。repair 方法也可以基于近似算法或精确算法。可以放宽精确算法，以牺牲解质量来获得更快的求解时间。如前所述，通过惩罚耗时的方法，耗时的和快速的 repair 方法可以混合使用。

图 6-4 抽象地说明了 ALNS 启发式算法中的许多邻域。图上的每个邻域都可以看作一种 destroy 方法与 repair 方法的独特结合。

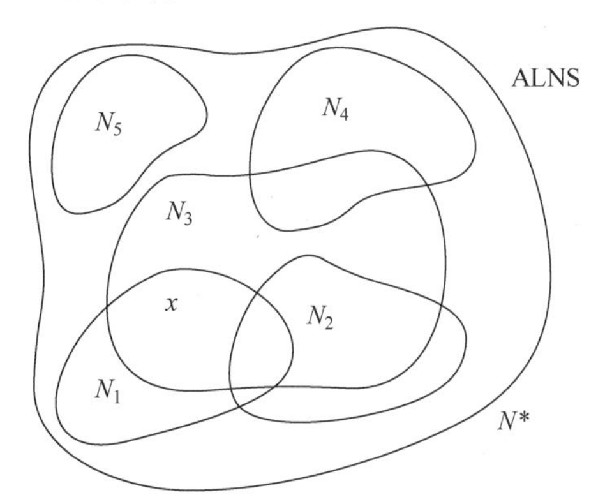

图 6-4　ALNS 使用的邻域示意

图 6-4 中，x 为当前解。ALNS 在结构不同的邻域 $N_1,\cdots,N_k$ 上运作，这些邻域由相应的搜索启发式定义。ALNS 中所有邻域 $N_1,\cdots,N_k$ 是邻域 N^* 的一个子集，其中 N^* 通过修改 q 个变量定义而来，q 是最大破坏程度的度量。

在传统的局部搜索启发式算法中，搜索多样化隐含地由局部搜索范式(接受比、禁忌表等)控制。对于 ALNS 启发式，这可能还不够。在 destroy 和 repair 方法中使用噪声或随机往往有利于获得适当的多样化搜索。这有助于避免搜索停滞，其中 destroy 和 repair 方法一直对一个解执行相同的修改。

一些优化问题可以分解成许多子问题，其中每个子问题可以被单独求解。这类问题包括需要填充若干箱子的装箱问题，或需要构造若干条路径的车辆路径问题。对于这类问题，应该决定是将子问题逐个求解(顺序启发式)还是同时求解所有子问题(并行启发式)。顺序启发式更容易实现，但可能有一个缺点，即最后求解的子问题遗留的变量不能很好地组合在一起，而并行启发式在某种程度上避免了这种情况。

对 ALNS 框架的一个自然扩展是耦合的邻域。原则上，可以为每个 destroy 方法 d_i 定义一个可以与 d_i 一起使用的 repair 邻域的子集 $K_i \subseteq \Omega^{+}$。如果选择 d_i，repair 邻域的轮盘赌选择则只会选择 K_i 中的一个邻域。

作为一种特殊情况，$K_i=\Phi$ 意味着邻域 d_i 负责 destroy 和 repair 步骤。可以使用一个普通的局部搜索启发式与其他 destroy 和 repair 邻域进行竞争，确保对当前解附近的解空间进行深入研究。

对于某些问题，有若干等概率随机选择的 destroy 和 repair 启发式算法就足够了，即没有自适应层。这种启发式算法与 ALNS 启发式算法具有同样的鲁棒性，但需要校准的参数却少得多。

6.3.3 算法特点

ALNS 框架有几个优点。对于大多数优化问题，我们已经知道了一些性能良好的启发式算法，它们可以构成一个 ALNS 算法的核心。由于邻域较大和邻域的多样性，ALNS 算法将以一种结构化的方式探索大部分解空间。由此得到的算法具有很强的鲁棒性，因为它能够适应个体实例的各种特征，并且很少陷入局部最优。

由于自适应层自动调整所使用的每个邻域的影响，因此 ALNS 算法的校准是相当有限的。仍然有必要校准用于搜索 destroy 和 repair 邻域的单个次启发式算法，可以单独校准这些，甚至使用现有算法中的参数。

在大多数局部搜索算法的设计中，研究人员必须在多个可能的邻域之间进行选择。在 ALNS 中，问题不是"非此即彼"，而是"两者都是"。事实上，我们的经验是，ALNS 启发式算法使用的(合理的)邻域越多，它的性能就越好。

ALNS 框架并不是唯一一个在 LNS 启发式中使用多个邻域的框架。Rousseau 等在带时间窗的车辆路径问题(Vehicle routing problems with time windows，VRPTW)中使用了两个 LNS 邻域：一个移除客户，另一个移除弧。他们提出了一个可变邻域下降(variable neighborhood descent，VND)，其中，一个邻域被使用，直到"足够确信"搜索陷入了局部最小值才停止，此时搜索将切换到另一个邻域。当第二个邻域无效时，第一个邻域就会再次使用，以此类推。

Perron 使用了一种自适应技术来选择 repair 方法，就像在 ALNS 中一样，根据性能为 repair 方法分配权重。Laborie 和 Godard 提出了一个非常类似于 ALNS 的框架，不同的是他们的框架还可以动态地调整单个 destroy 和 repair 方法的参数。本节描述的 ALNS 框架假设这些参数是预先固定的。Palpant 等只使用一种 destroy 和 repair 方法，但提出了一种动态调整 destroy 操作范围的方法，以便找到允许在合理时间内完成 repair 操作的邻域大小。

在实现 LNS 或 ALNS 启发式时，可以选择使用哪个"外部"元启发式来指导搜索(如果有的话)。有些使用下降法，有些使用迭代局部搜索，还有一些使用模拟退火法。根据我们的经验，即使是一个简单的外部元启发式方法，也会在纯下降方法上有所改进。

ALNS 与 VNS 元启发式有关，因为两种启发式算法都搜索多个邻域。由于相对于一个邻域的局部最优并不一定是相对于另一个邻域的局部最优，因此在搜索过程中改变邻域是一种多样化搜索的方法。

VNS 利用了一个参数化的邻域集合，通常是通过使用一个具有可变深度的给定邻域来获得的。当算法使用其中一个邻域达到局部最小值时，它继续使用参数化邻域集合中的一个更大的邻域。当 VNS 算法跳出局部最小值时，它继续使用较小的邻域。相反，ALNS 作用于预定义的对应于 destroy (移除)和 repair(插入)启发式的大邻域集合。邻域不一定是在正式的数学意义上定义好的，而是由相应的启发式算法定义的。

设计一个好的 VNS 算法的一个主要挑战是决定以什么顺序搜索邻域。一种自然的策略是根据搜索的复杂性对邻域进行排序，即从最不复杂的邻域开始，逐渐包括成本高的移动。ALNS 采用了一种不同的方法，即使用具有自适应概率的轮盘赌选择来决定使用哪些邻域。

另一个相关的概念是超启发式。Ross 将超启发式描述为选择启发式的启发式，即主启发式在几个从属启发式中进行选择的算法。因此，ALNS 启发式可以看作一种超启发式：自适应部分从 destroy 和 repair 方法(通常是启发式)集合中进行选择。

文献中有几个并行处理 LNS/ALNS 实现的例子。Perron 和 Shaw 描述了一种用于网络设计问题的并行 LNS 启发式算法，Ropke 描述了一种实现并行 ALNS 启发式算法的框架，该框架在取送货 CVRP 和旅行商上进行了测试。

6.4 大邻域搜索算法的应用

截至目前，LNS 启发式算法在路径和调度问题方面是最成功的。本节将回顾这两种问题的主要应用结果。

6.4.1 大邻域搜索算法在路径问题中的应用

本节主要阐述 LNS 启发式在旅行商和 VRP 变形中的应用。从 Shaw 定义 LNS 启发式开始，便有很多将 LNS 应用于 VRP 变形的例子。许多启发式方法已经取得了成功，并产生了最好的结果。

Bent 和 Hentenryck 描述了求解 VRPTW 问题的 LNS 启发式算法。在 VRPTW 问题中，最常见的目标是首先使车辆数量最小化，对于相同的车辆数量，使总路径长度最小化。Bent 和 Hentenryck 建议用两阶段的方法求解该问题。在第一阶段，通过基于传统小邻域的模拟退火算法使路径数量最小化；在第二阶段，使用 LNS 启发式算法使总路径长度最小化。destroy 方法使用了所描述的相关性原理。邻域的大小是逐渐增加的，一开始只删除一个客户，然后随着搜索的进行，稳步增加要删除的客户数量。每隔一段时间，要移除的客户数量就会被重置为 1，邻域大小就会重新开始增加。repair 方法采用截断分支定界算法实现。LNS 算法只接收改进的解。获得的结果可以被认为是最好结果。同样的作者也提出了一个类似的算法用于求解带时间窗的取送货问题(pickup and delivery problem with time windows，PDPTW)。

Ropke 和 Pisinger 介绍了 LNS 的 ALNS 扩展。将该算法应用于 PDPTW 问题，有如下特点。

(1) 使用了几种不同的 destroy/repair 方法。

(2) 使用快速贪婪启发式作为 repair 方法。

(3) 邻域的大小随迭代的不同而变化(要移除的客户数量从预定义区间中随机选择)。

(4) 使用了一个模拟退火接受准则。

该启发式方法在 PDPTW 问题上的应用已取得了最好的结果。在随后的论文中，许多 VRP 变形(包括 CVRP 和 VRPTW)都可以转化为 PDPTW，并使用 ALNS 启发式算法的改进版本进行求解。

Prescott-Gagnon 等提出了一个用于求解 VRPTW 的 LNS 启发式算法，该算法使用一个先进的 repair 算子，通过启发式分支定价算法求解受限的 VRPTW 问题。使用了 4 个 destroy 方法，并基于性能进行选择。总体来说，该启发式方法比以前的 LNS 方法能够获得更好的解，这可能是由于先进的 repair 算子。

需要指出的是，从元启发式的角度来看，VRPTW 是研究最多的问题类之一。我们只知道 LNS 在旅行商变形中的少数几个应用，原因是 LNS 启发式更适用于 VRP 变形，而不是旅行商变形，因为 VRPs 中存在分区元素。

6.4.2 大邻域搜索算法在调度问题中的应用

由于调度问题的严格约束特点，因此 LNS 和 ALNS 可以很好地解决调度问题。Laborie 和 Godard 给出了用于单模调度问题的自适应大邻域搜索的结果。Godard、Laborie 和 Nuijten 提出了一种用于累积调度的随机大邻域搜索。Carchrae 和 Beck 给出了作业车间调度问题的结果。Cordeau 等提出了一个用于求解技术人员调度问题的 ALNS 启发式算法，在 15 分钟内求解了数百个任务和技术人员的实例。Muller 提出了一个 ALNS 算法用于求解资源约束的项目调度问题。计算结果表明，在已知的 PSPLIB 基准测试实例中，该算法是三种最佳算法之一。

6.5 本章小结

本章回顾了 LNS 启发式及其扩展版本，并简要解释了 VLSN 中的核心概念。本章还没完全展示 LNS 和 VLSN 算法的潜力，希望两者在未来得到更多的研究。

LNS 启发式的主要优点之一是，一个启发式可以从现有的部分快速组装起来：一个现有的构造启发式或精确方法可以转换为 repair 启发式，并且，基于随机选择的 destroy 方法很容易实现。因此，在设计更复杂的方法时，我们看到了使用简单 LNS 启发式进行基准测试的潜力。

LNS 不一定优于所有其他元启发式，但一般来说，当所要求解的问题涉及某种类型的分区决策时，如 VRP、装箱或一般性分配问题，LNS 启发式的性能很好。这种结构似乎很适合进行 destroy/repair 操作。对于没有表现出这种结构的问题，难以预测 LNS 启发式的性能，可能更适合使用其他元启发式。

大邻域并不能保证找到更好的解。邻域搜索复杂度的增加意味着局部搜索算法可以执行的迭代次数更少。Gutin 和 Karapetyan 在多维分配问题中实验性地比较了许多大小邻域，包括它们的各种组合。研究表明，小邻域和大邻域的一些组合生成了最好的结果，这表明混合邻域可能是未来的研究方向。

6.6 习题

1. 简述邻域搜索的含义。
2. 简述超大规模邻域搜索的含义。
3. 以 CVRP 问题为例来说明 destroy 和 repair 的概念。
4. 阐述自适应大邻域搜索启发式算法的思想。
5. 写出自适应大邻域搜索启发式算法的伪代码。
6. 写出大邻域搜索算法的伪代码。
7. 阐述大邻域搜索算法在车辆路径问题中的应用。

第 7 章

变邻域搜索算法

1997 年 Hansen 和 Mladenović 首次提出了变邻域搜索算法(variable neighborhood search,VNS)的概念。它的基本思想是在搜索过程中系统地改变邻域结构集来拓展搜索范围获得局部最优解,再基于此局部最优解,重新系统地改变邻域结构集拓展搜索范围找到另一个局部最优解。

变邻域搜索算法是一个超启发式,或者说是构造启发式算法,主要应用于求解组合优化问题和全局优化问题。算法提出以后便被应用到各个领域,算法本身也得到了很大的发展。变邻域搜索中包含了动态变化的邻域结构,算法较通用,自由度大,可针对特殊问题设计多种变形。

本章首先介绍了变邻域搜索算法的原理,然后阐述算法的改进策略,最后介绍了算法在实际问题中的应用情况。

7.1 变邻域搜索算法原理

变邻域搜索算法很大程度上依赖如下观察事实。

事实 1:一个邻域结构的局部最优解不一定是另一个邻域结构的局部最优解。

事实 2:全局最优解是所有可能邻域结构的局部最优解。

事实 3:对于很多问题,若干邻域结构的局部最优解是相互靠近的。

事实 3 完成是依靠经验得出的,它意味着局部最优解可以提供一些全局最优解的信息。通过对局部最优解的邻域研究,可以找到更好的可行解,进而不断接近全局最优解。

我们用 $N_k(k=1,\cdots,k_{\max})$表示一个邻域结构的有限集合,其中 $N_k(x)$为 x 的 k 邻域的解集,在局部搜索算法中使用符号 $N'_k(k=1,\cdots,k'_{\max})$。对于可行解 $x'\in X$,在邻域 N_k 中,如果不存在可行解 $x\in N_k(x')\subseteq X$,使得 $f(x)<f(x')$,则称其为局部最优解。

在使用邻域变换方法求解问题时,邻域变换可分为如下三类。

(1) 确定性邻域变换。

(2) 随机性邻域变换。

(3) 确定性和随机性混合的邻域变换。

邻域变化的基本步骤:在 k 邻域 $N_k(x)$内,比较新解 $f(x')$与现有解 $f(x)$的值,若解有改进,则 k 恢复初始值 $k=1$ 且更新现有解 $x\leftarrow x'$;反之,考虑下一个邻域 $k\leftarrow k+1$。

7.1.1 变邻域深度搜索算法原理

邻域系统依据确定性的方法而改变，我们称之为变邻域深度搜索算法（variable neighborhood descent，VND）。大多数局部搜索在下降过程中有非常少的邻域（通常一个或两个，即 $k'_{\max} \leqslant 2$），注意到最终解应当是所有 $k'_{\max}$ 的局部最优解，因此使用 VND 要比单纯使用一个邻域结构更容易得到全局解。

变邻域深度搜索算法的基本步骤如下：

步骤 1：选定一个初始可行解 x^0；设定初始参数 $k'_{\max}$ 及邻域结构 $N'_k(k=1,\cdots,k'_{\max})$；记录当前最优解 $x^{\text{best}} \leftarrow x^0$；$k \leftarrow 1$。

步骤 2：当 $k=k'_{\max}$ 时，或满足其他停止运算准则时，输出计算结果，停止运算；否则，在 x^{best} 的 k_{step} 邻域 $N'_k(x^{\text{best}})$ 内进行局部搜索，得到 $N'_k(x^{\text{best}})$ 中的最好解 x^{now}；若 $f(x^{\text{now}}) < f(x^{\text{best}})$，则 $x^{\text{best}} \leftarrow x^{\text{now}}$，$k \leftarrow 1$，否则 $k \leftarrow k+1$；重复步骤 2。

和局部搜索算法一样，步骤 1 的初始可行解可用随机的方法选择，也可以用一些经验的方法或其他算法计算得到，步骤 2 中的其他停止准则取决于对算法的计算时间、计算结果的要求。因为随着 k 增大，$N'_k(x^{\text{best}})$ 的范围扩大，步骤 2 中的局部搜索一般会采用一步改进的方法。

变邻域深度搜索算法实质上就是通过扩大邻域的方法，搜索更大范围内的局部最优解，从而使局部最优解更加接近全局最优解。当搜索的范围覆盖整个可行域时，就能够得到全局最优解。这种算法因为搜索的范围和可行解数量比较大，所以需要的计算时间较多，并且在实际应用中不太可能实现。

7.1.2 简化变邻域搜索算法原理

若邻域选取依据随机方法而不是确定性的改变，我们称之为简化变邻域搜索算法（reduced VNS，RVNS）。在给定的各种停止条件下，例如所允许的最大 CPU 运行时间 $t_{\max}$、迭代的最大次数等，新解的值与现有解的值作比较，若有改进则更像现有解的值。为了简化算法描述，我们只使用停止条件 $t_{\max}$，因此，算法使用两个参数 $t_{\max}$ 和 $k_{\max}$。

简化变邻域搜索算法的基本步骤如下：

步骤 1：选定一个初始可行解 x^0；设定初始参数 $t_{\max}$、$k_{\max}$ 及邻域结构 $N_k(k=1,\cdots,k_{\max})$；记录当前最优解 $x^{\text{best}} \leftarrow x^0$；$k \leftarrow 1$。

步骤 2：当 $k=k'_{\max}$ 时，或运算时间达到所允许的最大 CPU 运行时间 $t_{\max}$，输出计算结果，停止运算；否则，在 x^{best} 的 k 邻域 $N_k(x^{\text{best}})$ 中随机选取可行解 x^{now}，即 $x^{\text{now}} \in N_k(x^{\text{best}})$；若 $f(x^{\text{now}}) < f(x^{\text{best}})$，则 $x^{\text{best}} \leftarrow x^{\text{now}}$，$k \leftarrow 1$，否则 $k \leftarrow k+1$；重复步骤 2。

简化变邻域搜索算法去掉了局部搜索的过程，在现有最优解的邻域内随机选取可行解，并通过邻域变换尽可能覆盖整个可行域。简化变邻域搜索算法运算的速度快，但是由于邻域内选取可行域的随机性和缺少局部搜索，会造成搜索精度不高的问题，最后得到的结果与全局最优解相差比较大。

7.1.3 基本变邻域搜索算法原理

基本变邻域搜索算法（basic VNS，BVNS）通过混合使用确定性和随机方法改变邻域系统。基本变邻域搜索算法的基本步骤如下：

步骤 1：选定一个初始可行解 x^0；设定初始参数 $k'_{\max}$、$t_{\max}$ 及邻域结构 $N'_k(k=1,\cdots,k'_{\max})$；记录当前最优解 $x^{\text{best}} \leftarrow x^0$；$k \leftarrow 1$。

步骤 2：当 $k=k'_{\max}$ 时，或满足其他停止运算准则时，输出计算结果，停止运算；否则，在 x^{best} 的 k 邻域 $N_k(x^{\text{best}})$ 中随机选取可行解 x'，在 x' 的 k 邻域 $N'_k(x')$ 内进行局部搜索，得到 $N'_k(x')$ 中的最好解 x^{now}；若 $f(x^{\text{now}})<f(x^{\text{best}})$，则 $x^{\text{best}} \leftarrow x^{\text{now}}$，$k \leftarrow 1$，否则 $k \leftarrow k+1$；重复步骤 2。

和局部搜索算法一样，步骤 1 的初始可行解可用随机的方法选择，也可以用一些经验的方法或其他算法计算得到，步骤 2 中的其他停止准则取决于对算法的计算时间、计算结果的要求。为了加快运算速度，步骤 2 中的局部搜索过程一般在 1-邻域内运行；当可行域范围比较大时，可以设定参数 k_{step}，在邻域变换过程中以步长 k_{step} 变化，即 $k \leftarrow k+k_{\text{step}}$。

基本变邻域搜索算法包括局部搜索、扰动和邻域变换三个过程。利用局部搜索寻找局部最优解，提高搜索精度；利用扰动过程跳出局部最优解的范围，寻找新的局部最优解，使得局部最优解向全局最优解靠拢；邻域变换提供了一种迭代方法和停止准则。

7.1.4　偏态变邻域搜索算法原理

偏态变邻域搜索算法(skewed VNS，SVNS)解决了搜索低谷远离现有解的问题。事实上，一旦在一个大范围中找到最优解，就需要一定的距离以便获得改进的解。一个随机的相隔比较远的邻域内获得的最优解可能与现有解的区别比较大，所以 VNS 在一定程度上可以退化为多起点的启发法。因此，需要从现有解补偿一定的距离，为达到此目的而提出的策略称为偏态变邻域搜索算法。偏态变邻域搜索算法的基本步骤如下：

步骤 1：选定一个初始可行解 x^0；设定初始参数 $k'_{\max}$、$t_{\max}$ 及邻域结构 $N'_k(k=1,\cdots,k'_{\max})$；记录当前最优解 $x^{\text{best}} \leftarrow x^0$；$k \leftarrow 1$。

步骤 2：当 $k=k'_{\max}$ 时，或满足其他停止运算准则时，输出计算结果，停止运算；否则，在 x^{best} 的 k 邻域 $N_k(x^{\text{best}})$ 中随机选取可行解 x'，在 x' 的 k 邻域 $N'_k(x')$ 内进行局部搜索，得到 $N'_k(x')$ 中的最好解 x^{now}；若 $f(x^{\text{now}})<f(x^{\text{best}})$，则 $x^{\text{best}} \leftarrow x^{\text{now}}$，$k \leftarrow 1$，否则 $k \leftarrow k+1$；重复步骤 2。

函数 $\rho(x,x')$ 用来度量现有解 x 与局部最优解 x' 之间的距离，参数 α 是为了在 $f(x')$ 大于 $f(x)$ 时(不能够过大，否则只剩下 x)，搜索远离 x 的低谷。为了避免重复搜索相差不大的解，当 $\rho(x,x')$ 较小时，参数 α 一般选取较大的值，$\alpha\rho(x,x')$ 值的选取一般是通过学习过程得到的。

7.1.5　变邻域分解搜索算法原理

基本变邻域搜索算法虽然能够较好地应用于组合优化和全局优化问题，但是在求解数据非常大的事例中是非常困难或者耗时的。因此，变邻域分解搜索算法(VN decomposition search，VNDS)是基于问题的分解把基本变邻域搜索算法扩展为两个级别的 VNS 方案，从而提高 VNS 的效率。

7.1.6　并行变邻域搜索算法原理

并行变邻域搜索算法(parallel VNS，PVNS)是另一种变邻域搜索算法的扩展，它可以有多种并行方法，其中常用的一种是在跳跃过程中，选取现有邻域内的多个点，通过这些点的局部搜索,选取最好的解替代现有解。

7.2　变邻域搜索算法的改进策略

大量重要的组合优化问题已被证明是 NP 完全问题,在 P 是否等于 NP 这一论断未能确定甚至很可能 P≠NP 的情况下(美国惠普实验室的数学家维奈·迪奥拉里卡最近发表的论文给出了 P≠NP 的答案),寻找近似的求解算法成为主要的甚至是唯一的可行办法。从当前已出现的各种算法看来,“近似”可从各方面进行,例如,搜索算法是近似地搜索整个空间,构造算法是近似地满足最优解应有的特征。

Hansen 和 Mladenović 列出了启发式算法的八个理想属性,即简易性、精确性、一致性、功效性、有效性、鲁棒性、人性化和创新性。

(1) 简易性。启发式算法应立足于简单明了的原则,可以广泛地被应用。

(2) 精确性。启发式算法的步骤应能够用精确的数学语言表达,而不依赖最初的物理或生物来源。

(3) 一致性。所有特定问题的步骤都应服从启发式算法的原则。

(4) 功效性。特定问题的启发式算法应可以得到所有或大多数实例的最优解或近似最优解。甚至在实际应用中,它们能够得到大多数已知解的问题的现有最优解。

(5) 有效性。特定问题的启发式算法应能够在适当的时间内得到最优解或近似最优解。

(6) 鲁棒性。启发式算法应在各种不同的实例中表现一致,即不仅仅适应一些特定的情况而对其他的不适用。

(7) 人性化。启发式算法应可以被明确表述,易懂且容易使用。或者说,它应含有较少的参数,甚至没有参数。

(8) 创新性。启发式算法的效果和效率最好能够引导新的应用类型。

除此之外,有专家又添加了三条特性,使其更加完整。

(9) 概括性。超启发法应能够在种类繁多的问题中得到最优解。

(10) 交互性。启发式算法应用允许它的使用者加入各自的知识,以便改进求解过程。

(11) 多样性。启发式算法应能够列出供使用者选择的解决最优解的几个可行解。

VNS 作为一种新颖且有前途的启发式算法,有着比其他启发式算法更好的计算时间和解的精确性。VNS 很大程度上拥有上面所述属性。使得变换邻域搜索成为有效算法的原因是:当在一种邻域下遇到局部最优时,可以通过改变邻域定义的方法来继续搜索过程,在搜索过程中当前解的目标函数值是不断改善的,而不必像模拟退火、禁忌搜索等方法需要暂时接受目标值较差的解来跳出局部最优。

随着对其研究的不断深入,改进的 VNS 版本将更加丰富,在组合优化问题和连续优化问题中的应用将更加广泛。如何改进 VNS,使其能够有更好的计算时间和得到更精确的近似解,解决相关优化问题,这些是现阶段需要解决的问题。

对于变邻域搜索算法,改进主要集中在如下几方面。

(1) 邻域的定义。对于固定的目标函数 $f(x)$,在不同的邻域定义下,邻域内的可行解的数量会不同,可行解的数量少可以加快局部搜索速度。同时,整个解空间中会存在数目不同的局部最优点。局部最优点越少,则找到的近似解的目标函数值就越可能接近最优值。现有文献中用到的邻域一般是根据实现的容易程度、计算的速度或者前人使用过等原因而采用的。

(2) 邻域内的搜索策略。邻域内搜索最常见的是采用穷举的策略，搜索整个邻域的可行解，选取最优的解。规模大的邻域采用部分搜索的策略，能够减少搜索成本。此外，可以加入其他策略，从而起到比较好的效果。

(3) 局部最优点的跳出策略。在一个邻域遇到局部最优时，很难确保找到另一个邻域使得当前的局部最优成为非局部最优。需要从局部最优点跳出，搜索更大范围的邻域，以便找更优的局部最优点，直到找到或接近全局最优点。

7.3　变邻域搜索算法的应用

变邻域搜索算法已经在诸多优化问题中崭露锋芒，下面将针对一些经典的优化问题进行论述分析。

7.3.1　变邻域搜索算法在组合优化问题中的应用

变邻域搜索算法作为一种新的元启发式算法，已初步成功地用于解决优化问题，尤其是对于大规模组合优化问题效果良好，其已经成功地应用到了旅行商问题、车辆路径问题等问题中。

1. 旅行商问题(TSP)

用 VNS 与 2-opt 算法可求解 n 从 100 到 1000 的旅行商问题，结果表明在解的质量上平均有 2.73%的改进，求解时间平均节省 22.09 秒，并将 2-opt 算法嵌入 VNS 的局部搜索步骤中，仿真结果显示算法要优于 VNS。采用 VNS、FI、RVNS 和 VNDS 可解决旅行商问题。基于 CROSS-exchange 和 iCROSS-exchange 两种操作，设计 8 个邻域的 VNS 算法，用于周期性旅行商问题。

2. 车辆路径问题(VRP)

引导式 VNS 算法可处理 32 个现有的大规模 VRP 问题，与 TS 等算法对比表明，在求解时效性方面明显优于 TS 算法。解决了达到 20 000 个城市数的 VRP 问题。针对周期性 VRP 问题设计的 VNS，初始解的构造采用节约算法，并构造了移动和十字交叉邻域，采用 3-opt 算子作为局部搜索策略，改进部分采用 SA 方法，与以往研究成果进行了对比显示了算法的有效性。

3. 调度问题

将 SA、TS 算法分别嵌入 VNS 算法中，可解决 $F2|d_j=d|Y_w$ 问题。高效省时的混合元启发式方法采用贪婪算法构造初始解，解的进化改进阶段采用 GA 算法，VNS 算法则用于改进个体，并用 benchmark 问题验证算法。

4. 其他领域

将色彩量化(压缩)问题看作 P-中位问题进行建模，可采用 VNS 算法求解。另外，VNS 算法在港口泊位分配、电缆布线等问题中都取得了较好的效果。组合优化问题中众多问题属于 NP-hard，因此 VNS 算法在组合优化问题中应用前景广阔。

7.3.2　变邻域搜索算法在连续优化问题中的应用

对于连续优化问题，尤其是非线性非凸的复杂的连续优化问题，VNS 算法是解决这类问题的有力途径之一。

有专家学者全面地将 VNS 用于连续优化问题，其针对无约束连续优化问题和有约束连续优化问题（外点罚函数法处理约束）设计了 VNS，与 GA 等算法进行实验对比，效果良好。还有研究提出影响算法性能的参数包括邻域大小和结构、随机过程的分布函数的选择、局部搜索算法设计，通过对测试函数测试，与 GA 等算法对比，效果良好。更有专家设计了 VNS 算法处理非线性非凸的连续优化问题，并将其应用到扩谱雷达设计中。

7.3.3 变邻域搜索算法在物流配送系统集成优化问题中的应用

“互联网＋流通”促使物流行业系统升级，一地多仓和异地多仓问题日益凸显，行业发展具有新模式和新特点，如京东、当当等为提升服务水平自建配送系统，既为消费者提供配送服务，又要满足售后退货的收取服务。物流系统优化问题亟待解决，以满足新时代的行业需求。

对于车辆路径经典问题的研究，随着时代发展具有新的特点；VRP 问题的研究成果日益显现，而对于 LRP 问题扩展成果还很鲜见；车辆位置路径问题往往采用启发式算法进行求解，对于智能算法的研究有待丰富。本案例在 LRP 问题基础上进行扩展，考虑取/送一体化的订单分配与物流配送集成优化问题（location routing problem with pickups and deliveries, LRP-PD）模型构建，并设计启发式算法进行求解。

1. 问题描述

LRP-PD 可以抽象为一个完全有向图 $G=\{N,E \mid N_w \in N, N_P \in N, N_d \in N; \{i \rightarrow j\}\}$，其中 N_w 表示已知库存容量的仓库节点，需求不确定的消费者分为两类节点，N_P 表示取货消费者节点，N_d 表示送货消费者节点；车辆节点为 $M=\{M_p, M_d\}$。集成配送系统中，每个车辆完成取货和送货服务之后，返回到相同的开放仓库。消费者在一个订单周期内仅分配一辆车提供服务，车辆完成服务后返回仓库。决策者对集成配送系统进行优化时，需选择开放哪些仓库，确定车辆的配送路径，以降低整个系统的运作成本。

一般情况下，消费者需求是不确定的，决策者为配送系统预先设计先验路线方案，以便选择最佳配送路线降低成本，而车辆容量是决定规划方案中路线数量的主要因素。消费者随机需求符合泊松分布的特征，因此将取货和送货的先验路线方案分别表示为两组时间序列：$\theta_n^p=\{\theta_0,\theta_1,\theta_2,\cdots,\theta_K,\cdots,\theta_n,\theta_0\}$ 和 $\theta_n^d=\{\theta_0,\theta_1,\theta_2,\cdots,\theta_K,\cdots,\theta_n,\theta_0\}$，其中 θ_k 表示组成配送路径节点的时间序列节点，车辆从初始开放仓库 $\theta_0=n$ 出发，最后返回起点仓库交车。为了简化问题，定义 v_α^p 和 v_α^d 为消费者随机需求变量产生的货物容量，参数 λ_p 和 λ_d 分别为取货和送货上限概率，即 $P(v_\alpha^p > V_m^p) \leqslant \lambda_p$ 和 $P(v_\alpha^d > V_m^d) \leqslant \lambda_d$。消费者取/送货物 β 的均值路径序列 $\{\mu_{\theta_1}^{p\beta}, \mu_{\theta_2}^{p\beta}, \cdots, \mu_{\theta_n}^{p\beta}\}$ 和 $\{\mu_{\theta_1}^{d\beta}, \mu_{\theta_2}^{d\beta}, \cdots, \mu_{\theta_n}^{d\beta}\}$，则 v_α^p 和 v_α^d 的均值分别为 $\sum_{i=1}^{m} \mu_{\theta_n}^p$ 和 $\sum_{i=1}^{m} \mu_{\theta_n}^d$。

2. 模型建立

系统优化的目标就是总成本最小化。本案例将集成系统的总成本模型分解为 3 个子问题进行构建：仓库开放成本、配送运输成本和容量损失成本。系统优化的数据结构表示如下：LRP-PD$=\{x_w, y_{iw}, z_{ij}^m \mid C\}$。随机需求到达后，系统根据消费者总需求情况进行订单分配，规划配送仓库完成订单交付，产生仓库运营成本 $\sum_{w \in N_w} C_w x_w$。而配送运输成本和容量损失成本之间存在交集，因此将容量损失过程分为车辆运输容量溢出和仓库容量溢出。

1）符号与参数

模型中所用参数变量和决策变量总结如表 7-1 所示。

表 7-1　符号说明

参数变量	决策变量
C_w：仓库 w 的开放成本	x_w：值为 1 表示仓库开放；否则为 0
V_w^p：从仓库 w 的取货容量	y_{iw}：值为 1 表示订单 i 分配到仓库 w；否则为 0
V_w^d：从仓库 w 的送货容量	z_{ij}^m：值为 1 表示车辆 m 配送路径 $i \to j$；否则为 0
C_s^p：取货固定成本	
C_s^d：送货固定成本	
C_{out}^w：仓库溢出成本	
C_{out}^m：车辆溢出成本	
V_m^p：车辆 m 的取货容量	
V_m^d：车辆 m 的送货容量	

2）配送运输成本

数据资源的丰富使得配送运输的决策过程更加具体和细化。配送路径的运输成本为运输车辆在所有配送路径的运作成本总和，即 $\sum\limits_{i \in N_m}\sum\limits_{j \in N_m}\sum\limits_{m \in M} C_{ij} z_{ij}^m$；取货固定成本 $C_s^p \sum\limits_{m \in M_p}\sum\limits_{w \in N_m}\sum\limits_{j \in M} z_{wj}^m$ 和送货固定成本 $C_s^d \sum\limits_{m \in M_p}\sum\limits_{w \in N_m}\sum\limits_{j \in M} z_{wj}^m$ 总和构成从仓库 w 出发到节点 j 的取/送货车辆固有成本。

由于消费者的需求是不确定的，当发货需求相对车辆固定容量溢出时，每辆车遍历消费者节点数就会受到取货上限概率的约束。在取货配送路径 θ_K 上，当容量溢出节点的数量小于或等于 1 时，单辆车的取货容量溢出成本为 $(C_{w\theta_K}^p + C_{\theta_K w}^p) g^p (v_{\alpha_{K-1}}^{p\beta} < V_m^p) g^p (v_{\alpha_K}^{p\beta} > V_m^p)$。其中 $C_{n\theta_K}^p$ 和 $C_{\theta_K n}^p$ 分别表示车辆在取货时发生容量溢出，车辆从仓库 n 到溢出点 θ_K 之间的往返成本。进一步，得到所有车辆整条取货路径上发生容量溢出的预期成本 $\sum\limits_{V_w}\sum\limits_{m}\sum\limits_{K=1}^{n} x_w z_{\theta_{K-1}\theta_K}^m (C_{w\theta_K}^p + C_{\theta_K w}^p) g^p (v_{\alpha_{n-K}}^{p\beta} < V_m^p) g^p (v_{\alpha_{K-1}}^{p\beta} < V_m^p) g^p (v_{\alpha_K}^{p\beta} > V_m^p)$；同理，可推导出配送系统送货过程的容量溢出成本。

3）仓库容量溢出成本

由于需求的不确定性，仓库发生容量溢出的情况可能存在，一旦这种情况发生，物流配送系统就会产生额外转运成本。货物 β 存入仓库每超出一单位容量记为 ρ，产生额外处理仓库存储过剩的单位成本 c_β。由此，得到仓库溢出成本：

$$\sum_{\beta}\sum_{\rho=1}^{\infty}\left[c_\beta \rho g^p\left(\sum_{w}\sum_{i} y_{iw} D_{i\beta} - V_m^p = \rho\right)\right] + \sum_{\beta}\sum_{\rho=1}^{\infty}\left[c_\beta \rho g^p\left(\sum_{w}\sum_{i} y_{iw} D_{i\beta} - V_m^d = \rho\right)\right]$$

其中，任何一类货物 β 对于仓库 w 存在一个超过仓库容量的概率，消费者需求是一个随机变量，同时每单位产生额外仓库容量溢出费 c_β。进而得到每批货物 β 的所有预期仓库容量溢出成本总额。

4）配送集成系统的非线性混合整数规划模型

综上，成本优化数学模型表示如下：

$$\begin{aligned}\min C = & \sum_{\omega \in N_w} C_w x_w + \sum_{i \in N_m}\sum_{j \in N_w}\sum_{m \in M} C_{ij} z_{ij}^m + C_s^p \sum_{m \in M_p}\sum_{w \in N_w}\sum_{j \in M} z_{wj}^m + \\ & C_s^d \sum_{m \in M_p}\sum_{w \in N_w}\sum_{j \in M} z_{wj}^m + \sum_{V_w}\sum_{m}\sum_{K=1}^{n} x_w z_{\theta_{K-1}\theta_K}^m (C_{w\theta_K}^p + C_{\theta_K w}^p) \\ & g^p (v_{\alpha_{K-1}}^{p\beta} < V_m^p) g^p (v_{\alpha_K}^{p\beta} > V_m^p) g^p (v_{\alpha_{n-K}}^{p\beta} < V_m^p) +\end{aligned}$$

$$\sum_{V_w}\sum_{m}\sum_{K=1}^{n} x_w z_{\theta_{K-1}\theta_K}^{m} \sum_{K=1}^{n}(C_{w\theta_K}^{d}+C_{\theta_K w}^{d}) g^{p}(v_{\alpha_{K-1}}^{d\beta}<V_m^d) g^{p}(v_{\alpha_K}^{p\beta}>V_m^d)$$

$$g^{p}(v_{\alpha_{n-K}}^{p\beta}<V_m^d)+\sum_{\beta}\sum_{\rho=1}^{\infty}\left[c_{\beta}\rho g^{p}\left(\sum_{w}\sum_{i} y_{iw} D_{i\beta}-V_m^p=\rho\right)\right]+ \tag{7-1}$$

$$\sum_{\beta}\sum_{\rho=1}^{\infty}\left[c_{\beta}\rho g^{p}\left(\sum_{w}\sum_{i} y_{iw} D_{i\beta}-V_m^d=\rho\right)\right]$$

s. t.

$$P(v_\alpha^p>V_m^p)\leqslant\lambda_p \tag{7-2}$$

$$P(v_\alpha^d>V_m^d)\leqslant\lambda_d \tag{7-3}$$

$$\sum_{m\in M_p}\sum_{i\in N_p\cup N_w} z_{ij}^m,\quad \forall j\in N_p \tag{7-4}$$

$$\sum_{m\in M_d}\sum_{i\in N_d\cup N_w} z_{ij}^m,\quad \forall j\in N_d \tag{7-5}$$

$$\sum_{j\in N_p,m\in M_p} z_{ij}^m=\sum_{j\in N_p,m\in M_p} z_{ji}^m,\quad \forall i\in N_p\cup N_w \tag{7-6}$$

$$\sum_{j\in N_d,m\in M_d} z_{ij}^m=\sum_{j\in N_d,m\in M_d} z_{ji}^m,\quad \forall i\in N_d\cup N_w \tag{7-7}$$

$$\sum_{j\in N_p}\sum_{w\in N_w,m\in M_p} z_{ji}^m\leqslant 1 \tag{7-8}$$

$$\sum_{j\in N_d}\sum_{w\in N_w,m\in M_d} z_{ji}^m\leqslant 1 \tag{7-9}$$

$$1+\sum_{i\in T}\sum_{j\in T} z_{ji}^m\leqslant|T|,\forall T\subseteq N_p,\quad \forall m\in M_p \tag{7-10}$$

$$1+\sum_{i\in T}\sum_{j\in T} z_{ji}^m\leqslant|T|,\forall T\subseteq N_d,\quad \forall m\in M_d \tag{7-11}$$

$$\sum_{i\in N_p} z_{ji}^m+\sum_{i\in N_p-\{j\}} z_{im}^m\leqslant y_{jw}+1,\quad \forall w\in N_w,\forall j\in N_p,\forall m\in M_p \tag{7-12}$$

$$\sum_{i\in N_d} z_{ji}^m+\sum_{i\in N_d-\{j\}} z_{im}^m\leqslant y_{jw}+1,\quad \forall w\in N_w,\forall j\in N_d,\forall m\in M_d \tag{7-13}$$

$$x_w=\begin{cases}0\\1\end{cases}\quad \forall w\in N_w \tag{7-14}$$

$$y_{iw}=\begin{cases}0\\1\end{cases}\quad \forall w\in N_w,\forall j\in N_p \tag{7-15}$$

$$z_{ij}^m=\begin{cases}0\\1\end{cases}\quad \forall i,j\in N,\forall m\in M \tag{7-16}$$

其中,式(7-1)是考虑取货和送货一体化的物流配送集成系统优化的目标函数,等式右边求和分量分别表示仓库运营成本、路径运输成本、车辆取货固定成本、车辆送货固定成本、取货车辆容量溢出成本、送货车辆容量溢出成本、取货造成的仓库容量溢出成本和送货造成的仓库容量溢出成本。

约束部分:由于每位消费者需求的不确定性,取货和送货车辆荷载的概率分别不超过车辆容量上限概率 λ_p 和 λ_d,得到式(7-2)和式(7-3)的车辆容量约束。式(7-4)和式(7-5)确保每位消费者都被规划一条配送路径,并且只有一个前端配送路径节点。式(7-6)～式(7-9)表示每条路径连续性的约束，保持起止仓库为同一仓库。式(7-10)和式(7-11)表示消除子回路。式(7-12)和式(7-13)表示路径上的仓库是开放的，可进行订单分配满足消费者需求。式(7-14)～式(7-16)表示决策变量为0-1变量。

综上所述，LRP-PD是LAP和VRP的组合变体，二者均为NP-hard问题，因此LRP-PD也是一个NP-hard问题。然而，由于其涉及FLP、VRP、不确定需求和取/送货路线的物流配送系统集成问题，使得LRP-PD更为复杂。本案例针对这一问题，提出一种近似求解的启发式算法。

3. 算法过程设计

以辽宁宅急送在一个订单周期内15个配送仓库构成的取/送一体化物流配送系统为研究案例，优化流程如图7-1所示。将LRP-PD分解成3个子问题：仓库分配问题、订单分配问题和车辆路径分配问题。仓库开放后，分配消费者订单，确定车辆配送路径。下面介绍各个子问题的解决方案。

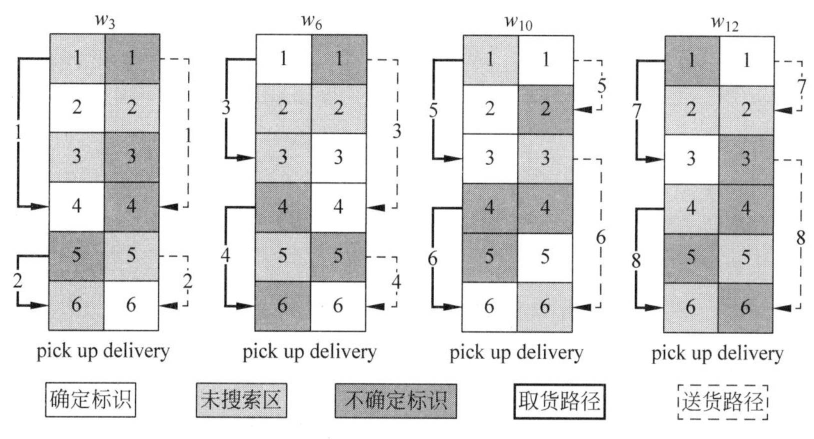

图7-1 取/送一体化物流配送系统集成优化过程

1）仓库分配

首先需要确定开放仓库的数量。对于传统的LRP问题，根据消费者总需求可估算出开放仓库的数量，而本案例研究的是消费者需求不确定情形。一般情况下，总取/送货容量超出配送系统容量上限时，额外增加仓库容量溢出成本，因此有必要分配更多的仓库。另一方面，仓库和车辆未被利用的容量增加了机会损失成本，开放仓库的数量越少则成本越低。为解决这个问题，引入参数$\gamma_{p\beta}$和$\gamma_{d\beta}$分别表示取/送货物β时系统分配的仓库数量；$\xi_{p\beta}$和$\xi_{d\beta}$表示所有需要取/送货物β的随机需求。配送系统分配的开放仓库数量$K_{p\beta}$和$K_{d\beta}$的取值范围受到仓库容量上限概率常量λ_w及仓库平均容量V_w的限制，即对货物β的最低配送量$P(\xi_{p\beta}>V_w g\gamma_{p\beta})\leqslant\lambda_w$和$P(\xi_{d\beta}>V_w g\gamma_{d\beta})\leqslant\lambda_w$。配送货物的数量按容量大小分类记为$\eta$，记配送系统开放仓库$K=\max\{K_{P1},K_{d1},K_{P2},K_{d2},\cdots,K_{P\eta},K_{d\eta}\}$是最优解集中的最大值，开放仓库的数量在$K$值附近。

为标记出初始分配的开放仓库位置，本案例以泰森多边形对区域内消费者进行覆盖。形成消费者种群的初始分区，距离泰森多边形中心最近仓库选为初始开放仓库，即确定初始开放仓库的数量，同时，开放仓库的数量满足最低配送量约束。种群中心函数$f(\phi_1,\phi_2,\cdots,\phi_L)$表示确定开放仓库的集合，$\phi_1,\phi_2,\cdots,\phi_L\in N_w$表示消费者种群，$L$表示集合中种群的数量。函数$f$的值等于任意两个仓库之间的距离总和，且最大值表示开放仓库空间范围最广的分配，即$f(\phi_1,\phi_2,\cdots,\phi_L)=\sum_{u=1}^{L}\sum_{v=1}^{L}\phi_u\phi_v,\forall u\neq v$。

在图 7-1(a)中,初始种群集合(w_1,w_3,w_6,w_{10})为开放仓库的初始解,确定开放的仓库数量及初始值。如果 w_3 被 w_8 代替,开放仓库更新分配为(w_1,w_8,w_6,w_{10})。为了搜索到更好的开放仓库组合,确定仓库替换算子为两个仓库之间位置距离相等的仓库。替换算子可以替代产生得到两个分组。例如,图 7-1(a)中的仓库 w_9 位于与 w_3 和 w_{10} 等距点,所以它可以代替这两组,即(w_1,w_9,w_6,w_{10})和(w_1,w_3,w_6,w_9)是解决方案过程中开放仓库组合的一个有效组合。

2)订单分配

一般情况,开放的仓库可以为与其距离相对最近的客户提供较好的服务,运输成本相对较低。消费者收货过程需得到一个开放仓库提供的服务,LRP-PD 可视为一个集合覆盖问题。

初始分配能够把客户分成 s 组,而容量和运输路径的约束会使订单分配情况改变。因此,依据模型特点设计更新方法如下:消费者被分为两个集群,即靠近仓库集和远离仓库集。如果一个消费者到一个仓库的距离小于 r,则分配和初始分配保持不变,被称为分配确定;否则,消费者被标记为分配不确定,这意味着它的分配是可以改变的。图 7-1(b)说明了分配确定和分配不确定组的边界。因此,当搜索半径越小时,更多的分配不确定的消费者出现,这会使自由度和解域更大。更新算子通过调整订单分配,使模型满足仓库容量约束,相对扩大搜索解域的范围。

3)车辆路径分配

由于车辆订单交付地点具有散乱性,本案例改进变邻域搜索(variable neighborhood search,VNS)算法以解决 VRP,改进邻域搜索规则使得搜索过程尽可能高效地靠近解域。

图 7-1(c)显示了标记为 w_3、w_6、w_{10} 和 w_{12} 的 4 个开放仓库的拟解决方案。每个仓库标记两列标识:左列为需取货消费者,右列为需送货消费者。数字标记车辆的配送服务顺序,进而形成配送路径。根据车辆的容量约束,如前文所述,订单分配确定消费者集合是不变的;不确定消费者可以被任何仓库提供服务。因此,本案例构建了一个初始的解决方案,通过在分配仓库的数字序列中插入分配确定消费者来表示;同时随机插入分配不确定消费者到任意的序列中。

引入短期记忆数据结构实现邻域搜索半径 r 的控制,避免指针搜索移动到一个循环周期内已经访问过的解决方案。同时,设计一个中长期记忆的数据结构,即一个线性链表,为实现搜索空间更靠近最优可行领域,标记不可行邻域,提高效率。在解邻域搜索中,本案例的改进算法引入交换和移动算子:交换算子,即在同一个操作(取货/送货)下,两个消费者节点的交换,一个分配确定的消费者不能与属于不同仓库的消费者交换,只有分配不确定消费者可以在不同的仓库之间进行交换;移动算子,即一个消费者订单从当前位置转移到另一个位置,只有分配到不确定消费者的订单才允许移动到当前序列外的位置,分配确定消费者的订单只能在当前序列中移动。

图 7-2 描述集成系统优化的邻域搜索算法实现流程。由配送量下界确定初始开放仓库的数量,进而确定初始解决方案,即搜索的起始集。通过交换算子和移动算子扩大搜索域是对解决方案的放松,因此仓库的数量可能被放大。在流程图中,为了获得开放仓库的最佳数量,求解过程被执行 $K-1$ 次,直到无可行的解决方案。

4. 实验结果

实验平台为 MATLAB 7.0。随机抽取 100 个消费者订单样本,成本参数范围为 C_w:$U[2000,8000]$,$w\in[1,15]$,$C_s^p\sim U[200,500]$,$C_s^d\sim U[200,500]$,$C_{\text{out}}^w\sim U[0,5000]$,$C_{\text{out}}^m\sim U[0,500]$;容量范围为 $V_w^p\sim U[10t,30t]$,$V_w^d\sim U[20t,50t]$,$V_m^p\sim U[0,5t]$,$V_m^d\sim U[0,5t]$。

由于各子仓库分布在省内各地,仓库开放成本受当地经济因素影响呈现均匀分布,具有梯度变化,如表 7-2 所示。

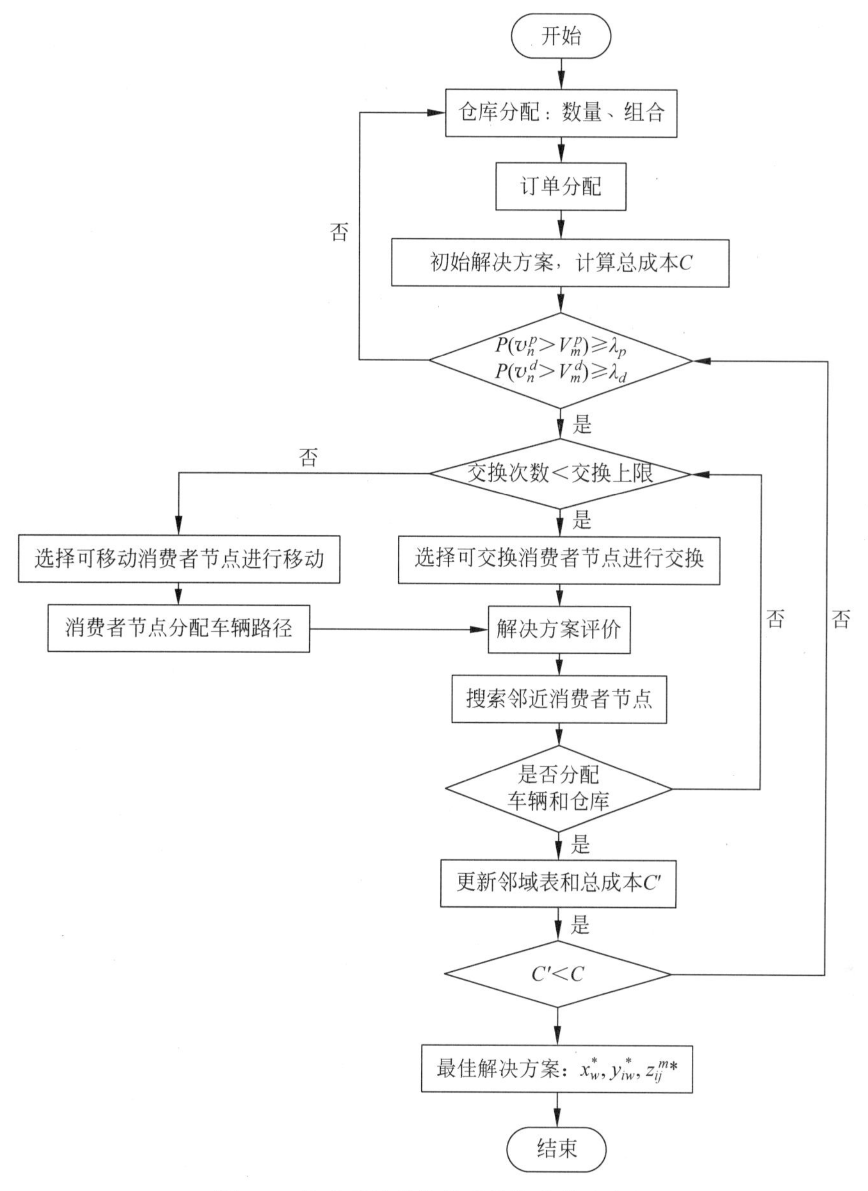

图 7-2　集成系统优化的邻域搜索算法流程

表 7-2　消费者规模与仓库开放成本变化梯度表

消费者规模	*w*				
	3 7～8	12～14	1～2 4～6	11 15	9～10
10	2000	4500	3000	3000	2500
20	2000	4500	3000	3000	2500
30	2000	4500	3000	3500	3000
40	2000	6000	3000	3500	3000
50	4000	6000	3000	5500	5000
60	4000	6000	5000	5500	5000
70	4000	6000	5000	5500	5000
80	4000	6000	5000	6000	6500
90	4000	8000	7500	6000	6500
100	6000	8000	7500	7000	7000

配送车辆按照载重与耗油量特征，分为大型车、中型车和小型车。为更好满足消费者订单需求，充分利用已有数据资源，提高配送系统集成优化程度，依据订单样本密集程度选择车辆类型。路径优化结果如图 7-3 所示。

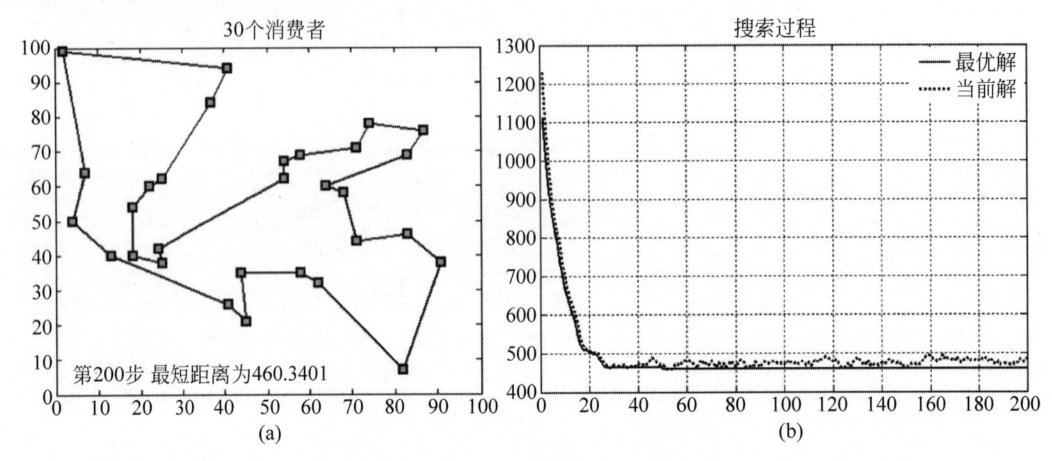

图 7-3 订单样本配送路径优化结果

由图 7-3(a)可见，经过有限次的迭代，变邻域搜索得到最优的订单分配路线。图 7-3(b)显示了当前最优解值靠近最优解。

将样本集进行 4 种情形优化效果对比，如表 7-3 所示，以测试本案例改进的变邻域搜索算法。对比样本集合在没有考虑集成优化、单一仓库分配成本优化、仓库—订单分配集成及仓库—订单—路径集成情况下，运作总成本、误差率和运行时间的差异随着模型复杂度增加、运算时间增加及总成本降低程度明显。

表 7-3 算法测试情形设计

	情形 1	情形 2	情形 3	情形 4
仓库分配	×	√	√	√
订单分配	×	×	√	√
路径分配	×	×	×	√

5. 案例总结

本案例考虑了物流配送系统从订单接收到订单交付的整个运营过程，构建了随机需求下物流系统成本优化模型。为优化系统的总成本，模型从仓库开放过程、运输过程和容量损失过程 3 个运作阶段进行成本核算，并对各子阶段的运营成本进一步细化建模。

配送集成系统优化模型的求解过程分成如下步骤。

步骤 1：仓库分配。确定集成系统分配仓库的数量。

步骤 2：订单分配。确定消费者订单配送的范围。

步骤 3：车辆路径分配。

控制搜索半径，对消费者节点进行变邻域扩充。数值案例的实验结果表明，通过有限次的迭代计算，系统总成本优化显著，节省成本约占未优化成本的 13%，充分证明了本案例优化模型的可行性和算法的有效性。

在模型构建与求解中得到经济管理学启示如下：

(1) 在数据资源日益丰富的环境下，企业对自建物流体系的优化决策过程应充分利用互联网和智能技术降低运营成本，进而提升物流行业的流通效率。

(2) 对复杂物流系统的优化过程，采用适当的研究手段进行问题分解与集成，能够为决策者提供更精确的计算结果和更有价值的决策参考。

(3) 车辆和仓库的容量动态影响配送系统成本优化,因此在实践中挖掘有效的问题影响因素可以提升模型的优化效果。

7.3.4　变邻域搜索算法在开放式带时间窗车辆路径问题中的应用

近年来,随着 O2O(Online to Offline)平台的快速发展,物流配送需求大幅度增长,人们的消费模式从线下向线上转变。相比线下而言,线上平台面临更多挑战,如配送时效性与准确性、配送成本等。以美团外卖为例,在消费者下单、商家接单和骑手配送的几大环节中,骑手配送是关键,面临最大的挑战便是车辆调度问题。与传统车辆路径问题(vehicle routing problem,VRP)不同,骑手配送环节往往由第三方平台负责,配送结束后车辆不必返回商家,这属于开放式车辆路径问题。此外,顾客往往对接受配送有最早和最晚时间的要求。该车辆路径具有受时间窗约束的特征,这类问题属于学术界研究的开放式带时间窗车辆路径问题(open vehicle routing problem with time windows,OVRPTW)。

本案例针对 OVRPTW,在建立数学模型的基础上,借鉴前人的贪婪插入法生成初始解,设计 VNS 算法对其进行求解。算法框架中融入路径重连和邻域搜索算子,并将邻域搜索嵌套在 VNS 算法的抖动过程中。求解两组算例,验证了 VNS 算法的有效性。

1. 问题描述

OVRPTW 是经典 VRPTW 的一个扩展问题,可考虑为配送中心安排车辆将物品配送给一系列顾客,每辆车完成自己所负责配送的最后一位顾客后,服务结束,无须返回配送中心。其中,车辆有容量限制,在配送过程中不得超载;顾客在地理位置上是分散的,且各自有不同的需求量及接受配送服务的时间窗。OVRPTW 的目标是构建一组满足所有顾客点需求的总行驶成本最小的配送路径。

2. 模型建立

OVRPTW 可用有向图 $D=(V,A)$来表示,其中 V 表示点集,A 表示边集。点集 $V=V_c\cup\{0\}$,其中 V_c 表示顾客点集,0 表示配送中心。边集 $A=A_c\cup E(0)$,其中 $A_c=\{(i,j)|i,j\in V_c,i\neq j\}$表示顾客点 i 到顾客点 j 的边集,$E(0)$表示离开配送中心的边。给定点子集 $G\subseteq V_c$,$\delta(G)$表示到达 G 的边,$E(G)$表示离开 G 的边。$d(G)$表示 G 中所有顾客的需求量之和,Q 表示车辆容量。车辆集合为 $K=\{1,2,\cdots,k\}$。

OVRPTW 的解记为 $R=\{r_1,r_2,\cdots,r_k\}$,其中 $r_k=(0,v_{k1},\cdots,v_{kj})$,$v_{kj}\in V_c$。路径 r_k 上所有顾客的需求量之和记为 $d(r_k)$,车辆行驶成本记为 $c(r_k)$,路径 r_k 上顾客 v_{kj} 的实际开始服务时间记为 $ss_{v_{kj}}$,服务时间记为 $s_{v_{kj}}$,车辆从点 i 到点 j 的行驶时间记为 t_{ij},节点 i 的开始服务时间时间窗为$[a_i,b_i]$,其中 $a_0=0$。若路径 r_k 上任意顾客 v_{kj} 都满足 $a_{v_{kj}}\leqslant ss_{v_{kj}}\leqslant b_{v_{kj}}$ 且 $d(r_k)\leqslant Q$,则路径 r_k 为可行路径。若任意 $r_k\in R$ 均为可行路径,则 R 为 OVRPTW 的一个可行解,$X(\cdot)$表示"·"中边的数量。由此,可构建 OVRPTW 的模型。

目标函数:

$$Z=\min\sum_{r_k\in R}c(r_k) \tag{7-17}$$

s. t.

$$X(\delta(i))=1,\quad \forall i\in V_c \tag{7-18}$$

$$X(E(i))=1,\quad \forall i\in V,i\neq v_{k(|r_k|-1)},\forall k\in K \tag{7-19}$$

$$X(E(i))=0,\quad \forall i=v_{k(|r_k|-1)},\forall k\in K \tag{7-20}$$

$$X(E(g)) \leqslant |G|-1, \quad G \subseteq V_c, |G| \geqslant 2 \tag{7-21}$$

$$ss_{v_{kj}} = \max\{ss_{v_{k(j-1)}} + s_{v_{k(j-1)}} + t_{v_{k(j-1)}v_{kj}}, a_{v_{kj}}\}, \quad \forall j \in V_c, \forall k \in K \tag{7-22}$$

$$a_{v_{kj}} \leqslant ss_{v_{kj}} \leqslant b_{v_{kj}}, \forall j \in V_c, \forall k \in K \tag{7-23}$$

$$d(r_k) \leqslant Q, \quad \forall k \in K \tag{7-24}$$

式(7-17)表示车辆总行驶成本最小。式(7-18)表示有且仅有一辆车到达顾客点为其提供服务。式(7-19)表示车辆到达任意路径 r_k 上除最后一个顾客点外，必须离开。式(7-18)和式(7-19)保证了路径的连续性。式(7-20)表示任意路径 r_k 上车辆服务完最后一个顾客即结束。式(7-21)用于消除子回路径。式(7-22)和式(7-23)表示任意路径上任意顾客 v_{kj} 的实际开始服务时间必须在其时间窗内。式(7-24)表示车辆容量约束，即任意路径 r_k 上顾客需求量之和不得超过车辆容量。

OVRPTW 中，车辆不需要像 VRPTW 那样返回配送中心。从图论角度看，求解 VRPTW 是要找到一组哈密顿回路(如图 7-4 所示)，而求解 OVRPTW 是要找到一组哈密顿路径(如图 7-5 所示)。部分学者认为哈密顿路径问题是 NP-hard 问题，因为它可以转换成等价的哈密顿回路问题。因此，OVRPTW 也是 NP-hard 问题。考虑到变邻域搜索算法的优越性以及该算法在车辆路径问题方面的成功应用，在此基础上运用变邻域搜索算法对 OVRPTW 进行求解。

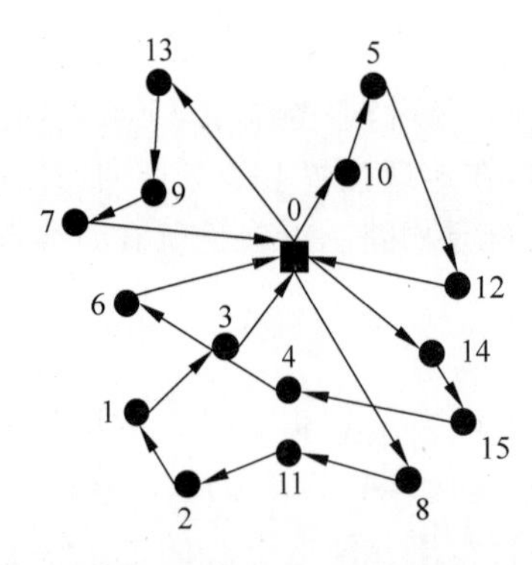

图 7-4　VRPTW 解的示意

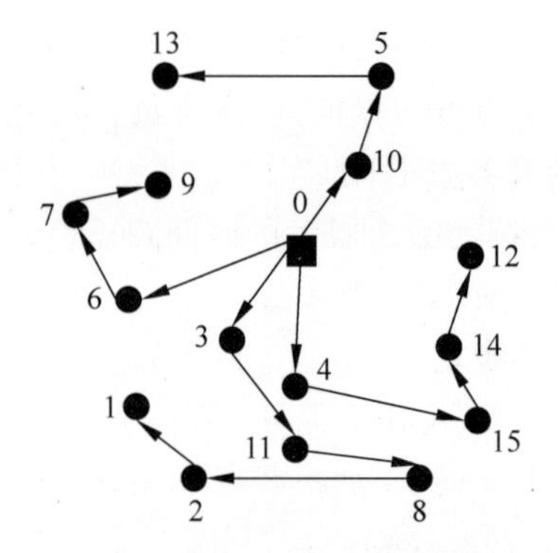

图 7-5　OVRPTW 解的示意

3. 算法设计

VNS 算法的基本思想是通过系统改变邻域，从一个解跳到另一个解，不断改善现有解，以得到更好的解。与禁忌搜索、模拟退火等传统的元启发式算法相比，VNS 算法不但结构简单，容易实现，而且与求解问题无关，适用于各种优化问题。为提高求解效果，本案例在基本 VNS 算法的框架下，在其抖动阶段，采用当前解向个体历史最优解和种群历史最优解靠近的路径重连来实现；在其邻域搜索阶段，采用路径内和路径间的交换、插入、2-opt 算子来实现，并将邻域搜索嵌套在抖动过程中。

抖动算子记为 SN_k，$k=1,2$，其中 SN_1 指当前解向个体最优解靠近的路径重连，SN_2 指当前解向种群最优解靠近的路径重连；邻域搜索记为 LN_l，$l=1,2,3$，其中 LN_1 指交换算子，LN_2 指插入算子，LN_3 指 2-opt 算子。求解 OVRPTW 的 VNS 算法伪代码如下：

```
Generate the initial solution x
Definition: a set of neighborhood structures SN_k for l = 1,2 for shaking
a set of neighborhood structures LN_l for l = 1,2,3 for local search
while(stopping criterion is not met)do
k = 1
```

```
l = 1
while k £ 2 do // shaking
x´ ¬ SN_k(x)
        while l £ 3 do // neighborhood search
x˝ ¬ LN_l(x´)
            If Z(x˝)<Z(x´) then
x´ ¬ x˝
            else
l = l + 1
            End if
        End while
        If Z(x´)<Z(x) then
x ¬ x´
        Else
k = k + 1
        End if
End while
End while
Output x
```

1）解的表示

OVRPTW 的路径集合 $R=\{r_1,r_2,\cdots,r_k\}$，其中路径 r_k 表示车辆 k 服务的顾客点及其服务顺序，$r_k=(0,v_{k1},v_{k2},\cdots)$。为保证每辆车从配送中心出发，服务完最后一个顾客后不再返回，每条路径第一个元素均为 0，其余元素为非 0。每个非 0 数字对应一个顾客，数字不重复。所有路径的集合构成一个解，如路径 $r_1=(0,1,3)$，$r_2=(0,2,5,6)$，$r_3=(0,4)$表示由 3 辆车服务 6 个顾客点的一个解，解的表示如图 7-6 所示。

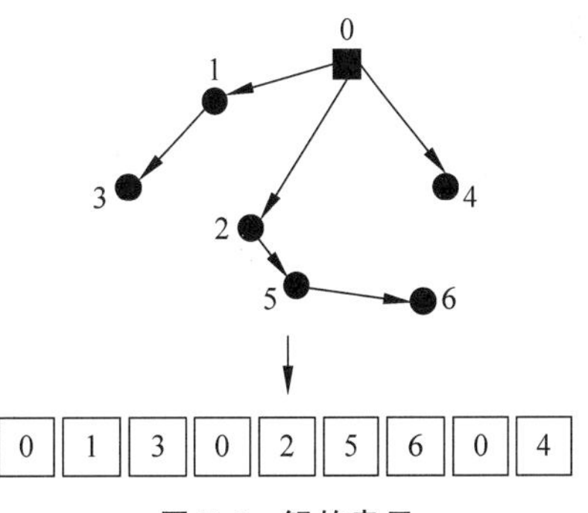

图 7-6　解的表示

图 7-6 中，车辆 1 从配送中心出发，依次服务顾客 1 和 3；车辆 2 从配送中心出发，依次服务顾客 2、5 和 6；车辆 3 从配送中心出发，服务顾客 4。这个解可表示为{0,1,3,0,2,5,6,0,4}。该种表示具有如下优点：①每条路径可以表示车辆提供服务的顾客点及其服务的先后顺序；②每个顾客点的服务时间可以根据式(7-22)计算得到，然后根据式(7-23)判断是否满足时间窗约束；③可以很方便地计算整条路径上所有顾客的需求总量，从而根据式(7-24)判断是否超过车辆容量。

2）初始解的生成

初始解的生成采用贪婪插入法，将顾客点依次插入最优插入位置，形成一条条行驶路径，直到完成所有顾客点的插入，即生成初始解。

最优插入位置定义如下：给定路径 $r_k=(0,v_{k1},v_{k2},\cdots)$，在 v_{k1} 之前和 v_{kj} 之后共有 $|r_k|$ 个插入候选位置。如果插入后新路径增加的车辆行驶成本最小，则该位置称为最优插入位置。生成初始解的步骤如下：

步骤 1：随机选择一个不在任意一条路径上的顾客点，将其与配送中心相连接。

步骤 2：以该顾客点和配送中心的连线为轴，围绕配送中心顺时针进行扫描，以时间窗和车辆容量为约束条件，将满足条件的顾客点按照贪婪插入的方法插入最优插入位置，循环该步骤，直到不满足约束为止，便形成一条车辆行驶路径。

步骤 3：若系统中存在不在任意一条路径上的顾客点，则转步骤 1。

步骤 4：若系统中所有顾客均在某条路径上，则形成一系列行驶路径，得到初始解。

步骤 5：算法结束。

3）抖动

抖动是变邻域搜索的关键阶段，它能够改变解的搜索方向，实现搜索空间多样化，避免陷入局部最优。本案例算法中的抖动阶段采用路径重连实现当前解到另一个解的转换。

可行的路径重连定义如下：通过在当前解与导向解之间建立联系来生成新解，若生成的新解可行，则该操作称为可行的路径重连。本案例分别以个体历史最优解和种群历史最优解作为导向解进行路径重连。抖动的步骤如下：

步骤 1：选择导向解中某条路径 r_k。

步骤 2：将路径 r_k 包含的顾客点从当前解中删除。

步骤 3：当前解中，将有顾客点被删除的路径中剩下的顾客点，在满足式(7-23)和式(7-24)有关时间窗和车辆容量约束条件下，添加到没有删除顾客点的其他路径上。

步骤 4：将路径 r_k 直接加入当前解中，便得到了一个新解。

步骤 5：算法结束。

假定随机选择导向解中的一条路径为(0,2,4)。当前解中含有顾客点 2 和顾客点 4 的路径分别为 r_1 和 r_2。首先分别从 r_1 和 r_2 中删除顾客点 2 和顾客点 4；r_1 和 r_2 中剩余顾客点，在满足时间窗和车辆容量约束条件下，依次添加到没有删除顾客点的其他路径上；不满足上述约束的顾客点，则保留在原路径上。将导向解中路径(0,2,4)加入当前解中，由此生成新解。

4）邻域搜索

邻域搜索采用交换、插入和 2-opt 三种算子。三种算子同时考虑选择的顾客点或边在同一路径和不同路径 2 种情况。

可行交换定义如下：基于可行解中同一条路径，交换 2 个顾客点产生新路径。若交换后，新路径上交换位之后的顾客点满足式(7-23)顾客时间窗约束，则该交换为可行交换。基于可行解中不同路径，交换 2 个顾客点产生两条新路径。若形成的新路径均满足式(7-23)顾客时间窗约束和式(7-24)车辆容量约束，则该交换为可行交换。交换步骤如下：

步骤 1：在路径集中随机选择 2 个顾客点。

步骤 2：若 2 个顾客点来自同一条路径，该路径记为 $r_k=(0,v_{k1},\cdots,v_{kl},\cdots,v_{kn},\cdots)$，2 个顾客点记为 v_{kl} 和 v_{kn}，若交换这 2 个顾客点是可行交换，则交换后得到新的路径 $r'_k=(0,v_{k1},\cdots,v_{kn},\cdots,v_{kl},\cdots)$。

步骤 3：若 2 个顾客点来自不同路径，分别记为 $r_k=(0,v_{k1},\cdots,v_{kl},\cdots)$ 和 $r_{k'}=(0,v_{k'1},\cdots,v_{k'n},\cdots)$，2 个顾客点分别记为 v_{kl} 和 $v_{k'n}$，若交换这 2 个顾客点是可行交换，则交换后得到新的路径 $r'_{k'}=(0,v_{k1},\cdots,v_{k'n},\cdots)$ 和 $r'_{k'}=(0,v_{k'1},\cdots,v_{kl},\cdots)$。

步骤 4：算法结束。

可行插入定义如下：在路径中随机选择一个顾客，若将该顾客点从当前位置删除，然后插入同一路径或不同路径中，形成新的路径依然是可行路径，则这个插入操作被称为可行插入。插入步骤如下：

步骤 1：从路径 $r_k=(0,v_{k1},\cdots,v_{kl},\cdots,v_{kn},\cdots)$ 中随机选择一个顾客(记为 v_{kl})并将其从 r_k 中删除。

步骤 2：将 v_{kl} 插入 r_k 中执行可行插入，得到新的路径 r'_k，转步骤 4。

步骤 3：随机选择另一个路径 $r_{k'}$，将 v_{kl} 插入 $r_{k'}$ 中执行可行插入，从而得到两条新的路

径 r'_k 和 $r'_{k'}$。

步骤 4：算法结束。

可行 2-opt 定义如下：在同一路径 r_k 或不同路径 r_k 和 $r_{k'}$ 中，将两条不相邻的边断开重新连接，若形成路径是可行路径，则称该 2-opt 操作为可行 2-opt。2-opt 步骤如下：

步骤 1：在路径集中随机选择两条不相邻的边，将其断开。

步骤 2：若断开的两条边位于同一条路径（记为 r_k）上，将被断开的路径段反转后重新连接（如图 7-7 所示），若该操作为可行 2-opt，则得到新的路径 r'_k，转步骤 5。

步骤 3：若断开的两条边位于不同路径上，分别记为 r_k 和 $r_{k'}$。

步骤 4：分别选择两条路径上的一条边断开，将两条路径重新连接（如图 7-8 所示），若该操作为可行 2-opt，则得到两条新的路径 r'_k 和 $r'_{k'}$。

步骤 5：算法结束。

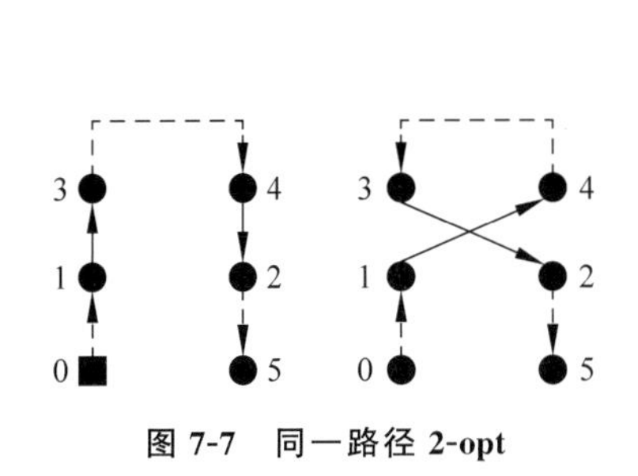

图 7-7　同一路径 2-opt

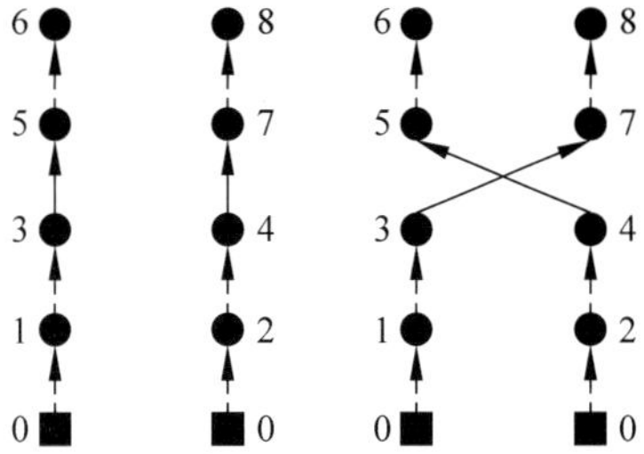

图 7-8　不同路径 2-opt

由图 7-7 可知，当断开同一条路径上不相连的两条边(1,3)和(4,2)后，将被断开的路径段(3,4)反转，得到新的路径(0,1,4,3,2,5)。

由图 7-8 可知，当断开两条路径上两条边(3,5)和(4,7)后，将被断开的两个路径段进行交叉连接，得到新的路径(0,1,3,7,8)和(0,2,4,5,6)。

需要注意的是，邻域搜索时，由于顾客点位置发生变化，需要判断路径是否可行。由于在同一路径上执行 3 种操作算子时，该路径包含的顾客点没有发生变化，必定满足车辆容量的约束，只需考虑是否满足时间窗。而在不同路径上执行 3 种操作算子时，每条路径上包含的顾客点发生变化，此时除了考虑是否满足时间窗的约束以外，还要考虑是否满足车辆容量的约束。

5) 算法复杂度分析

VNS 算法时间复杂度分析如下：对于最大迭代次数为 $T_{\max}$、问题规模为 I 的 OVRPTW，生成初始解解的时间复杂度为 $O(1)$；每个解的操作中，顾客移动、顾客交换、2-opt 和路径重连的时间复杂度均为 $O(I^2)$；是否接受新解的时间复杂度为 $O(1)$；每一代的时间复杂度为 $a\times O(I^2)+b\times O(1)$，其中 a、b 为正整数；$T_{\max}$ 代的时间复杂度为 $T_{\max}\times(a\times O(I^2)+b\times O(1))$。因此，整个算法的时间复杂度为 $O(1)+T_{\max}\times(a\times O(I^2)+b\times O(1))$。可见，所提算法的时间复杂度与算法迭代次数和问题规模有关。

6) 算法证明

引理 1：最优解存在性。OVRPTW 存在最优解 x^*。

证明过程如下：OVRPTW 为线性规划问题，属于凸优化问题，因此存在最优解 x^*。证毕。

定理 1：邻域存在性。模型存在最优解，因此在可行解集 F 内，给定一个解 $x(x\neq x^*)$，则至少存在一个邻域结构 N，满足 $N=|x\rightarrow x^*|$，并称解 x^* 在解 x 的邻域结构 N 内，即解 x 与最优解 x^* 之间至少存在一个广义距离，广义距离可以是欧式距离、汉明距离或者 k-opt 算

子等。

反证法证明过程如下：若模型对于任意给定可行解 $x(x\in F)$，不存在一个邻域结构 $N=|x\to x^*|$，即解 x^* 不在可行解集 F 中，则解 x^* 不是模型的最优解，与已知矛盾。证毕。

定理 2：局部最优解可穷性。模型为组合优化问题且存在最优解 x^*，任意给定一个可行解 x，则在解 x 的邻域结构 $N(x)$ 范围内可以找到所有局部最优解。证明因为模型为组合优化问题，则 $N(x)$ 邻域内解空间有限，所以可以通过枚举算法获得所有局部最优解，即局部最优解是可穷的。证毕。

引理 2：路径可行性。使用 VNS 算法得到的开放式带时间窗的车辆路径是可行的。

证明过程如下：可行解集 F 中所有解 x 均满足定义的式(7-18)～式(7-24)，变邻域也是在可行解集 F 内寻找不同的邻域结构 N_g，从而寻找局部最优解 x_g，即 $x_g\in F$，因此局部最优解 x_g 满足定义的式(7-18)～式(7-24)，局部最优解中的路径也满足模型条件约束。证毕。

基于以上定理和引理，证明使用 VNS 算法求解 OVRPTW 具有可行性。

4. 实验结果

下面采用一组算例集测试本案例 VNS 算法求解 OVRPTW 的性能。

算法采用 Microsoft Visual Studio 2017 编程，在 Intel(R) Core(TM) i7-8750H CPU@2.20 GHz 环境下运行。本案例参数设置如下：种群规模为 $N=50$，最大迭代次数 $T_{\max}=1000$，随机运行 10 次。

采用经典的 Solomon Benchmark 标准测试算例集，共包括 R1、C1、RC1、R2、C2、RC2 六类。每类算例均是在 100×100 的单位区域内生成了 1 个配送中心和 100 个顾客点，其中 R 类、C 类和 RC 类客户的地理位置分别由随机分布、聚类分布以及混合随机聚类分布生成；R1、C1、RC1 类算例的时间窗窄，而 R2、C2、RC2 类算例的时间窗宽，因此在每条路径上能服务更多的客户。Solomon Benchmark 的算例，原本是 VRPTW 的算例。本案例采用该算例的基本数据，车辆服务完最后一个顾客即结束，不用返回配送中心。

1) 解比较

通过将 VNS 算法与求解 OVRPTW 的当前已知最好解(best known solutions，BKS)的求解结果进行比较，分析本案例 VNS 算法的求解性能，如表 7-4 所示。

表 7-4 Solomon 中六类数据集的详细结果

算例	BKS	VNS		算例	BKS	VNS	
	TD	TD	GAP/%		TD	TD	GAP/%
R101	1192.85	1164.76	−2.35	R201	1182.43	1006.44	−14.88
R102	1079.39	1097.99	1.72	R202	1149.59	948.27	−17.51
R103	1016.78	977.32	−3.88	R203	889.12	784.11	−11.81
R104	832.50	749.65	−9.95	R204	797.83	694.50	−12.95
R105	1055.04	1046.85	−0.78	R205	943.33	882.75	−6.42
R106	1000.36	981.38	−1.90	R206	865.32	816.44	−5.65
R107	910.75	880.86	−3.28	R207	854.40	736.70	−13.78
R108	759.86	742.47	−2.29	R208	694.24	678.04	−2.33
R109	934.15	925.66	−0.91	R209	851.69	777.11	−8.76
R110	846.49	820.59	−3.06	R210	890.02	820.53	−7.81
R111	895.21	855.44	−4.44	R211	846.92	716.93	−15.35
R112	801.43	745.78	−6.94	C201	548.51	548.51	0.00
C101	556.18	556.18	0.00	C202	548.51	594.39	8.36

续表

算例	BKS	VNS		算例	BKS	VNS	
	TD	TD	GAP/%		TD	TD	GAP/%
C102	556.18	620.60	11.58	C203	548.13	605.38	10.44
C103	556.18	633.51	11.93	C204	547.55	592.26	8.17
C104	555.41	623.02	12.17	C205	545.83	545.83	0.00
C105	556.18	556.18	0.00	C206	545.45	545.45	0.00
C106	556.18	556.18	0.00	C207	545.24	555.03	1.80
C107	556.18	556.18	0.00	C208	545.28	548.35	0.56
C108	556.80	555.90	0.00	RC201	1303.73	1037.92	−20.39
C109	555.80	571.72	2.86	RC202	1289.04	915.60	−28.97
RC101	1227.37	1145.52	−6.67	RC203	977.56	837.04	−14.37
RC102	1185.43	1037.74	−12.46	RC204	718.97	705.41	−1.89
RC103	918.43	935.06	1.79	RC205	1189.84	974.13	−18.13
RC104	787.02	819.23	4.09	RC206	1087.97	929.19	−14.59
RC105	1185.43	1106.80	−6.63	RC207	998.7	825.62	−17.33
RC106	1071.83	1008.57	−5.9	RC208	768.75	714.56	−7.05
RC107	860.62	926.91	7.7				
RC108	831.09	830.02	−0.13				
均值		828.17	−0.61	均值	839.78	717.17	−7.80

表7-4中，TD表示总行驶成本，GAP表示VNS算法的解比已知最好解之间的差距，GAP=(VNS算法的解−已知最好解)/已知最好解×100%。

由表7-4可知，本案例VNS算法在求解R1、C1和RC1类算例中，有16个算例的VNS解比当前已知最好解更优，5个算例的VNS解与当前已知最好解相同，其行驶成本平均节约了0.60%；在求解R2、C2和RC2类算例中，有19个算例的VNS解比当前已知最好解更优，3个算例的VNS解与当前已知最好解相同，其行驶成本平均节约了7.80%。因此，由表7-4的详细结果及比较可知，VNS算法能表现出良好的求解质量和性能，由此进一步验证了本案例的VNS算法在求解OVRPTW上的可行性和有效性。

2）收敛性分析

为分析VNS算法的收敛性，本案例以算例中R101～R104、RC101～RC104、R201～R204、RC201～RC204为例，根据VNS算法求解OVRPTW随机运行10次、迭代1000次的过程数据，绘制两组VNS算法收敛图，如图7-9和图7-10所示。

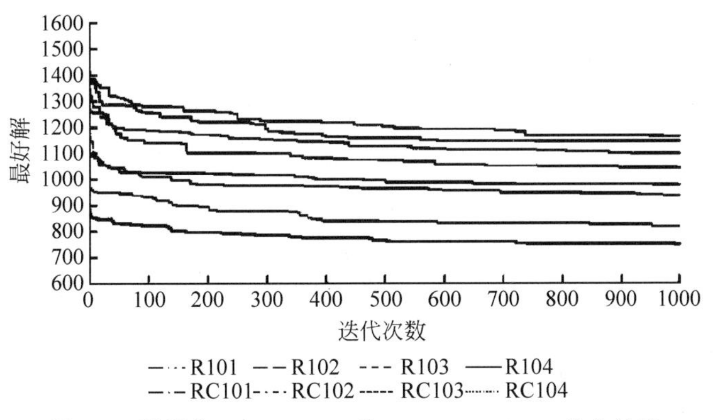

图7-9　数据集R101～R104和RC101～RC104的收敛图

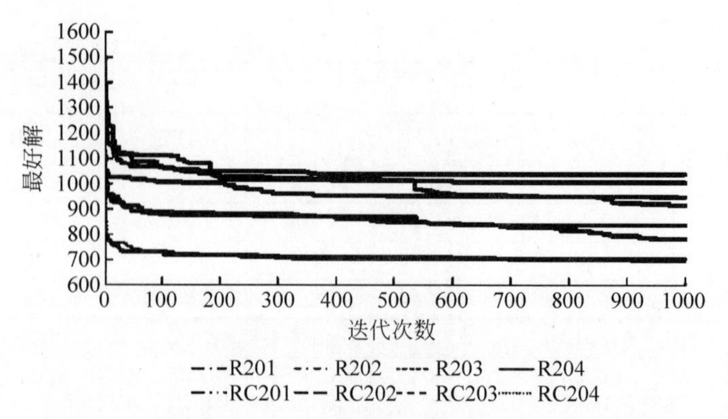

图 7-10　数据集 R201～R204 和 RC201～RC204 的收敛图

由图 7-9 可知，算法在 300 代之前收敛速度快，300～900 代中收敛速度较慢，在 900 代左右向各自的最好解收敛。由图 7-10 可知，算法在 200 代之前收敛速度较快，在 200～900 代中收敛速度缓慢，在 900 代后收敛于各自的最好解。因此，根据两组收敛图可知，VNS 算法不管是求解时间窗宽的算例还是时间窗窄的算例，最终都能收敛于各自的最好解。由此可知，本案例 VNS 算法具有较好的收敛性。

3）稳定性分析

为了分析本案例 VNS 算法的稳定性，采用箱形图来观测 VNS 算法求解 R101～R104、RC101～RC104、R201～R204、RC201～RC204 每组算例 10 次后得到解的分布情况，分别如图 7-11 和图 7-12 所示。其中，黑色粗线表示中位数，该箱形图分别由上四分位数和下四分位数组成，竖线表示该组结果的平均偏差，竖线两端的横线分别为上限（最大值）和下限（最小值），空心的圆圈表示异常值。

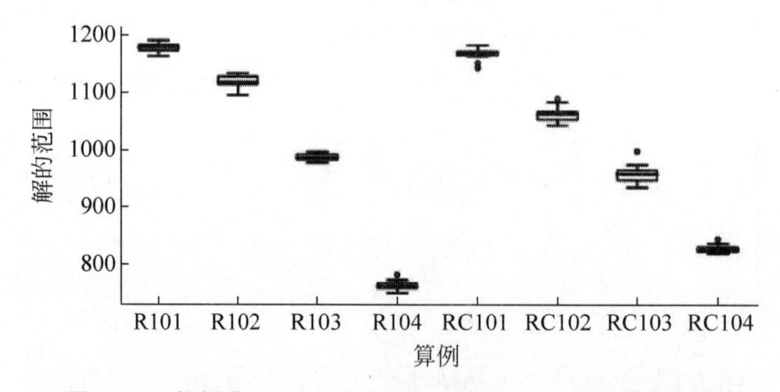

图 7-11　数据集 R101～R104 和 RC101～RC104 的箱形图

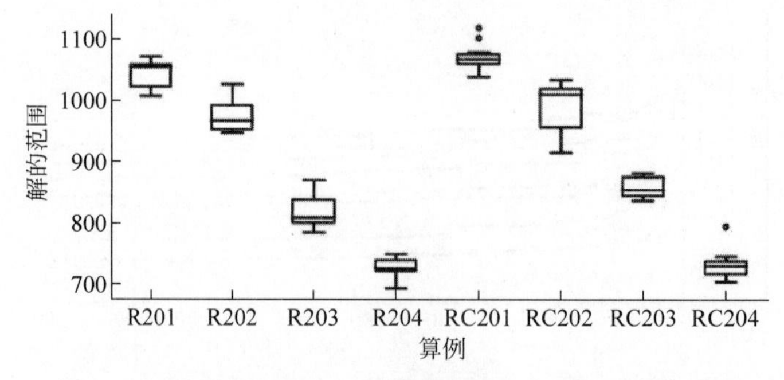

图 7-12　数据集 R201～R204 和 RC201～RC204 的箱形图

由图 7-11 可知，R101～R104 和 RC101～RC104 的箱盒长度短，上四分位数和下四分位数间距较小，且部分算例的上下四分位数接近0。相比图7-11来说，图7-12中R201～R204和RC201～RC204的箱盒长度虽较长，但异常值较少，其中R201～R204的解不存在异常值。从两组箱形图整体来看，平均偏差均较小。由此可知，本案例利用VNS算法求解OVRPTW10次后解的离散程度较小，从而表明VNS算法具有稳定性。

5. 案例总结

在外卖配送过程中，通常需要骑手满足配送时效性、准确性以及开放性等要求。本案例基于此背景，对开放式带时间窗车辆路径问题进行探讨，考虑配送车辆无须返回配送中心和时间窗等影响，构建配送行驶总成本最小化为目标函数的OVRPTW模型，并设计了一种变邻域搜索的启发式算法进行问题求解。实验结果表明：

(1) 本案例设计的VNS算法在求解OVRPTW时，大多数算例的VNS算法最好解都优于当前已知最好解，通过该算法求解，明显降低了车辆行驶成本，由此表现出VNS算法良好的求解质量。

(2) 通过收敛图和箱形图可知，本案例VNS算法在求解OVRPTW时，具有较好的收敛性和稳定性，最终验证了该算法良好的求解性能。

7.4 本章小结

本章先后对变邻域搜索算法的原理和改进策略进行了介绍，并详细阐述了变邻域搜索算法在组合优化问题、连续优化问题、物流配送系统集成优化问题以及开放式带时间窗车辆路径问题中的应用。由于变邻域搜索算法具有思想简单、容易实现、算法结构与问题无关以及适合各类优化问题等优点，故变邻域搜索算法自被提出以来，一直是优化算法中被研究的重点之一。

7.5 习题

1. 简述变邻域搜索算法的基本思想。
2. 列出启发式算法的八个理想属性。
3. 总结变邻域搜索算法的优缺点。
4. 简述变邻域搜索的基本步骤。
5. 什么是变邻域分解搜索算法？
6. 变邻域搜索算法有哪些改进策略？
7. 画出变邻域搜索算法的流程图。
8. 列举出变邻域搜索算法在除优化问题以外领域的应用。

第 8 章

迭代局部搜索算法

迭代局部搜索(iterated local search,ILS)的关键思想不是将搜索集中在所有候选解的整个空间上,而是集中在一些底层算法(通常是局部搜索启发式)返回的解上。迭代局部搜索算法的搜索行为可以被描述为迭代地构建嵌入算法的一系列解。虽然该元启发式算法概念简单,但是它能有效求解许多复杂问题,而且通常能达到非常好的性能。此外,由于迭代局部搜索具有模块化结构,因此可用算法工程方法进一步优化算法性能。本章旨在描述迭代局部搜索算法的基本原理及应用。

高性能算法对于解决困难优化问题非常重要,在许多情况下,最有效的方法是元启发式。在设计一个元启发式算法时,需注意算法在原理上和应用上的简洁性、有效性和通用性。若将元启发式简单地视为指导启发式构造,那么在理想情况下,该元启发式算法可以在没有任何问题相关知识的情况下使用。然而,随着元启发式变得越来越复杂,为了追求更高的性能,该理想情况较难达到。因此,为达到算法的高性能,除了被引导的启发式中内置的问题信息外,与问题有关的信息现在必须合并到元启发式算法中。但这使得启发式和元启发式之间的边界变得模糊,可能会降低算法的简单性和通用性。为解决该问题,将元启发式算法模块化,将其分解成多部分,每部分都有自己的特点。若算法中有一个完全通用的部分,则任何嵌入元启发式中的特定问题信息都将被嵌入另一部分。由于其潜在复杂性,尽可能不触及被“引导”的嵌入式启发式。这种启发式方法只能通过一个目标模块使用,源代码是专有的,而且有必要将其视为“黑盒”例程。本章所要介绍的迭代局部搜索算法提供了一种简单的方法来满足以上所有需求。

迭代局部搜索的本质可以概括如下:迭代地构建一个由嵌入式启发式生成的解序列,得到的解比重复随机执行该启发式得到的解质量更高。迭代局部搜索算法思路有很长的历史,该算法有许多不同的名称,如迭代下降、大步长马尔可夫链、迭代 Lin-Kernighan、链式局部优化等。迭代局部搜索算法有两个重要特性:①必须有一个被遵循的链,以排除基于种群的算法;②由黑盒启发式输出定义的退化空间中搜索更好的解。实践中可使用任何确定或不确定的优化器,其中局部搜索是最常用的嵌入式启发式算法。

本章旨在介绍迭代局部搜索算法的原理,并分析它的性能。尽管该算法原理很简单,且没有使用太多与问题相关的信息,但还是得到了许多质量很好的解。这是因为该算法具有很强的可塑性,许多执行决策都留给了开发者。

将本章组织如下:8.1 节介绍迭代局部搜索算法原理;8.2 节讨论该元启发式不同部分

的优化策略，特别是与扰动解相关的操作细节；8.3 节介绍迭代局部搜索算法的应用；8.4 节对本章进行总结。

8.1 迭代局部搜索算法原理

假设有一个特定于问题的启发式优化算法，将其称为局部搜索。这种算法是通过一个叫作 LocalSearch 的计算机例程来实现的。这种算法能通过使用迭代来改进，且成效显著。只有当迭代方法与局部搜索“不兼容”时，迭代改进效果比较差。为了尽最大可能改进局部搜索，需要了解其执行过程。然而，为便于描述，暂时忽略局部搜索过程的复杂性以及将迭代调优到局部搜索过程的额外的处理细节。此外，由于仅关注迭代局部搜索的高级架构，因此省略与算法实际速度相关的所有问题。

令某组合优化问题的优化目标为成本函数 l 的最小化。s 表示问题的某候选解，S 为所有候选解组成的有限集合。为便于描述，假设局部搜索过程是确定的且无记忆的，即给定一个输入 s，总会输出同样的局部最小值 s^*，且满足 $l(s^*)\leqslant l(s)$。LocalSearch 将得出从集合 S 到较小的局部最优解集合 $S^*=\{s^*\}$ 的多对一的映射。为便于图示，定义 s^* 的“吸引盆地”为在局部搜索程序下映射到 s^* 的解 s 的集合。然后，LocalSearch 取 $s\in S$ 作为起始解，并在相应吸引盆地的底部产生一个局部最优值 $s^*\in S^*$。

随机取一个 s 或者 s^*。通常，成本值的分布在其最低值处有一个迅速上升的部分。图 8-1 展示了在实践中发现的具有有限解空间的组合优化问题的成本分布类型，即成本值的概率密度函数。成本值分布呈钟形，且 S^* 中解的均值和方差明显小于 S 中的解。因此，若要寻找低成本的解，使用局部搜索比在 S 中随机抽样要好得多。局部搜索的基本要素是邻域结构，这意味着 S 是一个具有某种拓扑结构的“空间”，而不仅仅是一个集合。拥有这样的空间可以一种更有效的方式从一个解 s 移动到一个更好的解，如果 S 仅代表一个集合，这是不可能实现的。

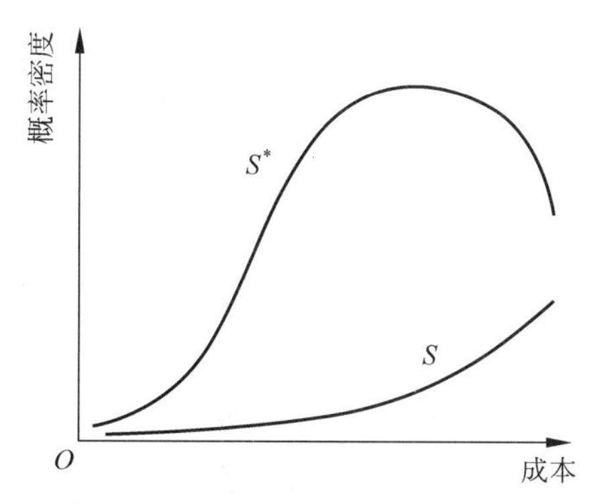

图 8-1　成本值的概率密度函数

（注：图中标记为 s 的曲线表示所有解的成本密度函数的左部，而标记为 s^* 的曲线表示局部最优解的成本密度函数。）

现在的问题是如何跳出 LocalSearch 的使用。更准确地说，给定从 S 到 S^* 的映射，在不打开和修改 LocalSearch、使其成为一个“黑盒”例程的情况下，如何进一步降低成本值？

提高 LocalSearch 找到的解质量的最简单方法是从另一个起点重复搜索。每个生成的 s^* 都是独立的，且通过多个实验可到达成本值分布的较低部分。尽管这种独立采样的“随机重启”方法有时是一种有效策略，特别是当所有其他选项都失败时，但随着实例规模的增长，该方法会由于极限状态下成本分布的尾部崩溃而变得无效。事实上，实证研究和一般论点表明，在大型通用实例上执行局部搜索算法会导致成本的均值高于最优成本的固定百分比，而且，当实例规模趋于无穷大时，成本分布在均值附近任意达到峰值，这使得在实践中无法找到其成本比典型成本低的 s^*。但确实存在许多成本大幅度降低的解，只是随着实例规模的增加，随机抽样找到它们的概率越来越低。因此有必要进行有偏采样，这正是随机搜索所能做到的。

局部搜索从 S 中取一个解，该解对应于 S^* 中的一个解，其中 l 在 S 中均值较大，在 S^* 中均值较小。然后自然调用递归，使用局部搜索从 S^* 到更小的搜索空间 S^{**}，其成本均值更低。这与一个局部搜索嵌套在另一个局部搜索中的算法相对应。这样的构造可以迭代到任意多层，从而形成嵌套局部搜索的层次结构。但经过仔细观察发现问题恰恰在于如何在层次结构的最低层次之外构建局部搜索：局部搜索需要一个邻域结构，而这并不是先验给定的。最基本的困难是在 S^* 中定义邻域，以便能够枚举并有效地访问它们。此外，S^* 中的邻域与空间 S 中定义的距离相对接近，如果不是这样，则对 S^* 进行随机搜索几乎失效。

经过进一步思考，可在 S^* 中引入一个良好的邻域结构。首先，集合 S 上的邻域结构直接生成了集合 S 的子集上的邻域结构，如果两个子集包含的解是邻域，那么它们就是邻域。其次，把这些子集作为 S^* 中解的吸引盆地。这使我们将任意 $s^* \in S^*$ 与它的吸引池联系起来。于是有了关于 S^* 中邻域的“规范”概念：如果 s_1^* 和 s_2^* 的吸引池相交，即它们在 S 中包含相邻解，则 s_1^* 和 s_2^* 是 S^* 中的邻域解。因为没有有效方法找到 s^* 的吸引力域中的所有解 s，故该定义不能列出 s^* 的邻域解。然而，我们可以随机生成如下邻域。从 s^* 开始，在 S 中创建一个随机路径 $s_1, s_2, \cdots, s_i$，其中 s_{j+1} 是 s_j 的一个邻域解。确定这条路径中属于不同吸引盆地的第一个 s_j，以便对 s_j 应用局部搜索，从而形成 $s^{*\prime} \neq s^*$，则 $s^{*\prime}$ 为 s^* 的领域解。

有了这个过程，原则上可以在 S^* 中执行局部搜索。递归地扩展参数，可以运用一种算法执行嵌套搜索，以分级方式在 S、S^*、S^{**} 等解空间中执行局部搜索。由于要执行 LocalSearch 的次数太多，在 S^* 这一层级的解空间上执行邻域搜索的计算量太大，因此不能在 S^* 中随机搜索邻域解，相反，使用弱近似概念以实现在 S^* 中的快速随机搜索。迭代局部搜索算法的构造能实现对 S^* 的有偏采样。如果能找到适当的计算方法来从一个 s^* 到另一个 s^*，这样的采样方式将比随机采样更好。修正后的近似概念不需要定义吸引盆地，局部搜索可以包含记忆或变得不确定，这使得该方法更加通用。

使用从某 s^* 到其“附近”的 s^* 的路径来探索 S^*，而不是仅仅使用上述定义的邻域。迭代局部搜索算法启发式地实现如下过程。对给定的当前解 s^* 应用变化或扰动以生成一个中间解 $s'(s' \in S)$，然后在 s' 上执行 LocalSearch 以得到解 $s^{*\prime}(s^{*\prime} \in S^*)$。如果 $s^{*\prime}$ 通过了验收测试，则 $s^{*\prime}$ 将成为 S^* 路径中的下一个元素，否则返回 s^*。生成的搜索路径是在 S^* 中进行的随机搜索，但并没有明确地引入邻域。只要扰动不过于大也不过于小，这种迭代局部搜索过程就能得到良好的有偏采样。如果过于小，则常会退回到 s^*，因此很少会搜索到 S^* 中的新解；如果过于大，则 s' 随机性增强，在采样过程中不存在偏差，搜索过程类似一个随机重启算法。

整个 ILS 过程如图 8-2 所示。通常迭代局部搜索遍历是不可逆的，有时可以从 s_1^* 到 s_2^*，但不能从 s_2^* 到 s_1^*。然而，ILS 在实践中依然非常有效。

由于确定性扰动可能导致短循环(例如长度为 2 的循环)，因此应该随机化扰动或使其自适应以避免这种循环。如果扰动依赖之前的任意一个 s^*，则会带着记忆功能在 S^* 中遍历。除了扰动的问题，将这个问题简化为对 S^* 的随机搜索。然后应用平常所使用的多样化、强化、禁忌、自适应扰动、接受标准等。综上，迭代局部搜索是一个有着高级架构的元启发式算法，如算法 8.1 所示。

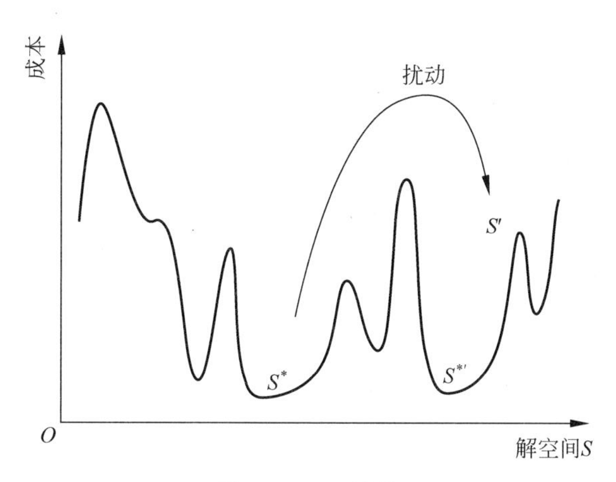

图 8-2　ILS 过程

（注：对某局部最优解 s^* 应用扰动机制，生成解 s'。在应用 LocalSearch 后，找到可能优于 s^* 的新局部最优解 $s^{*\prime}$。）

算法 8.1　迭代局部搜索

1：s_0 = GenerateInitialSolution//生成初始解
2：s^* = LocalSearch(s_0)//执行局部搜索
3：repeat//重复执行
4：s' = Perturbation(s^*, history)//执行扰动操作
5：$s^{*\prime}$ = LocalSearch(s')//执行局部搜索
6：s^* = AcceptanceCriterion(s^*, $s^{*\prime}$, history)//解接受判断
7：until termination condition met//算法终止条件判断

实践中，迭代局部搜索的许多潜在复杂性都隐藏在历史依赖性中，如果没有这种依赖，遍历就不存在记忆：扰动和接受准则不取决于先前在遍历过程中访问过的任何解，并且以固定规则来判断是否接受 $s^{*\prime}$。这导致在 S^* 上产生“马尔可夫”的随机遍历动力学，即采用特定步骤从 s_1^* 至 s_2^* 的概率仅取决于 s_1^* 和 s_2^*。尽管研究表明加入内存可以提高性能，但大多数与迭代局部搜索相关的研究都是这种类型。

在马尔可夫遍历中，最基本的解接受标准仅使用 s^* 和 $s^{*\prime}$ 的成本差值，这种遍历解的动力学在思想上与模拟退火非常相似。极限情况下仅接受改进的解，类似在零度时模拟退火算法在 S^* 中进行随机下降。如果将该方法添加到终止条件中，那么生成的算法基本上有两个嵌套的局部搜索，即它在对 S^* 进行随机搜索时嵌入了对 S 的局部搜索。一般来说，我们可以将这种类型的算法扩展到更多层次的嵌套，在 S^*、S^{**} 等解空间中有不同的随机搜索算法，且每一层都有其特有的扰动类型和停止规则。

综上所述，迭代局部搜索的潜力在于它对局部最优解集合的有偏采样。这种抽样的效率既取决于扰动的种类，也取决于解的接受准则。即使简单地执行这些模块，迭代局部搜索也比随机重启效率高许多。但如果对迭代的局部搜索模块进行优化，仍然可以得到更好的结果。首先，就像在模拟退火中一样，解的接受标准可以根据经验进行调整，且无须了解任何优化问题细节。其次，扰动机制中可以包含尽可能多的开发人员愿意输入的具体问题信息。好的扰动机制可以将一个优秀的解转变为一个优秀的局部搜索起点。显然，迭代局部搜索算法具有广泛的复杂性，但复杂性可以以模块化的方式逐步增加(值得一提的是，嵌入局部搜索中的所有微调都可以忽略，而且它本身不会出现在元启发式中)。这使得迭代局部搜索同时适用于学术界和企业界。在迭代局部搜索中嵌套执行 k 个局部搜索比随机重启运行这 k 个局部搜索要快得多。

8.2 迭代局部搜索算法设计原则

本节将说明在优化 ILS 算法以实现高性能时需要解决的 4 个主要部分，即生成初始解(generate initial solution)、局部搜索(local search)、干扰(perturbation)和接受准则(acceptance criterion)。先设计一个最简单的 ILS 算法，其核心设计原则如下：

(1) 可用一个随机解或一个由贪婪构造启发式返回的解作为 ILS 算法的初始解。

(2) 大多数优化问题的局部搜索算法是已有的。

(3) 对于扰动机制来说，在一个比局部搜索算法使用的更高阶的邻域内进行随机移动可以获得惊人的效果。

(4) 对于解接受准则的首要合理猜测是迫使成本降低，对应于 S^* 中的随机首次改进算法。

这种类型的基本 ILS 算法通常比随机重启算法的性能更好。开发人员可以通过改进基本 ILS 算法四个模块中的每个模块来提高整体算法性能。在算法优化中考虑所求解的组合优化问题的特殊性质将有效提高其性能。显然，ILS 算法调优比其他模块化较少的元启发式更容易。其原因可能是 ILS 算法的模块化降低了其复杂性，且各模块的功能相对容易理解。最后要考虑的是 ILS 算法的整体优化。事实上，不同的模块会相互影响，因此有必要了解它们之间的相互作用。然而，由于模块之间的相互作用显著依赖于问题特性，因此 8.3 节将讨论这种“全局”优化。

算法设计人员可选择算法优化级别。在没有任何优化的情况下，ILS 算法是一个简单、易于实现且相当有效的元启发式算法。但随着对其四个组成模块的进一步研究，ILS 算法通常会成为一种非常有竞争力甚至是最先进的算法。

8.2.1 初始解设计原则

在初始解 s_0 上应用局部搜索，得到 S^* 中遍历的起始点 s_0^*。如果想尽快搜索到高质量的解，则选定好的起始点 s_0^* 很重要。

s_0 可能是随机初始解，也可能是由贪婪构造启发式所返回的解。贪婪初始解 s_0 与随机初始解相比有两个主要优点。

(1) 当与局部搜索相结合时，贪婪初始解往往会产生更高质量的解 s_0^*。

(2) 平均来看，由贪婪解为初始解进行的局部搜索需要的改进步骤更少，因此局部搜索需要的 CPU 时间更短。

由于 S^* 中的解搜索路径依赖 s_0^*，因此局部搜索/随机重启的初始解对 ILS 算法也具有重大影响。事实上，当从一个随机的 s_0 开始时，ILS 算法可能需要几次迭代才能达到与贪婪初始解所得到的 s_0^* 同样的解质量。显然，初始解会影响最终解的质量。通过 ILS 算法返回的最终解对 s_0 的依赖反映了初始解的信息在 S^* 中搜索解时丢失的速度。

一般来说，初始解的最佳选择方案并不明确，但当急需低成本的解时，推荐使用贪婪初始解。由于初始解对更长时间的运行效果影响甚微，因此用户可以选择最容易执行的初始解。然而，如果一个应用的初始解的影响确实持续了很长时间，则 ILS 算法的遍历搜索可能在探索 S^* 时遇到困难，因此应该考虑应用其他扰动机制或解接受标准。

8.2.2 扰动机制设计原则

迭代改进的主要缺点是它会陷入比全局最优解质量差很多的局部最优解中。类似模拟退火，ILS算法通过对当前局部最优解施加扰动来逃离局部最优解。我们将扰动强度定义为修正的解分量的数目。例如在旅行商问题中，它是旅行路径中被修改的边数，而在流水车间(flow shop)问题中，它是被扰动机制移动的job数。一般情况下，局部搜索不应该撤销扰动机制，否则搜索会回到刚访问过的局部最优解。令人惊讶的是，在一个比局部搜索算法使用的更高阶的邻域内随机移动通常可以实现这一点，并将产生一个令人满意的算法。如果扰动机制考虑问题性质，并能与局部搜索算法进行良好的匹配，就能得到更好的结果。

扰动应该如何改变当前解？如果扰动太强，ILS算法可能会表现为随机重启，所以极小可能找到更好的解；如果扰动太弱，局部搜索往往会回到刚访问过的局部最优解，搜索多样性非常受限。旅行商问题的一个简单而有效的扰动是双桥移动。这种扰动切断了四条边(因此"强度"为四条)，并引入了四条新边，该过程如图8-3所示。请注意，每个桥都是两个变化，但这两个变化都不能单独保持路径的连接性。几乎所有对旅行商的ILS研究都包含了这种扰动，并且这种扰动对所有实例规模都是有效的。这几乎可以肯定，因为它改变了路径的拓扑结构，可以在四倍于遥远城市的地方运行，而局部搜索总是修改附近城市之间的路径。实际上，无论是2-opt或3-opt等简单的局部搜索算法，还是基于Lin-Kernighan启发式的大多数局部搜索算法，都无法轻松地消除双桥移动，该算法目前是旅行商的最佳局部搜索算法(只有非常少的局部搜索包含搜索中的这种双桥变化，最著名的是Helsgaun的Lin-Kernighan实现)。此外，这种扰动不会增加太多的行程长度，所以即使当前解很好，几乎可以肯定下一个解也会很好。

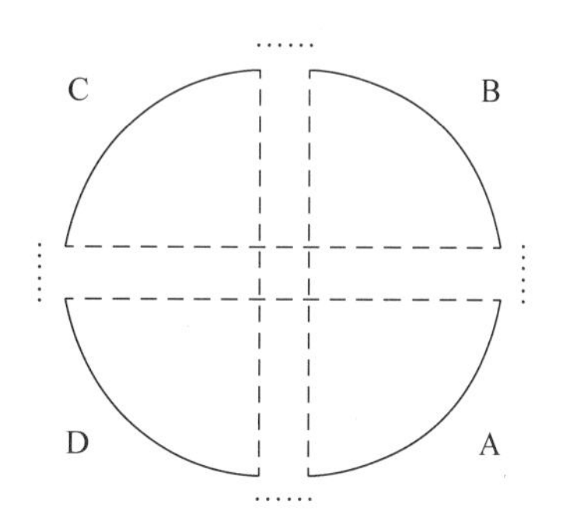

图8-3　双桥移动

(注：四条虚线边被移除，余下部分A、B、C、D被虚线边重新连接。)

假设其他模块固定的情况下对扰动机制进行优化。在像旅行商这样的问题中，当使用固定大小(与实例大小无关)的扰动时，可能会得到一个满意的ILS。相反，对于较困难的问题来说，固定强度的扰动可能会导致较差的性能。当然，所用的扰动强度并不是全部，它们的性质也非常重要。扰动强度对局部搜索的速度有影响，弱扰动通常会导致LocalSearch执行得更快。在优化该模块时，需要考虑所有这些不同的方面。

1. 扰动强度

对于某些问题，适用非常小的扰动强度，且似乎与实例规模无关。旅行商和PFSP都是如此，有趣的是，用于求解这些问题的ILS算法与目前最好的元启发式算法相比非常有竞争力。我们也可以考虑具有较大扰动强度的其他问题。以ILS算法求解二次分配问题(QAP)为例。我们使用嵌入的2-opt局部搜索算法，扰动机制是k项位置的随机交换，其中k是一个可调参数，且扰动总是修改当前找到的最优解。我们将这种ILS算法应用于四类QAP实例中的QAPLIB实例，计算结果如表8-1所示。第一个观测结果是，最佳扰动强度强烈地依赖于特定的实例。对于其中两个实例，当多达75%的解成分被扰动机制改变时，获得了最佳性能。此外，当扰动强度过小时，ILS算法的性能比随机重启(对应扰动强度n)差。然而，事实上，QAP的随机重启可能比基本ILS算法的平均性能更好。在8.2.3节中，我们通过修改解接受标准，来说明ILS算法的性能远优于随机重启。因此，ILS算法的优化可能比单个组件的优化要求更高。

表 8-1 ILS 算法应用于四类 QAP 实例中的 QAPLIB 实例的计算结果

实例	3	$n/12$	$n/6$	$n/4$	$n/3$	$n/2$	$3n/4$	n
kra30a	2.51	2.51	2.04	1.06	0.83	0.42	0.0	0.77
sko64	0.65	1.04	0.50	0.37	0.29	0.29	0.82	0.93
tai60a	2.31	2.24	1.91	1.71	1.86	2.94	3.13	3.18
tai60b	2.44	0.97	0.67	0.96	0.82	0.50	0.14	0.43

表 8-1 中第 1 列为 QAP 实例的标识符，标识符中的数字为实例的规模 n。连续的列表示扰动强度为 $3,n/12,\cdots,n$。强度为 n 的扰动机制对应于随机重启。该表显示了每个实例 10 次独立运行测量的平均解成本。在一个配置为 Pentium Ⅲ 500MHz 的笔记本计算机上每次测试的 CPU 时间如下：实例 kra30a 为 30s，实例 tai60a 和 sko64 为 60s，实例 tai60b 为 120s。

2. 自适应扰动

QAP 和其他组合优化问题的 ILS 算法性能表明，对于扰动不存在先验的单一最佳规模，故可以在 ILS 算法运行过程中修改和调整扰动强度。

一种调整扰动的方法是利用搜索历史。对于这类方案的开发，可以从反应式搜索的背景中获得灵感。特别是 Battiti 和 Protasi 提出了一种针对 MAX-SAT 的反应性搜索算法，该算法非常适用于 ILS 框架。它们执行一个由禁忌搜索算法实现的扰动机制，而且在每次扰动后应用标准局部改进算法。

另一种调整扰动的方法是在搜索过程中根据预定义的机制改变扰动的强度。在基本变邻域搜索(basic VNS)中使用了一个特例，其他的例子出现在禁忌搜索背景下。战略振荡之类的思想可能有助于推导出更有效的扰动机制。

3. 更复杂的扰动设计

扰动可以比高阶邻域的随机变化更为复杂。从当前解 s^* 生成解 s' 的一般过程如下：首先，稍微修改实例，例如通过修改各个成本参数；其次，对于这个修改过的实例，将 s^* 作为输入执行 LocalSearch，生成扰动后的解 s'。这是我们所知道的最早的 ILS 研究中提出的方法，Baxter 在一个选址问题上成功地测试了该方法。这一方法后来被 Codenotti 等在旅行商问题背景下重新应用。他们首先稍微改变了城市坐标；然后使用扰动后的城市位置对 s^* 进行局部搜索，生成新的路径 s'；最后，使用未受扰动的城市坐标对 s' 应用 LocalSearch，生成新的候选路径 $s^{*\prime}$。

产生良好扰动的其他复杂方法包括对问题的一部分进行优化。这种方法是由 Lourenço 在作业车间调度问题(job shop scheduling problem，JSP)的背景下提出的。通过固定当前解中的变量数来定义一台或两台机器的子问题，并通过使用启发式或如 Carlier 算法、早-晚算法等精确算法来求解这些子问题。这些方案的优势如下：①局部搜索无法使扰动失效；②扰动后得到的解往往是高质量的，同时解中有新的部分被优化。最近，进化算法已被用于产生 ILS 算法的扰动机制。这种方法的思想是通过扰动当前最优解来生成一个小规模的初始解种群，然后在该种群上短期运行遗传算法，最后将在这个过程中找到的最优解作为局部搜索的新的起始解。

4. 速度

即使是弱扰动(即固定扰动强度)下的 ILS 算法在求解“简单”问题时性能变现也是非常好的。该元启发式比随机重启执行得更好的另一个原因是速度。实际上，LocalSearch 在对局部最优解应用小规模扰动获得的解上执行时比在随机解上快得多。因此，在相同的 CPU 时间内，迭代局部搜索可以比随机重启运行更多的局部搜索。将欧几里得旅行商问题作为一个定性的例子进行说明。为了从一个随机初始解达到一个局部最优解，通过局部搜索执行 $\wp(n)$个局部改变，然而根据经验，在 ILS 算法中，当使用双桥移动后所返回的解 s'时，一个几乎恒定的数字是必要的。因此，在给定的 CPU 时间内，相比随机重启而言，ILS 算法可以对更多的局部最优解进行采样。ILS 算法在速度方面比其他重启方案有更大的优势。

我们对算法运行速度进行定量说明，比较了以下三种算法在给定 CPU 时间内求解旅行问题商时执行的局部搜索次数。

(1) 随机重启。

(2) 采用双桥移动的 ILS。

(3) 采用五个并行双桥移动的 ILS。

对于这两个 ILS，我们使用随机初始解，并且常规的解验收标准规定只接受距离更短的路径解。在数值测试中使用了带有标准加速技术的 3-opt 算子。特别地，它使用了一个固定半径的最近邻搜索，受限于在每个城市有 40 个最近邻的候选列表和“不寻找”位。一开始，所有的不寻找位都被关闭(设为 0)。如果一个给定的节点没有出现改进的移动，它的不寻找位则被打开(设为 1)，且在下次迭代中该节点不作为寻找改进移动的起始节点。当一条与某节点相关的弧被某移动改变时，该节点的不寻找位再次被关闭。此外，在一个扰动后，我们只关闭当前路径中四个断点周围的 25 个城市的不寻找位。针对一组 100～5915 个城市的旅行商 LIB 实例，这三种算法在 266MHz 的 Pentium Ⅱ 处理器上运行了 120s，结果如表 8-2 所示。对于最小的实例，我们发现迭代局部搜索的局部搜索运行次数是随机重启的 2～10 倍。随着实例规模的增加，ILS 的这种优势会快速增长，对于最大的实例，第一个 ILS 算法在分配的时间内运行的局部搜索大约是随机重启的 260 倍。显然，ILS 的运行速度优势强烈取决于所施加的扰动强度。扰动强度越大，解的改动幅度越大，且后续局部搜索所花费的时间通常也会更长。这一事实在直观上是显而易见的，并在表 8-2 中得到证实。

表 8-2　实例计算结果

实例	$\#LS_{RR}$	$\#LS_{1\text{-}DB}$	$\#LS_{5\text{-}DB}$
kroA100	17 507	56 186	34 451
d198	7715	36 849	16 454
lin318	4271	25 540	9430
pcb442	4394	40 509	12 880
rat783	1340	21 937	4631
pr1002	910	17 894	3345
pcb1173	712	18 999	3229
d1291	835	23 842	4312
fl1577	742	22 438	3915
pr2392	216	15 324	1777
pcb3038	121	13 323	1232
fl3795	134	14 478	1773
rl5915	34	8820	556

表 8-2 中第 1 列为旅行商实例的标识符，标识符中的数字为城市数量。第 2、3、4 列分别为使用随机重启($\#LS_{RR}$)、带有单个双桥移动的 ILS($\#LS_{1\text{-}DB}$)、带有五个双桥移动的 ILS($\#LS_{5\text{-}DB}$)时所执行的局部搜索数量。

综上所述，扰动的优化取决于许多因素，而问题的具体特性起着核心作用。值得注意的是，扰动也与 ILS 的其他部分相互作用。

8.2.3 解接受准则设计原则

ILS在局部极小值空间S^*中进行随机遍历。扰动机制和局部搜索共同决定了S^*中当前解s^*和邻域解$s^{*\prime}$之间所有可能的转换。然后，接受准则过程负责决策$s^{*\prime}$是否为新的当前解。接受准则显著影响S^*中遍历的本质特性和效率。粗略地说，它可以用来控制搜索的强度和多样化之间的平衡。为了说明这一点，一个简单的方法是考虑马尔可夫接受准则。若仅接受更好的解，则能实现非常强的搜索强度。我们称这个接受准则为Better，针对最小化问题，它被定义如下：

$$\text{Better}(s^*, s^{*\prime}, \text{history}) = \begin{cases} s^{*\prime} & l(s^{*\prime}) < l(s^*) \\ s^* & \text{其他} \end{cases} \tag{8-1}$$

另一个极端则是随机遍历接受准则（记为RW），它总是将扰动应用于最近访问的局部最优值，而不考虑其成本：

$$\text{RW}(s^*, s^{*\prime}, \text{history}) = s^{*\prime} \tag{8-2}$$

这一标准显然偏向搜索多样化而不是搜索强化。

在这两种极端情况之间有许多中间选择。由Martin等提出的大步马尔可夫链算法作为早期ILS算法采用了一种模拟退火型的接受准则，称为LSMC(s^*, $s^{*\prime}$, history)。具体来说，若$s^{*\prime}$优于s^*，则接受$s^{*\prime}$；否则，以$\exp\{(l(s^*)-l(s^{*\prime}))/T\}$的概率接受$s^{*\prime}$，其中$T$是一个温度参数，和模拟退火一样，该温度通常会在运行过程中降低。注意，如果T非常高，则LSMC接近RW，而在非常低的温度下，LSMC则类似Better。如模拟退火或禁忌阈值所提出的那样，LSMC也允许非单调的温度调度。当进一步的强化搜索似乎不再有用，则提高温度，在有限的时间内进行多样化搜索，然后恢复强化搜索。该过程可以像在禁忌搜索中一样，以一种自动的、自我调节的方式进行。

在接受准则中，当强化搜索似乎变得无效时可重新启动ILS算法。当然，这是从强化搜索向多样化搜索转变的一种相当极端的方式。例如，如果给定的迭代次数内没有发现更高质量的解，则可以从一个新的初始解开始重新启动ILS算法。算法的重启可以很容易地建模成接受准则Restart(s^*, $s^{*\prime}$, history)。令i_{last}为找到更高质量的解的最后一次迭代，且i为迭代计数，定义Restart(s^*, $s^{*\prime}$, history)如下：

$$\text{Restart}(s^*, s^{*\prime}, \text{history}) = \begin{cases} s^{*\prime} & l(s^{*\prime}) < l(s^*) \\ s & l(s^{*\prime}) \geqslant l(s^*) \text{ 且 } i - i_{\text{last}} > i_r \\ s^* & \text{其他} \end{cases} \tag{8-3}$$

其中，参数i_r表示如果在i_r次迭代中找不到改进的解，则需要重新启动算法。s可以以不同的方式生成。最简单的策略是通过随机或贪婪随机启发式生成一个新的解。显然，还可以考虑许多运用历史搜索的其他方法，ILS算法的整体效率对所应用的接受准则相当敏感。现在我们用两个例子来说明这一点。

1. 示例1：旅行商问题

为探讨两个验受准则RW和Better的效率，在旅行商问题上进行了测试，如表8-3所示。在基准实例集上独立运行10次，得出已知最优解的平均百分比。另外，针对随机重启的3-opt算法，也得出了该数值。首先，我们观察到两种ILS算法的平均解质量明显优于使用相同的局部搜索的随机重启算法。对于规模最大的实例尤其如此。其次，考虑到旅行商问题的高质量解是集群的，一个好的战略应该包含搜索的强化。显然，与RW相比，Better所生成的行程更短。

表 8-3　接受准则对不同旅行商问题实例的影响

实　　例	Δ_{avg}(RR)	Δ_{avg}(RW)	Δ_{avg}(Better)
kroA100	0.0	0.0	0.0
d198	0.003	0.0	0.0
lin318	0.66	0.30	0.12
pcb442	0.83	0.42	0.11
rat783	2.46	1.37	0.12
pr1002	2.72	1.55	0.14
pcb1173	3.12	1.63	0.40
d1291	2.21	0.59	0.28
fl1577	10.3	1.20	0.33
pr2392	4.38	2.29	0.54
pcb3038	4.21	2.62	0.47
fl3795	38.8	1.87	0.58
rl5915	6.90	2.13	0.66

表 8-3 中第 1 列为旅行商问题实例的标识符，标识符中的数字为城市数量。第 2、3、4 列分别为使用随机重启(RR)、使用 RW 的迭代局部搜索、使用 Better 的迭代局部搜索所获得的最佳路径长度的平均百分比。结果取的是 10 次独立运行的平均值。所有算法在有着 266MHz 奔腾处理器的计算机上运行了 120s。

本例中的算法执行时间相当短。对于更长的运行时间来说，Better 策略到了一个临界点，在该点上它再也找不到更好的行程了。事实上，基于运行时间分布方法的 ILS 算法分析表明，这样的停滞情况确实发生了，并且通过额外的多样化机制可以大大提高 ILS 算法的性能，偶尔重新启动 ILS 算法从概念上来说是最简单的情形。

2. 示例 2：QAP

运用 ILS 算法求解 QAP 问题。对于这个问题，运用接受准则 Better 和不恰当的扰动强度会导致 ILS 算法性能比随机重启算法差。表 8-4 中给出了相同 ILS 算法的结果，该算法使用了 RW 和 Restart。使用这些接受准则的 ILS 算法的性能比随机重启算法要好得多，唯一的例外是在实例 tai60b 上运用弱扰动的带有 RW 的 ILS 算法。

表 8-4　使用与表 8-1 相同的扰动和 CPU 时间的 QAP 基准实例测试结果

实例	接受准则	3	$n/12$	$n/6$	$n/4$	$n/3$	$n/2$	$3n/4$	n
kra30a	Better	2.51	2.51	2.04	1.06	0.83	0.42	0.0	0.77
kra30a	RW	0.0	0.0	0.0	0.0	0.0	0.02	0.47	0.77
kra30a	Restart	0.0	0.0	0.0	0.0	0.0	0.0	0.0	0.77
sko64	Better	0.65	1.04	0.50	0.37	0.29	0.29	0.82	0.93
sko64	RW	0.11	0.14	0.17	0.24	0.44	0.62	0.88	0.93
sko64	Restart	0.37	0.31	0.14	0.14	0.15	0.41	0.79	0.93
tai60a	Better	2.31	2.24	1.91	1.71	1.86	2.94	3.13	3.18
tai60a	RW	1.36	1.44	2.08	2.63	2.81	3.02	3.14	3.18
tai60a	Restart	1.83	1.74	1.45	1.73	2.29	3.01	3.10	3.18
tai60b	Better	2.44	0.97	0.67	0.96	0.82	0.50	0.14	0.43
tai60b	RW	0.79	0.80	0.52	0.21	0.08	0.14	0.28	0.43
tai60b	Restart	0.08	0.08	0.005	0.02	0.03	0.07	0.17	0.43

表 8-4 中给出的是每个实例的 10 次独立运行的平均解成本。考虑 3 种接受标准，显然，搜索多样化的加入大大降低了平均成本。

该算例表明，扰动强度与接受准则之间存在很强的相关性。很难完全理解这种相关性。但是，作为一般的经验法则，当有必要加强搜索的多样化时，最好是进行大量的小幅度扰动，而不是进行一个大幅度扰动。

目前在 ILS 算法中应用的大多数接受准则要么是完全的马尔可夫链，要么以一种非常有限的方式利用搜索记录。我们希望未来会有更多的充分利用搜索记录的 ILS 应用，且在强化搜索和多样化搜索之间的交替可能是这些应用的一个基本特点。

8.2.4 局部搜索设计原则

截至目前，我们一直把局部搜索算法看作一个黑盒，在 ILS 算法中，这个黑盒被多次调用。由于整个 ILS 算法的行为和性能对嵌入的启发式的选择非常敏感，因此应该尽可能地优化这一选择。在实践中，可能有许多不同的算法可以被用于 ILS 中嵌入的启发式(正如本章开头所提到的，该启发式算法甚至不一定是局部搜索)。通常，局部搜索越好，对应的 ILS 就越好。例如在旅行商问题中，Lin-Kernighan 局部搜索优于 3-opt，而 3-opt 优于 2-opt。使用固定类型的扰动，如双桥移动，我们发现迭代 Lin-Kernighan 比迭代 3-opt 的解更优，而迭代 3-opt 的解比迭代 2-opt 的解更优。但如果假设总计算时间固定，那么更频繁地应用速度更快但效率较低的局部搜索算法可能会比应用速度较慢但功能更强大的局部搜索算法更好。显然，哪种选择是最好的取决于运行更好的启发式需要多花费的时间。如果速度差异不大，且与实例大小无关，那么通常值得使用更好的启发式方法。例如，在旅行商问题中，无论是使用随机重启还是迭代局部搜索，3-opt 运行速度比 2-opt 稍微慢一些，但 3-opt 提高了路径质量，故值得花费额外的 CPU 时间。同样的对比也适用于使用 Lin-Kernighan 而不是 3-opt。但是，在其他一些情况下，CPU 时间的增加比解质量的提高要大得多，因此最好不要使用“更好”的局部搜索。例如，在旅行商问题中，4-opt 给出的解比 3-opt 略好一些，但它的运行速度要慢 $O(n)$(n 是城市数量)。因此，最好不要使用 4-opt 作为嵌入在 ILS 算法中的局部搜索。

在选择局部搜索时，还应该考虑其他方面。显然，若某优秀的局部搜索能系统地消除扰动，则该局部搜索也是不可取的。该问题属于迭代局部搜索算法的全局优化问题，将在 8.2.5 节讨论。另一个重要的方面是，是否可以真正得到加速效果。局部搜索的标准加速是引入“不寻找”位。如果位元也能在应用扰动后被重置，那么在速度上就会有很大的增益。这就要求开发者可以访问 LocalSearch 的源代码。最先进的 ILS 将利用所有可能的加速技巧，因此 LocalSearch 很可能不会是一个真正的黑匣子。

允许 LocalSearch 有时生成比较差的解可能有一些好处。例如，如果我们用禁忌搜索或短时间的模拟退火来代替局部搜索启发式，则相应的 ILS 算法可能会有更好的性能。当标准迭代改进算法表现不佳时，这似乎是最有希望的。在作业车间调度问题中确实如此：使用禁忌搜索作为嵌入的启发式，产生了非常有效的迭代局部搜索。

8.2.5 全局优化设计原则

我们已经分析了在分别优化迭代局部搜索算法的四个组成模块时所存在的代表性问题。特别是，在说明一个模块的重要特性时，将其他模块固定不变。但显然，某一个模块的优化取决于其他模块的设计。例如，一个好的扰动必然是不会被局部搜索轻易撤销的。因此，原则上应该考虑对 ILS 算法进行全局优化。由于目前还没有理论来分析像迭代局部搜索这样的元启发式算法,我们仅给出实践中如何实现这种全局优化的粗略思路。

如果重新分析初始解的影响,会发现当 ILS 性能良好时,初始解的生成在很大程度上是不相关的,并且会迅速丢失其起始点的记忆。假定情况就是如此,可以忽略初始解产生过程的优化,剩下的是其他三个模块的联合优化。显然,扰动的最佳选择取决于局部搜索的选择,而接受准则的最佳选择取决于局部搜索和扰动的选择。在任何模块都没有搜索到改进的解之前,假设所有其他模块是固定的,实践中可以通过依次优化每个模块来近似求解全局优化问题。因此,与前面章节中所介绍的唯一不同之处在于,全局优化必须是迭代的。这不能保证 ILS 算法的全局优化,但应该会从整体上充分优化算法。

有了这些近似,我们应该更精确地确定想要优化的内容。对于大多数用户来说,它将是给定长度运行期间找到的最佳成本的平均值(超过初始解)。那么,尽管为便于处理,需要进一步的限制,但对于不同模块的"最佳"选择是一个定义明确的问题。此外,通常情况下,用户无法提前知道将执行的实例信息,所以 ILS 算法的鲁棒性很重要。因此,最好不要将其优化到对实例细节敏感的程度。这种鲁棒性似乎是在实践中实现的。研究人员执行的是具有合理全局优化水平的迭代局部搜索算法,然后在标准基准测试中取得了一定程度的成功。

综上,ILS 算法的各个组成模块之间的主要依赖关系如下:

(1) 扰动操作不能被局部搜索轻易消除,一个好的扰动可以弥补局部搜索的显著缺点。

(2) 扰动和解接受准则的组合决定了搜索强化与多样化之间的相对平衡,强扰动只有在能被接受的情况下才有用,而这只有在解接受准则没有太偏向于改进解的情况下才会发生。

作为一个普遍的原则,只要不是太耗费 CPU 时间,局部搜索应该尽可能强大。在这样的选择下,找到一个适应良好的扰动,尽可能地利用问题结构。最后,设置解接受准则的例程,以便 S^* 被充分取样。有了这个观点,ILS 算法的整体优化近乎是一个自底向上的过程,但需要迭代。也许核心问题是在扰动中加入什么,特别是,是否可能只考虑弱扰动?从理论的角度来看,这个问题的答案取决于最优解是否"聚集"在空间 S^* 中。在一些问题中(旅行商问题就是其中之一),解的成本和它到最优解的"距离"之间存在很强的相关性。实际上,最优解聚在一起,也就是说,有许多相似的成分。例如,"山体中心"现象、近似最优性原则和副本对称性。如果所考虑的问题具有这种性质,则可对 S^* 进行有偏抽样来找到真正的最优值。很明显,可使用搜索强化来提高找到全局最优解的概率。

然而,在其他类型的问题中,聚类是不完整的,例如,距离非常远的解可能几乎和最优解一样好。这类组合优化问题的例子有 QAP、图双截面和 MAX-SAT。当解空间具有这种性质时,就必须采用新的策略。显然,仍然有必要使用搜索强化来获得当前邻域的最佳解,但通过这种方式通常得不到最优解。在搜索强化阶段之后,我们必须探索 S^* 的其他区域,这可以通过使用强度随实例增加的"大"扰动来实现。或者是从头开始重新启动算法,并重复另一个搜索强化阶段,或通过在搜索强化阶段和多样化阶段之间调整解的接受准则。在禁忌搜索的背景下讨论了搜索强化和搜索多样化之间的权衡。显然,在搜索强化与搜索多样化之间找到一个适当的平衡是非常重要且具有挑战性的问题。

8.3 迭代局部搜索算法的应用

ILS 算法已成功地应用于各种组合优化问题。在某些情况下,这些算法实现了极高的性能,甚至成为了当前最先进的算法,而在其他情况下,ILS 算法仅能与其他元启发式算法竞争。本节先概述 ILS 算法的应用,介绍这些算法的核心思想。我们特别强调了旅行商问题,因为它在 ILS 算法的发展中扮演着核心角色。

8.3.1 迭代局部搜索算法在旅行商问题中的应用

旅行商问题是最著名的组合优化问题之一。事实上,它是开发新算法思想的标准实验台,即在旅行商问题上的良好性能被视为这些思想存在价值的证据。像许多其他元启发式算法一样,一些早期的 ILS 算法是在旅行商问题上引入和测试的。Baum 创造了自己的方法"迭代下降",将 2-opt 作为嵌入的启发式,将随机的 3-changes 作为扰动机制,并减少路径长度。测试结果并不理想,一方面是因为算法的一些组成模块可能不是最合适的,另一方面是因为他处理的是非欧几里得旅行商问题。

ILS 算法性能的大幅提升来自 Martin 等提出的最大步长马尔可夫链(LSMC)算法。他们使用了一种模拟退火接受准则,应用了 3-opt 局部搜索和 Lin-Kernighan 启发式算法。该研究的关键部分可能是引入了双桥扰动机制。该选择使得这个方法对于欧几里得旅行商问题来说非常强大,并鼓励更多的研究沿着这条线进行。Johnson 创造了"迭代 Lin-Kernighan"这个词,使用 Lin-Kernighan 作为局部搜索执行 ILS。与 LSMC 实现的主要区别是:①双桥扰动是随机的而不是有偏的;②成本正在改进,即仅接受更好的路径,对应于 Better。由于这些初步研究,其他 ILS 的变形已经提出。

旅行商问题求解方法的一大飞跃源于 Helsgaun 的 Lin-Kernighan 实现及其迭代版本。Helsgaun 算法的主要新颖之处在于局部搜索方面,所设计的 Lin-Kernighan 变形基于更复杂的基本移动。迭代 Lin-Kernighan 启发式并不是真正的 ILS 算法,就像本章所介绍的那样,因为新的起始解的生成是通过一种解的构造方法。然而,该构造机制非常强烈地偏向当前解,这使得这种方法在某种程度上类似 ILS 算法。

还有许多求解旅行商问题的其他 ILS 算法,它们不一定能提供最好的性能,但它们展示了在 ILS 算法中可能有用的各种算法思路。Codenotti 等提出的算法提供了一种基于实例数据修改的复杂扰动机制的例子。针对旅行商问题,Hong 等研究了各种扰动强度以及基于种群的 ILS 算法。此外,扰动机制也是 Katayama 和 Narisha 研究的重点。他们引入了一种新的扰动机制,称为基因转化。该基因转化机制使用了两条路径,一个是目前的最优解 s^*_{best},另一个是当前的局部最优解 s^*。首先,对 s^*_{best} 执行随机的 4-opt 移动,生成 $s^{*\prime}$;然后保留 $s^{*\prime}$ 和 s^* 之间共享的子路径,且用贪婪算法重新连接所生成的部分。迭代 Lin-Kernighan 算法用基因转化方法代替标准的双扰动,在该算法上的计算实验结果证明了该方法的有效性。

Stutzle 和 Hoos 对旅行商的各种 ILS 算法的运行时间进行了分析,这一分析清楚地表明,具有 Better 的 ILS 算法在长运行时间内出现了停滞现象。为了避免这种停滞,他们提出了重启和一个特定的接受准则来进行多样化搜索。后一种策略中,一旦检测到搜索停滞,就迫使搜索从一个高质量的解继续进行,且该解与当前解的距离超过了一定的最小限度。当前性能最好的算法(如 Helsgaun 的迭代 Lin-Kernighan)也可能遭遇停滞行为,因此,它们的性能可以通过类似的思路得到进一步改善。

ILS 算法已经被用作更复杂算法的组成部分,如路径合并方法,其中心思想是通过 ILS 算法生成一个高质量路径集合 G,然后进一步对这些解进行后处理,在路径合并中,最优路径是由 G 中路径的片段所产生的。

8.3.2 迭代局部搜索算法在其他问题中的应用

ILS 算法已经被应用到大量的其他问题中,在这些问题中,它们通常达到了或非常接近最优的性能。

1. 单机总权重延迟问题

针对单机总权重延迟问题(single machine total weighted tardiness problem，SMTWTP)，Congram、Potts 和 van de Velde 提出了一种基于动态局部搜索的 ILS 算法，该算法中的扰动机制应用了一系列的随机交换移动，另外还利用了 SMTWTP 的特性。在接受准则中，Congram 等引入了一个回溯步骤，在接受每个新的局部最优解的 β 次迭代后，算法从目前找到的最优解重新开始。回溯步骤是将搜索历史的影响纳入接受标准的一种特殊选择。这个 ILS 算法的性能非常出色，几秒内就求解了几乎所有基准测试实例。Grosso 等基于在动态局部搜索中搜索一个扩大的邻域，对该算法进行了进一步的改进。这种方法优于第一个迭代动态搜索算法，故成为了目前求解 SMTWTP 的最优算法。

2. 单机并行调度问题

Brucker 等将 ILS 原理应用于若干单机和并行机调度问题。他们引入了一种基于两种类型邻域的局部搜索方法，每一步都是从一个可行解到第二个邻域的一个相邻解。与标准的局部搜索方法的主要区别是，第二个邻域是定义在第一个邻域的局部最优解的集合上。因此，这是一个有着两个嵌套邻域的 ILS 算法，在主邻域中搜索对应局部搜索阶段，在第二个邻域中搜索对应扰动阶段。第二个邻域与问题特性相关，这是在 ILS 中观察到的，扰动应该适应于问题特点。高层级的搜索减少了搜索空间的规模，同时也带来了更好的运行结果。

3. 流水车间调度问题

Stutzle 将 ILS 应用于最大完工时间准则下的置换流水车间问题(PFSP)。该算法基于插入邻域的直接的优先改进局部搜索，扰动由交换相邻作业位置的交换移动和无邻接约束的交换移动组成。实验发现，扰动只需要少量的交换移动便足以取得很好的效果。比较了几种接受准则，最优的是 ConstTemp，其在 LSMC 中选择了一个恒定温度。ILS 算法被证明是求解 PFSP 时性能最好的元启发式算法之一，该算法的一个自适应算法也在具有流程时间目标的流水车间问题上表现出了很好的性能。ILS 算法也被扩展至迭代贪婪(IG)算法。IG 以及其他一些算法的基本理念是通过破坏/构造机制来扰乱当前解。在解破坏阶段，通过去除解的某些组成部分，将完整解削减为部分解 s_p，在接下来的构造阶段，从 s_p 开始，用贪婪构造启发式方法重构一个完整的解。尽管基本思想很简单，但这种 IG 算法是求解 PFSP 的一种最先进的算法。

ILS 还被用于解决几个阶段串联的流水车间问题，在每个阶段有许多机器可用于加工。Yang 等假设在每个阶段有一组相同的并行机器，他们提出的元启发式有两个迭代重复的阶段。第一阶段将操作分配给机器，并构造一个初始序列；第二阶段使用 ILS，通过修改每台机器的操作顺序，为每个阶段的每台机器找到更好的调度。Yang 等也提出了一种“混合”元启发式，他们首先应用一个分解过程来求解一系列单阶段子问题，然后运行 ILS。重复这个过程，直到得到满意的解为止。

4. 作业车间调度问题

Lourenc,o 和 Zwijnenburg 使用 ILS 求解以最大完工时间为目标的作业车间调度问题。他们进行了大量的计算测试，比较了不同的初始解生成方法、各种局部搜索算法、不同的扰动和三个解接受准则。虽然他们发现初始解的影响非常有限，但结果证明其他部分非常重要。

Balas 和 Vazacopoulos 提出了一种变深度搜索启发式算法，称为引导局部搜索(GLS)。该算法基于作者提出的邻域树的概念，每个节点对应一个解，通过对某些关键弧进行交换得到子节点。他们通过在移动瓶颈(SB)程序中嵌入 GLS，并用 GLS 程序的若干循环替换 SB 的重新优化循环，设计了 ILS 算法。他们称这个过程为 SB-GLS1。后续 SB-GLS2 变形工作如下：

一旦所有机器都被排序，它们就会迭代地删除一台机器，并将 GLS 应用到由其余机器定义的较小实例上。然后再次将 GLS 应用于包含所有机器的初始实例中。因此，这两种启发式算法与 Lourenc,o 提出的相似，因为它们都是基于重新优化实例的某个部分，然后对完整实例重新应用局部搜索。

Kreipl 将 ILS 算法应用于总加权延迟作业车间调度问题。该 ILS 算法使用 RW，局部搜索为交换关键的弧和与其相邻的弧。该 ILS 算法的创新点是其扰动步骤，Kreipl 应用了恒温下模拟退火算法的几个步骤，在扰动阶段采用的邻域比局部搜索阶段更小。在扰动阶段执行的迭代次数取决于当前解的好坏。在好的解区域，只应用少量的步骤来维持接近质量好的解，否则，应用“大”扰动来逃离差的解区域。在一组基准实例上，ILS 算法的计算结果显示了非常好的性能。实际上，该算法的性能与后来 Essafi 等提出的更加复杂的算法大致相似。有趣的是，后一种方法将 ILS 算法作为局部搜索算子集成到进化算法中，说明了 ILS 也可以作为其他元启发式中的一种改进方法。

5. 图双分区问题

图双分区问题是 ILS 的早期应用之一。Martin 和 Otto 在早期的旅行商问题研究之后，为这个问题引入了 ILS。对于局部搜索，他们使用 Kernighan-Lin 变深度局部搜索算法，这是这个问题的类比 Lin-Kernighan 算法。在设计扰动机制时，他们注意到 Kernighan-Lin 局部搜索有一个特别的弱点，即它经常生成带有许多“岛屿”的分区，也就是说，两个集合 A 和 B 通常是高度碎片化的。因此，他们引入扰动，在这些岛屿之间交换顶点，而不是在整个集合 A 和 B 之间。最后，Martin 和 Otto 使用了 Better。整个算法显著地改进了嵌入的局部搜索(Kernighan-Lin 局部搜索的随机重启)，当解的接受准则得到优化时，它也改进了模拟退火。

6. MAX-SAT 问题

Battiti 和 Protasi 将反应性搜索应用于 MAX-SAT 问题。他们的算法包括两个阶段：局部搜索阶段和多样化(扰动)阶段。正因为如此，他们的方法非常适合 ILS 框架。对当前局部最小值进行禁忌搜索以使修改后的解 s' 与当前解 s^* 大不相同。对两者差别的度量是汉明距离，最小距离由禁忌列表长度来确定，该禁忌列表会在算法执行过程中被调整。对于局部搜索，他们使用了适用于 MAX-SAT 问题的标准迭代改进算法。取决于 $s^{*\prime}$ 和 s^* 之间的距离，扰动阶段的禁忌列表长度是动态调整的。然后基于解 $s^{*\prime}$ 开始下一个扰动阶段，其中 $s^{*\prime}$ 为依据 RW 所得到的解。该研究很好地说明了如何在 ILS 运行中动态调整扰动强度。我们猜想在运行 ILS 算法时，类似的方案将有助于调整扰动大小。在后来的研究中，Smyth 等设计了一种基于鲁棒禁忌搜索算法的 ILS 算法，该算法应用于局部搜索阶段和扰动阶段。这两个阶段的主要区别是，在扰动阶段，禁忌列表长度强烈增加，从而使搜索远离当前解。大量的计算测试表明，该算法在许多 MAX-SAT 实例类上达到了最先进的性能。

7. 二次分配问题

ILS 算法在求解 QAP 问题时性能也很显著。Stutzle 通过分析具有 Better 的基本 ILS 算法的运行时间获得了深刻的见解，基于此，他提出了许多不同的 ILS 算法。使用重启类型准则和其他准则来维护解的多样性的基于种群的 ILS 延伸已经成为性能最好的变形。一项延伸的实验已经确定了这种基于种群的 ILS 变形是求解结构化 QAP 实例的性能最好的算法。

8. 其他问题

ILS 已经应用于许多其他问题，在此不进行详尽列举，只简要地提到其中一些问题。ILS 算法被用于求解各种车辆路径问题(VRPs)，包括时变 VRPs、带时间惩罚函数的 VRPs、多车场车辆调度问题。在 Ribeiro 和 Urrutia 提出的 GRASP 方法中，ILS 被用作一种局部搜索程序，用于求解镜像巡回赛问题。此外，高性能的ILS算法也被提出用于解决一些问题，如最大团问题、图像匹配问题、一些循环布局问题、线性排序问题、物流网络设计问题、带容量限制的枢纽选址问题、贝叶斯网络结构学习和最小平方和聚类。

本节选择的示例强调了已经提到的几个要点。首先，如果要获得最佳性能，局部搜索算法的选择非常关键。在大多数应用中，性能最好的ILS算法应用的局部搜索算法比简单的最佳或首次改进方法更复杂。其次，如果要达到最好的效果，ILS算法的其他组成部分也需要被优化。这种优化应该是全局的，并且应该利用问题的特定属性。在调度应用中给出了最后一点的例子，其中好的扰动不是随机，而是实例重要部分的重新优化。

ILS是一个通用的元启发式算法，它可以应用于不同的组合优化问题，复杂扰动方案和多样化搜索是实现最佳ILS性能的关键因素。

8.4　本章小结

ILS具有元启发式的许多理想特性：简单、易于实现、稳健和高效。ILS的基本思想是，不是搜索整个解空间，而是搜索一个较小的局部最优解的子空间。ILS算法的成功在于对该局部最优解的集合进行了有偏采样。这种方法的有效性主要取决于局部搜索、扰动和解接受准则的选择。即使在使用ILS各组成部分的最简单的实现时，ILS也可以比随机重启做得更好。但进一步调整ILS的各个组成部分以使其符合当前问题的特点，ILS通常会成为具有竞争力的甚至是最先进的算法。这种二分法很重要，因为算法的优化可以逐步完成，因此ILS可以保持在任何简单性水平。这一点，再加上ILS的模块化特性，导致了较短的设计时间，并使ILS比更复杂的元启发式更具有优势。综上，我们相信ILS是一个强大的算法，可用来解决从金融到生产管理和物流等领域的工业和服务业的实际复杂问题。最后，即使本章是在处理组合优化问题的背景下提出的，实际所涉及的大部分内容都可直接扩展到连续优化问题。

展望未来的研究方向，我们期待ILS算法能应用到一些具有挑战性的优化问题，例如，约束过于严格以致大多数元启发式算法失效的问题、多目标问题、动态或实时问题。

理解ILS模块（即初始解生成、扰动、局部搜索和解接受准则）之间的相互作用非常重要。改善ILS性能的方法有智能使用内存、明确搜索强化策略、明确搜索多样化策略以及与问题特性相关的调优。对这些问题的探索肯定会带来性能更高的迭代局部搜索算法。

8.5　习题

1. 简述迭代局部搜索算法的基本思想。
2. 阐述迭代局部搜索算法的总体框架。
3. 写出迭代局部搜索算法的伪代码。
4. 阐述迭代局部搜索算法的各个设计模块的特点及其相互作用。
5. 迭代局部搜索算法的解接受准则主要有哪几种？它们各自的含义是什么？
6. 迭代局部搜索算法的扰动机制的设计原则是什么？
7. 简述迭代局部搜索算法在旅行商问题中的应用。

第 9 章

粒子群算法

粒子群优化(particle swarm optimization,PSO)算法(简称粒子群算法)自提出以来,就以其概念简单、容易实现和需要调整的参数较少等优点吸引了大批学者进行研究,现已逐步渗透到各个应用领域。

粒子群算法是 J. Kennedy 和 R. C. Eberhart 在 1995 年一次国际学术会议上正式提出的一种基于群体智能的随机优化方法。其算法思想的产生是受到了鸟群捕食行为规律的启发。科学家在研究鸟类捕食行为时发现,单只鸟并不知道该如何寻找食物,而且它也无法得知自己与食物间的距离。如果它能够围绕那些距离食物最近的个体鸟的周围进行搜索,则最有可能获取食物,这是一种最有效的觅食策略。这一策略反映的是粒子群中个体之间的信息共享或相互通信的机制。而粒子群算法的基本核心就是利用了群体中的个体对信息的共享,使得整个群体的运动在问题求解空间中产生从无序到有序的演化过程,从而获得问题的最优解。

本章简单介绍粒子群算法的起源和原理,并对其重要参数进行分析,同时结合案例进一步介绍粒子群算法。

9.1 粒子群算法起源

粒子群优化算法的产生来源于对简化的社会模型模拟。它是在鸟群、鱼群和人类社会的行为规律的启发下提出的。自然界中很多生物以社会型群居形式生活在一起,如鸟群、鱼群等,在 20 世纪 70—80 年代一些科学家对鸟群或鱼群的群体行为进行了研究。

生物学家 C. W. Reynolds 提出的 Boids 模型便是其中比较有影响力的一个。Boids 模型主要用来模拟鸟群聚集飞行的行为,在这个模型中,每个个体的行为只和它周围邻近个体的行为有关,每个个体只需遵循如下 3 条规则。

(1) 避免碰撞(collision avoidance)。避免和邻近的个体相碰撞。

(2) 速度一致(velocity matching)。和邻近的个体的平均速度保持一致。

(3) 向中心聚集(flock centering)。向邻近个体的平均位置移动。

通过一系列的仿真实验发现初始处于随机状态的鸟通过自组织逐步聚集成一个个小的群落,并且以相同速度朝着相同方向飞行,然后几个小的群落又聚集成大的群落,大的群落可能又分散为一个个小的群落。这些行为和现实中的鸟类飞行的特性基本上是一致的。生物学家 F. Heppner 等开展了对鸟群趋同性行为的深入研究,发现鸟群的同步飞行这个整体的行为只是建立在每只鸟对周围的局部感知上，而且并不存在一个集中的控制者。也就是说，整个群体组织起来但没有一个组织者，群体之间相互协调却没有一个协调者。

生物社会学家 EO. Wilson 曾说过，至少从理论上，在搜索食物的过程中，群体中个体成员可以得益于所有其他成员的发现和先前的经历。当食物源不可预测地零星分布时，这种协作带来的优势是决定性的，远大于对食物的竞争带来的劣势。

R. Boyd 和 P. J. Richerson 在研究人类的决策过程时，提出了个体学习和文化传递的概念。根据他们的研究结果，人们在决策过程中使用两类重要信息：一是自身的经验；二是其他人的经验。也就是说，人们根据自身的经验和他人的经验进行自己的决策。

以上通过对鸟群、鱼群、人类社会系统的研究，证实了群体中个体之间信息的社会共享有助于整体进化。这便是开发 PSO 算法的核心思想。

在以上研究的基础上，1995 年美国社会心理学家 J. Kennedy 和电气工程师 R. C. Eberhart 在 IEEE 神经网络国际学术会议正式发表了题为 *Particle Swarm Optimization* 的文章，标志着 PSO 算法的诞生。

9.2 粒子群算法原理

9.2.1 原始粒子群算法原理

PSO 算法的基本思想是随机初始化一群没有体积和质量的粒子，将每个粒子视为优化问题的一个可行解，粒子的好坏由一个事先设定的适应度函数来确定。每个粒子将在可行解空间中运动，并由一个速度变量决定其方向和距离。通常粒子将追随当前的最优粒子，并经逐代搜索最后得到最优解。在每一代中，粒子将跟踪两个极值：粒子本身迄今为止找到的最优解；整个群体迄今为止找到的最优解。

假设一个由 M 个粒子组成的群体在 D 维的搜索空间以一定的速度飞行。粒子 i 在 t 时刻的状态属性设置如下：

位置方程为 $x_i^t=(x_{i1}^t,x_{i2}^t,\cdots,x_{id}^t)^{\mathrm{T}}$，其中 $x_{id}^t\in[L_d,U_d]$，L_d、U_d 分别为搜索空间的下限和上限。

速度方程为 $v_i^t=(v_{i1},v_{i2},\cdots,v_{id})^{\mathrm{T}}$，其中 $v_{id}^t\in[v_{\min,d},v_{\max,d}]$，$v_{\min}$、$v_{\max}$ 分别为最小和最大速度。

个体最优位置为 $p_i^t=(p_{i1}^t,p_{i2}^t,\cdots,p_{iD}^t)^{\mathrm{T}}$。

全局最优位置为 $p_g^t=(p_{g1}^t,p_{g2}^t,\cdots,p_{gD}^t)^{\mathrm{T}}$。

其中 $1\leqslant d\leqslant D,1\leqslant i\leqslant M$。

粒子在 $t+1$ 时刻的位置通过式(9-1)和式(9-2)更新获得。

$$v_{id}^{t+1}=v_{id}^t+c_1r_1(p_{id}^t-x_{id}^t)+c_2r_2(p_{gd}^t-x_{id}^t) \tag{9-1}$$

$$vx_{id}^{t+1}=x_{id}^t+v_{id}^{t+1} \tag{9-2}$$

其中，r_1、r_2 为均匀分布在区间(0,1)的随机数；c_1、c_2 称为学习因子，通常取 $c_1=c_2=2$。

式(9-1)主要由三部分组成：第一部分为粒子先前速度的继承，表示粒子对当前自身运动状态的信任，依据自身的速度进行惯性运动；第二部分为“认知”部分，表示粒子本身的思考，即综合考虑自身以往的经历从而实现对下一步行为决策，这种行为决策便是“认知”，它反映的是一个增强学习过程；第三部分为“社会”部分，表示粒子间的信息共享与相互合作。在搜索过程中粒子记住自己的经验，同时考虑其同伴的经验。当单个粒子察觉同伴经验较好时，它将进行适应性的调整，寻求一致认知过程。

基本 PSO 算法的实现步骤如下：

步骤 1：初始化。设定 PSO 算法中涉及的各类参数，如搜索空间的下限 L_d 和上限 U_d、学习因子 c_1 和 c_2、算法最大迭代次数 $T_{\max}$、收敛精度 ξ、粒子速度范围$[v_{\min}, v_{\max}]$。随机初始化搜索点的位置 x_i 及其速度 v_i，设当前位置即每个粒子的 p_i，从个体极值找出全局极值，记录该最好值的粒子序号 g 及其位置 p_g。

步骤 2：评价每一个粒子。计算粒子的适应值，如果好于该粒子当前的个体极值，则将 p_i 设置为该粒子的位置，且更新个体极值。如果所有粒子的个体极值中最好的好于当前的全局极值，则将 p_g 设置为该粒子的位置，更新全局极值及其序号 g。

步骤 3：粒子的状态更新。用式(9-1)和式(9-2)对每一个粒子的速度和位置进行更新。如果 $v_i > v_{\max}$，则将其置为 $v_{\max}$；如果 $v_i < v_{\min}$，则将其置为 $v_{\min}$。

步骤 4：检验是否符合结束条件。如果当前的迭代次数达到了预先设定的最大次数 $T_{\max}$，或最终结果小于预定收敛精度 ξ 要求，则停止迭代，输出最优解，否则转到步骤 2。

9.2.2 标准粒子群算法原理

标准 PSO(standard PSO，SPSO)模型与原始 PSO 模型的不同之处在于，通过一个惯性权重 w 来协调 PSO 算法的全局和局部寻优能力。具体做法是将基本 PSO 的速度方程修改为如式(9-3)所示，而位置方程保持不变：

$$v_{id}^{t+1} = wv_{id}^{t} + c_1 r_1 (p_{id}^{t} - x_{id}^{t}) + c_2 r_2 (p_{gd}^{t} - x_{id}^{t}) \tag{9-3}$$

其中，惯性权重 w 的大小决定了粒子对当前速度继承的多少，选择一个合适的 w 有助于均衡 PSO 的探索能力与开发能力。

Y. Shi 等指出了惯性权重的作用，较大的惯性权重有利于展开全局寻优，而较小的惯性权重则有利于局部寻优。因此，如果在迭代计算过程中呈线性递减惯性权重，则 PSO 算法在开始时具有良好的全局搜索性能，能够迅速定位到接近全局最优点的区域，而在后期具有良好的局部搜索性能，能够精确地得到全局最优解。Y. Shi 等经过多组反复实验后发现，采用从 0.9 线性递减到 0.4 的策略通常会取得比较好的算法性能。线性递减公式如下：

$$w = w_{\text{start}} - \frac{w_{\text{start}} - w_{\text{end}}}{t_{\max}} \times t \tag{9-4}$$

其中，$t_{\max}$ 为最大迭代次数，t 为当前迭代次数，w_{start}、w_{end} 分别为初始惯性权重和终止惯性权重。

9.3 粒子群算法参数分析

PSO 算法的参数改进主要体现在其速度迭代公式中，涉及的三方面包括惯性权重的调节、学习因子的调节和速度迭代公式中的其他参数。其中，惯性权重作为控制 PSO 算法全局探测能力(在整个搜索空间中搜索)与局部开发能力(在局部近优解附近搜索)的关键因素，受到了较为广泛的研究。

9.3.1 惯性权重分析

在 PSO 算法的可调整参数中，惯性权重是最重要的改进参数，它决定了粒子先前飞行速度对当前飞行速度的影响程度，因此通过调整惯性权重的值可以实现全局搜索和局部搜索之间的平衡。当惯性权重值较大时，全局搜索能力强，局部搜索能力弱；当惯性权重值较小时，全局搜索能力弱，局部搜索能力强。因此恰当的惯性权重值可以提高算法性能和寻优能力，减少迭代次数。但是要达到算法性能最优，还存在一定的难度，因为当惯性权重值较大时，有利于全局搜索，虽然收敛速度快，但不易得到精确解；惯性权重值较小时有利于局部搜索和得到更为精确的解，但收敛速度慢且有时会陷入局部极值。因此，如何寻找合适的惯性权重值使之在搜索精度和搜索速度方面起恰当的协调作用，成为很多学者研究的重点。经过几年的发展，已有了不少研究成果，主要可以分为线性惯性权重策略和非线性惯性权重策略两种。

1. 线性惯性权重策略

由于在一般的全局优化算法中，总希望前期有较高的全局搜索能力以找到合适的种子，而在后期有较高的开发能力以加快收敛速度，所以惯性权重的值应该是递减的。惯性权重的线性策略大部分都是线性递减策略，常用的有以下两种。

1）典型线性递减策略

有专家学者提到了惯性权重（用 w 来表示）应随着进化代数而线性递减。这是首次提出的惯性权重递减策略，我们称之为典型线性递减策略。Y. Shi 等将 w 设置为从 0.9 到 0.4 的线性下降，使得 PSO 在开始时探索较大的区域，较快地定位最优解的大致位置，随着 w 逐渐减小，粒子速度减慢，开始精细的局部搜索。该方法使 PSO 更好地控制全局搜索能力和局部搜索能力，加快了收敛速度，提高了算法的性能。

这种典型的惯性权重线性递减策略在目前应用最为广泛，但是由于在这种策略下，迭代初期全局搜索能力较强，如果在初期搜索不到最好点，那么随着 w 的减小，局部搜索能力加强，就易陷入局部最优。

2）线性微分递减策略

为了克服典型线性递减策略的局限性，又有学者提出了一种线性微分递减策略，惯性权重的计算公式如下：

$$\frac{\mathrm{d}w(t)}{\mathrm{d}t}=\frac{2(w_{\text{start}}-w_{\text{end}})}{t_{\max}^{2}}\times t \tag{9-5}$$

$$w(t)=w_{\text{start}}-\frac{w_{\text{start}}-w_{\text{end}}}{t_{\max}^{2}}\times t^{2} \tag{9-6}$$

对 w 变化方程及实验结果进行分析：在算法进化前期，w 的减小趋势缓慢，全局搜索能力很强，有利于找到很好的优化种子；在算法进化后期，w 的减小趋势加快。因此，一旦在前期找到合适的种子，可以使得算法收敛速度加快，在一定程度上减弱了典型线性递减策略的局限性，在算法性能提高上有了很大改善。

2. 非线性惯性权重策略

惯性权重线性递减策略经过不断改进，已经比原始的惯性策略有了很大改善。但由于其具有线性递减的特征，因此，在很多问题的迭代过程中，算法一旦进入局部极值点邻域内就很难跳出。为了克服这种不足，许多学者经过大量研究实验，提出了多种非线性的惯性权重改进策略。

1）先增后减策略

为改善递减策略中存在的缺陷，提出了先增后减的惯性权重改进策略，公式如下：

$$w(t)=\begin{cases}1\times\dfrac{t}{t_{\max}}+0.4, & 0\leqslant\dfrac{t}{t_{\max}}\leqslant 0.5\\[2ex] -1\times\dfrac{t}{t_{\max}}+1.4, & 0.5\leqslant\dfrac{t}{t_{\max}}\leqslant 1\end{cases} \tag{9-7}$$

经过实验分析，这种先增后减的惯性权重，前期有较快的收敛速度，而后期的局部搜索能力也不错，在一定程度上保持了递减和递增策略的优点，同时克服了一些缺点，相对提高了算法性能。

2）带阈值的非线性递减策略

在典型线性递减策略的基础上引入递减指数和迭代阈值，提出了一种惯性权重的非线性递减策略，即

$$w(t)=w_i-\left(\frac{t-1}{T_0-1}\right)^{\lambda}(w_i-w_j) \tag{9-8}$$

参数集变为$\{\lambda,w_j,w_i,T_0\}$。引入λ使w随t的增大而非线性递减，迭代初期w较大，粒子以较大的速度遍历整个搜索空间，确定最优值的大致范围。随着w非线性减小，大部分粒子的搜索空间逐渐减小且集中在最优值的邻域内，迭代达到阈值T_0时，$w(t)=w_i$，粒子以几乎不变的速度在最优值邻域范围内找到全局最优值。尤其对低维测试函数，无论在搜索最优值精度、收敛速度还是在稳定性方面都有明显的优势。

3）带控制因子的非线性递减惯性权重策略

有学者提出了其他的非线性动态递减惯性权重策略，其计算公式如下：

$$w(t)=(w_{\text{start}}-w_{\text{end}}-d_1)\mathrm{e}^{\frac{1}{1+d_2 t/t_{\max}}} \tag{9-9}$$

其中，d_1、d_2为控制因子，目的是控制w在w_{start}和w_{end}之间。经过大量实验证明：当$d_1=0.2$、$d_2=0.7$时，算法的性能会大大提高。

3. 其他策略

除上述线性和非线性两种主要的惯性权重策略以外，国内外学者通过大量研究，还提出了其他多种惯性权重改进策略。

1）根据早熟收敛程度和适应值调整惯性权重策略

与惯性权重调整根据迭代次数的增加而变化的策略不同，有学者提出了一种自适应调整策略：根据群体早熟收敛程度和个体适应值来确定惯性权重的变化。设粒子i的适应值为f_i，最优粒子的适应值是f_m，粒子群的平均适应值是$f_{\text{avg}}=\frac{1}{n}\sum_{i=1}^{n}f_i$；将优于$f_{\text{avg}}$的适应值求平均得到$f'_{\text{avg}}$；定义$\Delta=f_m-f'_{\text{avg}}$。根据$f_i$、$f'_{\text{avg}}$和$f_{\text{avg}}$将群体分为三类子群，分别进行不同的自适应操作。其惯性权重的调整如下：

（1）f_i优于f'_{avg}，则

$$w(t)=w-(w-w_{\text{end}})\cdot\left|\frac{f_i-f'_{\text{avg}}}{f_m-f'_{\text{avg}}}\right| \tag{9-10}$$

（2）f_i优于f_{avg}但次于f'_{avg}，则惯性权重不变。

（3）f_i次于f_{avg}，则

$$w(t)=1.5-\frac{1}{1+k_1\cdot\exp(-k_2\cdot\Delta)} \tag{9-11}$$

第一类粒子是较优秀的粒子，已接近全局最优解，赋予较小的惯性权重，从而强化局部搜索能力；第二类粒子为一般粒子，具有较好的全局和局部搜索能力，不需要改变其惯性权重；第三类粒子为较差的粒子，借鉴自适应调整遗传算法控制参数的方法对其进行调整。k_1、k_2为控制参数，用k_1来控制w的上限（一般为大于1的常数），k_2主要用来控制式(9-11)的调节能力。当算法停止时，若粒子分布较为分散，则Δ较大，由式(9-11)减小w，加强局部搜索能力使群体趋于收敛；若粒子分布较为聚集，则Δ较小，由式(9-11)增大w，使粒子具有较强的全局搜索能力，从而有效地跳出局部极值。

2）根据距全局最优点的距离调整惯性权重策略

该策略提出各粒子的惯性权重不仅随迭代次数的增加而递减，还随其距全局最优点的距离增加而递增，即权重 w 根据粒子的位置不同而动态变化：

$$w(t)=w_{\text{start}}-\frac{(l_{ig}-l_{\min})(w_{\text{start}}-w_{\text{end}})t}{(l_{\max}-l_{\min})t_{\max}} \tag{9-12}$$

其中，l_{ig} 为第 i 个粒子到最优粒子的距离，$l_{\max}$ 和 $l_{\min}$ 分别是预先设定的最大距离和最小距离参数。根据式(9-12)，当 $l_{ig}>l_{\max}$ 时，$w=w_{\text{start}}$，当 $l_{ig}<l_{\min}$ 时，$w=w_{\text{end}}$；当 $l_{\min}<l_{ig}<l_{\max}$ 时，w 随着 l_{ig} 单调递增。仿真实验结果表明，在这种策略下算法在收敛速度和迭代次数方面都有了改进，特别是对多峰函数效果提高得更明显。

3）模糊调整惯性权重的策略

有学者认为 PSO 算法搜索过程是一个非线性的复杂过程，让 w 线性下降的方法不能正确地反映真实的搜索过程。因此，可用模糊推理机制来动态地调整惯性权重。这种方法的优缺点如下：模糊推理机制能预测合适的 w，动态地平衡全局和局部搜索能力，提高了平均适应值；但是其参数比较多，增加了算法的复杂度，使得实现较为困难。

4）随机调整惯性权重的策略

目前的研究中，很多学者认为 w 应为一组随机值，有人提出一种动态惯性权重的方法，以试图解决优化目标变化显著的问题，该方法令

$$w(t)=\frac{0.5+\text{rand}()}{2} \tag{9-13}$$

即随机产生区间[0.5,1]上的 w，通过对函数进行测试，说明了这种策略下的 PSO 算法能跟随非静态目标函数，比进化规划和进化策略所得结果的精度更高、收敛速度更快。

此外，国内学者在这方面也有所研究，提出了 w 服从均匀分布、正态分布等随机策略，使算法性能较线性递减策略有明显提高。

9.3.2　学习因子分析

在 PSO 算法中，学习因子 c_1、c_2 决定了粒子本身经验和群体经验对粒子运动轨迹的影响，反映了粒子间的信息交流，设置较大或较小的 c_1、c_2 值都不利于粒子的搜索。在理想状态下，搜索初期要使粒子尽可能地探索整个空间，而在搜索末期，粒子应避免陷入局部极值。推导出 c_1、c_2 取 2.5，一般的设置是 $c_1=c_2\in[1,2.5]$。

有学者提出利用线性调整学习因子取值，如式(9-14)和式(9-15)所示，即 c_1 先大后小，c_2 先小后大。其基本思想是在搜索初期粒子飞行主要参考粒子本身的历史信息，到了后期则更加注重社会信息。该方法能得到较好的效果，但也存在粒子易早熟的缺点，主要是因为搜索的前期粒子在全局徘徊，而后期粒子缺乏多样性，导致过早收敛于局部极值。

$$c_1=c_{1\text{s}}+\frac{(c_{1\text{e}}-c_{1\text{s}})t}{t_{\max}} \tag{9-14}$$

$$c_2=c_{2\text{s}}+\frac{(c_{2\text{e}}-c_{2\text{s}})t}{t_{\max}} \tag{9-15}$$

使学习因子非线性变化来控制算法的局部和全局搜索。基本思想是前期加快 c_1 和 c_2 的改变速度，让算法较快地进入局部搜索，后期则通过较大的 c_2 使算法更注重群体信息，保持粒子多样性。目前，学习因子的非线性策略主要有凹函数策略和反余弦策略。反余弦策略的特点是算法后期设置了比较理想的 c_1 和 c_2 值，使粒子保持一定的搜索速度，避免过早收敛。反

余弦策略加速因子构造方式具体如下：

$$c_1 = c_{1s} + (c_{1e} - c_{1s})\left(1 - \frac{\arccos\left(\frac{-2t}{t_{max}} + 1\right)}{\pi}\right) \tag{9-16}$$

$$c_2 = c_{2s} + (c_{2e} - c_{2s})\left(1 - \frac{\arccos\left(\frac{-2t}{t_{max}} + 1\right)}{\pi}\right) \tag{9-17}$$

其中，c_{1s} 和 c_{2s} 表示 c_1 和 c_2 的迭代初始值，c_{1e} 和 c_{2e} 表示 c_1 和 c_2 的迭代终值，t 为当前迭代次数，t_{max} 为最大迭代次数。

9.3.3 其他参数分析

PSO 算法中参数较少，所以每个参数的设置对算法性能有较大的影响，9.3.1 节和 9.3.2 节主要讨论了惯性权重和学习因子对算法性能的影响，本节通过一个实验，来检验 PSO 算法参数中的种群大小和最大速度对算法性能的影响。

设计一个实验，研究速度迭代公式中两个参数种群大小 m、最大速度 v_{max} 的变化对算法结果的影响。为便于研究，首先根据最大速度与搜索空间之间的关系：

$$v_{max} = \lambda \mid x \mid_{max} \tag{9-18}$$

其中，λ 为最大速度与位置限制的比例系数，$|x|_{max}$ 为上下限绝对值的最大值。两个参数取值范围如表 9-1 所示，为便于研究，λ 的变化是加速递增的，0.001～0.01 为 0.001，0.01～0.1 为 0.01，0.1～1 为 0.1，以此类推，最大为 100。

表 9-1 参数取值范围

参　数	范　围	增　量
种群规模 m	[10,150]	10
比例系数 λ	[0.001,1000]	—

9.4 粒子群算法的应用

9.4.1 粒子群算法在模糊系统设计问题中的应用

1. 多群体协同粒子群算法

PSO 算法源于对自然界生物群体行为的模拟，反映了生物个体在群体中的一种协同关系。在自然生态系统中，许多生物更是展现了群体之间的某些合作关系，如觅食、共同抵御外敌。随着对这种群体间合作行为的研究，将一种主一从多群体模型引入了基本 PSO 算法中，提出了多群体协同粒子群(multi-swarm cooperative particle swarm optimization，MCPSO)算法。在该算法中，每一代群体都包含一个主群和多个从群，从群侧重于全局探索，主群侧重于局部开发，各从群为主群提供子群最优值信息。MCPSO 算法的主-从群体间信息交流模型如图 9-1 所示。

在 MCPSO 算法中，所有子群可以设定单独的参数与变量，独立生成粒子并进行速度迭代与位置更新。每一代，所有子群都把最优的个体信息传递给主群，主群从中挑选最优子群个体进行进化，进化公式如下：

$$\begin{aligned} v_{id}^M(t+1) = {} & wv_{id}^M(t) + c_1 \times r_1(p_{id}^M(t) - x_{id}^M(t)) + c_2 \times \\ & r_2(p_{gd}^M(t) - x_{id}^M(t)) + c_3 \times r_3(p_{gd}^S(t) - x_{id}^M(t)) \end{aligned} \tag{9-19}$$

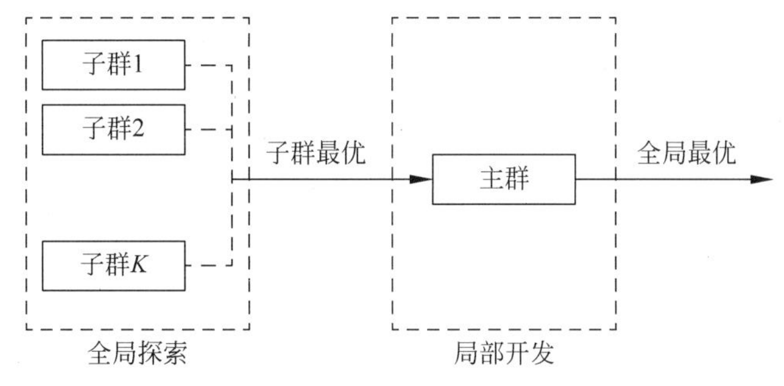

图 9-1 MCPSO 算法的主-从群体间信息交流模型

$$x_{id}^{M}(t+1)=x_{id}^{M}(t)+v_{id}^{t+1}(t+1)d \tag{9-20}$$

其中，$p_{id}^{M}(t)$表示在第 t 代主群第 i 个粒子迄今的个体最优值的第 d 维变量；$p_{gd}^{M}(t)$表示在第 t 代主群第 i 个粒子迄今的全局最优值的第 d 维变量；$p_{gd}^{S}(t)$表示在第 t 代所有子群迄今的子群最优值的值；c_1、c_2、c_3 表示学习因子，c_3 决定了主群从子群最优值获取进化信息的强度；$x_{id}^{M}(t+1)$表示第 $t+1$ 代主群第 i 个粒子中第 d 维变量的位置。

2. T-S 模糊模型

选择在模糊建模和模糊控制领域中应用最为广泛的 Takagi-Sugeno(T-S)模糊模型为研究对象。T-S 模糊模型是日本学者 T. Takagi 和 M. Sugeno 于 1985 年提出的一种适合表示非线性系统的模糊模型。T-S 模糊模型的后件部分采用线性方程描述，因此便于采用传统的控制策略设计相关的控制器和对控制器进行分析。它采用系统状态变化量或输入变量的函数作为 IF-THEN 模糊规则的后件，不仅可以用来描述控制器，也可以描述被控制对象的动态模型。T-S 模糊模型的语言 IF-THEN 规则可表示如下：

$$R^{l}:\text{if } x_1 \text{ is } A_1^{l} \text{ and} \cdots x_n \text{ is } A_n^{i},\text{then } \hat{y}^{l}=\alpha_0^{l}+\alpha_1^{l}x_1+\cdots+\alpha_n^{l}x_n \tag{9-21}$$

其中，$\hat{y}^{l}(1\leqslant i\leqslant n)$为后件参数，$A_i^{l}(x_i)$为模糊变量并可用高斯隶属度函数表达如下：

$$A_i^{l}(x_i)=\exp\left[-\frac{1}{2}\left(\frac{x_i-m_i^{l}}{\sigma_i^{l}}\right)^2\right] \tag{9-22}$$

其中，$1\leqslant l\leqslant r,\cdots,1\leqslant i\leqslant n,x_i\in R,m_i^{l}$ 和 σ_i^{l} 表示高斯形隶属度函数的平均值和标准差，也称前件参数。

假如给定一个输入，那么诸规则的输出可通过式(9-23)计算获得。

$$\hat{y}(k)=\frac{\sum_{l=1}^{r}\hat{y}^{l}(k)\left(\prod_{i=1}^{n}A_i^{l}(x_i^{0}(k))\right)}{\sum_{l=1}^{r}\left(\prod_{i=1}^{n}A_i^{l}(x_i^{0}(k))\right)}=\frac{\sum_{l=1}^{r}\hat{y}^{l}(k)w^{l}(k)}{\sum_{l=1}^{r}w^{l}(k)} \tag{9-23}$$

其中，$\hat{y}^{l}$ 由第 l 条规则的结论方程式确定，$w^{l}(k)$表示广义输入向量对第 l 条规则的隶属度，由式(9-24)确定。

$$w^{l}(k)=\prod_{i=1}^{n}A_i^{l}(x_i^{0}(k)) \tag{9-24}$$

3. 基于 MCPSO 算法的 T-S 模糊系统优化设计

在应用 MCPSO 算法进行 T-S 模糊系统优化设计之前，需要解决两个关键性问题，即参数表达与适应度函数定义。

1）参数表达

如前所述，待优化的参数包括由隶属度函数参数组成的前件参数和由一阶 T-S 模糊模型输出系数组成的后件参数，这些参数可以用一个二维矩阵表示：

$$\begin{bmatrix} m_1^1 & \sigma_1^1 & \cdots & m_n^1 & \sigma_n^1 & \alpha_0^1 & \alpha_1^1 & \cdots & \alpha_n^1 \\ m_1^2 & \sigma_1^2 & \cdots & m_n^2 & \sigma_n^2 & \alpha_0^2 & \alpha_1^2 & \cdots & \alpha_n^2 \\ \vdots & \vdots & \ddots & \vdots & \vdots & \vdots & \vdots & \vdots & \vdots \\ m_1^r & \sigma_1^r & \cdots & m_n^r & \sigma_n^r & \alpha_0^r & \alpha_1^r & \cdots & \alpha_n^r \end{bmatrix}$$

该矩阵的大小可以表示为 $\boldsymbol{D}=r\times(3n+1)$。

2）适应度函数定义

对 SISO（单输入单输出）或 MISO（多输入单输出）系统，可采用式（9-25）所定义的均方根误差（RMSE）作为其性能指标：

$$F=\text{RMSE}=\sqrt{\sum_{k=1}^{K}(y_r(k+1)-y_p(k+1))^2/K} \tag{9-25}$$

其中，K 表示总步长，$y_r(k+1)$表示期望输出，$y_p(k+1)$表示推理输出。

对于 MIMO（多输入多输出）系统，适应度函数可定义如下：

$$F=\text{RMSE}=\sqrt{\sum_{k=1}^{K}\left[(y_{r1}(k+1)-y_{p1}(k+1))^2+(y_{r2}(k+1)-y_{p2}(k+1))^2\right]/K} \tag{9-26}$$

其中，$y_{r1}(k+1)$和 $y_{r2}(k+1)$表示期望输出，$y_{p1}(k+1)$和 $y_{p2}(k+1)$表示推理输出。显然适应度函数的值越小，则辨识或控制能力越好，误差越小。

3）算法流程

采用 MCPSO 算法进行 T-S 模糊系统的参数优化，具体流程如下：

（1）初始化。在 MCPSO 算法中，主群与从群公有参数采用相同设置，首先初始化由 $N\times n(N,n\geqslant 2)$个体组成的群体，每个群体中包含 n 个个体，每个个体的位置与速度为区间$[0,1]$的一个随机数，个体的位置与速度维数均为 D。这些个体等价于 MCPSO 中的粒子。

在 T-S 模糊系统中模糊规则数 r 需要预先设置。此外最初惯性权值 w_{start}、最终惯性权值 w_{end}、迁移因子 c_3、学习因子 c_1 和 c_2 均要预先确定。初始化后每个粒子的下一代由下面的步骤确定。

（2）对于每个粒子，计算其适应度函数值大小以检测其优化能力的好坏，适应度函数由式（9-25）或式（9-26）确定。

（3）对于每个粒子，将其适应度值与其经历过最好位置 pbest 的适应度值进行比较，如果更好，则将其作为粒子个体历史最优值，用当前位置更新个体历史最好位置。对于每个粒子，将其历史最优适应度值与群体内所经历的最好位置 gbest 的适应值进行比较，若更好，则将其作为当前的全局最好位置。

（4）在每一代中，当步骤（3）完成以后，找出子群体中最好的粒子 p_g^S。

（5）从群的粒子分别根据相应的算法公式进行位置与速度的更新，主群的粒子根据公式（9-19）和公式（9-20）对速度与位置进行更新。

（6）算法终止，重复步骤（2）～步骤（5）直到所有的参数收敛。

需要注意的是，在进化过程中，个体的参数值可能会超出可接受范围。假设第 i 个输入变量的样本取值范围为$[\min(x_i),\max(x_i)]$，那么定义 m_j^i 和σ_j^i 的取值范围分别为$[\min(x_i)-$

δ_i，$\max(x_i)+\delta_i$]以及[$d_i-\delta_i$，$d_i+\delta_i$]，其中 δ_i 是一个很小的正数，定义为 $\delta_i=(\max(x_i)-\min(x_i))/10$，$d_i$ 是预先确定的高斯形隶属度函数的宽度，其值设置为$(\max(x_i)-\min(x_i))/r$。

9.4.2 粒子群算法在满载需求可拆分车辆路径问题中的应用

粒子群算法容易理解、实现简单、参数较少，特别是对于解决多目标规划问题，粒子群算法有一定的优势。而需求可拆分的车辆路径问题(SDVRP)可以看成多目标规划问题中的一种。

1. 问题描述

车辆路径问题(VRP)自提出以来，一直是路径规划领域的研究难点。该问题早期的研究主要集中在每个客户的需求量小于车辆最大载重的情况下对车辆的路径进行规划。然而，在实际配送过程中经常会出现客户需求量大于车辆最大载重的情况，在大部分情况下需对客户的需求进行拆分，特别是当前物流行业的高速发展，对于车辆配送路径的优化也显得越来越迫切。因而，需求可拆分的车辆路径问题(SDVRP)自提出以来便得到了广泛的关注，它的特点是允许客户被多次访问。

为了解决车辆路径规划问题，本案例提出一种基于粒子群算法的满载需求可拆分车辆路径问题(full-split delivery VRP，F-SDVRP)规划策略，探索在整个配送过程中使用最少的车辆数和最短的总路径长度完成各客户点的配送任务。本案例中车辆配送策略所有需拆分的客户点均由配送车辆在配送过程中根据粒子群算法自动决定，无须人工干预，并最终输出“最优”路径。

2. 模型建立

本案例研究单车场、单车型、无时间窗要求、纯装货(或者纯卸货)并且客户需求量可拆分的车辆路径规划问题。F-SDVRP 的数学模型是在 SDVRP 数学模型的基础上添加“满载”约束条件，此外，根据实际客户点之间的距离关系修正任意三个客户点之间的距离关系不等式。模型假设如下：

(1) 任意两个点之间的距离对称，即 $d_{ij}=d_{ji}$。

(2) 任意三个客户点之间的距离满足 $d_{ik}+d_{kj}\geqslant d_{ji}$。

(3) 所有车辆必须从原点车场出发，完成配送任务后，必须返回车场。

(4) 每个客户的所有需求必须全部满足(配送完)，可由一辆车或者多辆车来完成配送。

(5) 所有配送车辆中最多只有一辆车没有满载，其余车辆均满载。

本案例的研究目的是合理规划车辆的配送路线，使得客户配送的总成本尽可能少。配送的总成本使用路径总长度和车辆数量来表示。假定 $C=1,2,\cdots,n$ 为客户点集合，$q_i(i=1,2,\cdots,n)$为客户 i 的需求量，C_0 为配送原点，ω 为车辆的最大运载量，R 为完成所有客户任务需要的最小车辆数(或者总趟数)，得到的数学模型如下：

$$\min\sum_{r=1}^{R}\sum_{i=0}^{n}\sum_{j=0}^{n}d_{ij}x_{ij}^{r} \tag{9-27}$$

$$R=\left\lceil\frac{\sum_{i=1}^{n}q_i}{\omega}\right\rceil \tag{9-28}$$

$$\sum_{i=0}^{n}x_{ik}^{r}=\sum_{j=0}^{n}x_{kj}^{r},\quad k=0,1,\cdots,n,r=1,2,\cdots,R \tag{9-29}$$

$$\sum_{r=1}^{R}\sum_{i=0}^{n}x_{ij}^{r} \geqslant 1, \quad j=0,1,\cdots,n \tag{9-30}$$

$$\sum_{r=1}^{R}y_{i}^{r}=q_{i}, \quad i=1,2,\cdots,n \tag{9-31}$$

$$\sum_{i\in s^{r}}\sum_{j\in s^{r}}x_{ij}^{r}=|s^{r}|-1, \quad r=1,2,\cdots,R,s^{r}\subseteq C-C_{0} \tag{9-32}$$

$$\sum_{i=1}^{n}y_{r}^{i} \leqslant \omega, \quad r=1,2,\cdots,R \tag{9-33}$$

$$\sum_{j=0}^{n}x_{ij}^{r}q_{i} \geqslant y_{ri}, \quad r=1,2,\cdots,R,i=1,2,\cdots,n \tag{9-34}$$

$$T_{z}=\omega,T_{f} \leqslant \omega, \quad z=1,2,\cdots,R-1,f=R \tag{9-35}$$

$$q_{i} \geqslant y_{i}^{r} \geqslant 0, \quad i=1,2,\cdots,n,r=1,2,\cdots,R \tag{9-36}$$

$$x_{ij}^{r} \in \{0,1\}, \quad i,j=1,2,\cdots,n,r=1,2,\cdots,R \tag{9-37}$$

式(9-27)和式(9-28)分别表示车辆配送过程中最短路径及最少车辆数。式(9-29)表示流量守恒,即进入某点的车辆数与离开该点的车辆数相等。式(9-30)和式(9-31)确保每个点至少被访问一次且需求均得到满足。式(9-32)表示每条线路中被服务客户之间的弧边数等于被服务客户点的个数减1。式(9-33)表示车辆运载能力限制。式(9-34)表示当且仅当车辆路过客户 i 时,该客户才能得到服务。式(9-35)表示在所有配送车辆中最多有一辆车的载重量小于车辆最大载重量。式(9-36)表示每条线路中配送给某客户的需求量不会超过该客户的最大需求量。式(9-37)表示决策变量,当且仅当第 r 条路线中车辆通过弧(i,j)时,$x_{ij}^{r}=0$,否则 $x_{ij}^{r}=0$。

3. 算法求解过程

1) 粒子位置和速度更新策略

粒子群算法对于Hepper模拟鸟群(鱼群)的模型进行了修正,使粒子能够“飞向”解空间,并在最好解处“降落”。该算法能“智能”地解决一些复杂问题的核心在于其独特的粒子位置及速度更新策略。基本粒子群算法的粒子速度和位置更新公式如下:

$$v_{id}^{k}=wv_{id}^{k-1}+c_{1}r_{1}(\text{pbest}_{id}-x_{id}^{k-1})+c_{2}r_{2}(\text{gbest}_{d}-x_{id}^{k-1}) \tag{9-38}$$

$$x_{id}^{k}=x_{id}^{k-1}+v_{id}^{k-1} \tag{9-39}$$

其中,v_{id}^{k} 为第 k 次迭代粒子 i 的飞行速度; x_{id}^{k} 为第 k 次迭代粒子 i 的位置; c_1、c_2 为加速度常数,用于调节学习最大步长; r_1、r_2 为两个随机数; w 为惯性权重; d 为解空间的维数; pbest_{id} 为个体最优; gbest_{d} 为全局最优。

在粒子群寻优迭代过程中,所有粒子追随个体最优位置和群体最优位置飞行,保证群体始终朝着最优目标前进,相对于传统寻优方法,粒子群算法对于目标解的寻找更具有“针对性”,更容易找到目标解。

本案例在解决车辆满载需求可拆分(F-SDVRP)的问题中,以粒子群算法作为其基础的搜索算法,各参数的设定如下。

粒子的维数:每个粒子代表一组客户的访问顺序,假设配送客户的数量为 n 个,粒子的维数为 n 维,其位置记为 x_{in}。

粒子个数设定:粒子群算法中粒子的个数也是影响算法运算效率的关键因素,粒子个数设定太多会导致搜索速率减慢,过少可能会陷入局部最优,本案例结合配送的客户点个数按以下公式设定粒子的个数,记为 E。

$$E=\begin{cases}10\times n, & n\geqslant 6\\2\times n, & n<6\end{cases} \tag{9-40}$$

其中 n 为客户点个数。

初始粒子位置：粒子群算法在解决车辆配送路径之前各粒子的初始位置按式(9-41)产生。

$$\boldsymbol{X}=[x_{in},x_{2n},\cdots,x_{En}]^{\mathrm{T}},\boldsymbol{x}_{in}=[C_i,C_k,\cdots,C_g]^{\mathrm{T}},i\in(1,E),g,k\in(1,n) \tag{9-41}$$

其中，n 为客户数量，E 为粒子个数，$[C_i,C_k,\cdots,C_g]^{\mathrm{T}}$ 为各配送客户点的随机排列顺序，$\boldsymbol{X}$ 为各粒子初始位置向量集合。

粒子初始飞行速度：各粒子的初始速度为区间(0,1)的随机数，按式(9-42)产生。

$$\boldsymbol{V}=[v_{1n},v_{2n},\cdots,v_{En}]^{\mathrm{T}},\boldsymbol{v}_{in}=[r_1,r_2,\cdots,r_j,\cdots,r_n]^{\mathrm{T}},j\in(1,n) \tag{9-42}$$

其中，n 为客户数量，E 为粒子个数，$[r_1,r_2,\cdots,r_j,\cdots,r_n]^{\mathrm{T}}$ 为 n 个(0,1)之间的随机数，$\boldsymbol{V}$ 为各粒子初始速度向量集合。

目标函数：本案例车辆路径规划问题是寻找在某个客户配送顺序下使得总路径长度最短，故该目标函数可以记为

$$F(x_m)=F([C_i,C_k,\cdots,C_g]) \tag{9-43}$$

粒子个体最优解表示为

$$\text{pbest}_{in}=[\text{pbest}_{1n},\text{pbest}_{2n},\cdots,\text{pbest}_{sn}]^{\mathrm{T}} \tag{9-44}$$

其中 s 为算法循环次数。

粒子全局最优表示为

$$\text{gbest}_n=\min(F(\text{Pbest}_{in})),\quad i\in(1,E) \tag{9-45}$$

其中 E 为粒子个数。

根据粒子群算法速度和位置更新的基本原理，在车辆路径优化中按式(9-46)和式(9-47)对粒子进行更新。

$$v_{in}^{k}=\omega v_{in}^{k-1}+c_1r_1(\text{pbest}_{in}-x_{in}^{k-1})+c_2r_2(\text{gbest}_n-x_{in}^{k-1}) \tag{9-46}$$

$$x_{in}^{k}=x_{in}^{k-1}+v_{in}^{k-1}+d(x,y) \tag{9-47}$$

其中，n 为解空间的维数(即客户的个数)；v_{in}^{k} 为第 k 次迭代粒子 i 飞行速度；x_{in}^{k} 为第 k 次迭代粒子 i 的位置；c_1、c_2 为加速度常数，用于调节学习最大步长；r_1、r_2 为两个(0,1)之间的随机数；w 为惯性权重；pbest_{in} 为个体最优；gbest_n 为全局最优；$d(x,y)$为欧氏距离，确保 x_{in}^{k} 更新后恰好落在某客户点上。

2）总体思路

本案例按客户点的坐标将所有需要配送的客户映射至一个二维平面中，将客户需求量看成每个点的权重，并把该二维平面作为粒子群算法的搜索空间，将车辆配送路径问题转换成粒子群算法寻优问题，每个粒子代表一组总客户点配送顺序。每辆“满载”的车辆均以“最短”路径进行配送，即任何一辆“满载”车从配送原点随机出发后需满足以下要求：①该车辆的货物必须全部配送完；②该车必须回到配送原点，且按“最短”路径配送。由于配送过程中客户的需求可拆分，每辆车的“最短”路径均为在某种条件下的最短。通过每辆“满载”车辆配送路径的“最短”来保证整体配送的总路径“最短”。数学函数关系式如下：

$$L=\min(l_1)+\min(l_2)+\cdots+\min(l_R) \tag{9-48}$$

其中，L 为所有配送车辆的总路径；R 为配送车辆数(或者总趟数)；l_z 为配送过程中的每一辆车所走的路径长度，$z\in(1,2,\cdots,R)$。

3）“满载”配送及拆分方法

根据 F-SDVRP 的数学模型，所有配送车辆中最多只有一辆车没有满载，其余车辆均满载，且任何车辆从配送原点出发后均需回到配送原点。在配送过程中任何一辆满载车辆配送路线中客户的需求均有被拆分的可能，每辆车从配送原点出发到返回配送原点均以“最优”的路线进行配送（由于车辆的配送路径与总客户点的配送顺序有关，该“最优”路线仅仅是在某个总客户点配送顺序条件下的最优）。为了使得每辆车均以“最优”路线进行配送，本案例采用最邻近配送策略和最短返回路径拆分策略。

最邻近配送策略是指在车辆配送完任意客户点 C_i 后，总是从未送客户点集合中选择离客户点 C_i 最近的客户点 C_j 进行配送。

最短返回路径拆分策略是指在车辆配送完任意客户点 C_i 后，利用 Dijkstra 算法寻找从客户点 C_i 返回配送原点的最短路径 $C_i \rightarrow C_k \rightarrow \cdots \rightarrow C_0$（已配送的客户点会删除），若返回路径中客户的总需求量大于或等于当前车辆剩余载重量，则按该路径进行配送，需拆分的客户为从 C_i 返回配送原点线路中的客户。

总配送策略步骤如下：

假设某时刻客户点的配送顺序为$\{C_1, C_2, \cdots, C_n\}$，令其为未送客户点集合。

步骤 1：从未送客户点集合中选择需先配送客户点 C_1，若 C_1 的需求量 q_1 大于车辆最大载重，则车辆返回配送原点，更新客户点需求量 q_1 和配送车辆数。

步骤 2：若 C_1 的需求量 q_1 小于车辆最大载重，则配送完 C_1 后执行最短返回路径拆分策略，判断其是否成立。如果成立则执行该策略，否则执行最邻近配送策略。更新已配送客户点集合、未配送客户点集合及配送车辆数。

步骤 3：按步骤 1 和步骤 2 的配送原则继续从未送客户点集合中选择客户进行配送，直到所有的客户都配送完成为止。

配送线路及拆分客户点如图 9-2 所示。

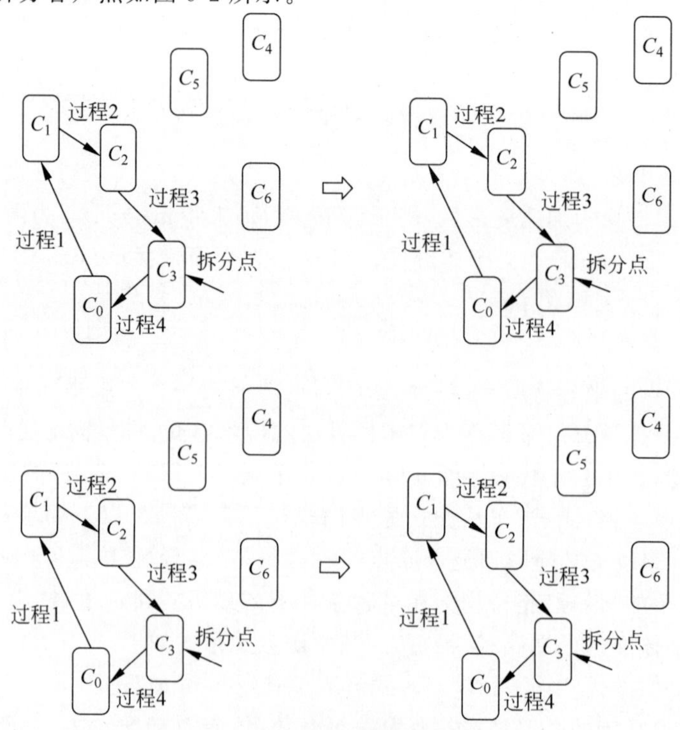

图 9-2　配送线路及拆分客户点

图 9-2 表示某趟满载车辆的配送路径和客户点需求拆分，其中该线路中所有客户点的总需求量大于或等于配送车辆的最大载重。过程 1 表示某满载配送车辆从配送原点 C_0 按照某客户配送顺序先选择客户 C_1 进行配送；过程 2 表示按照最邻近配送策略选择距离客户点 C_1 最近的客户点 C_2 进行配送；过程 3 表示执行最短返回路径拆分策略，选择客户点 C_3 而不是选择距离客户点 C_2 最近的客户点 C_5 进行配送，其中客户点 C_3 为可能需拆分的客户点，即当车辆配送到该客户点时，若配送车辆剩余载重小于该客户点需配送的需求量则拆分；过程 4 表示车辆从客户点 C_3 返回配送原点 C_0。

由于任意满载车辆在各轮配送过程中均以“最短”路径访问各客户点并以“最短”的路径返回配送原点，因此能保证在某个总客户点配送顺序条件下的车辆配送总路径最优。

鉴于客户需求可拆分原则，通过算例仿真测试发现，车辆在满载的情况下，客户的配送顺序是影响配送总路径的关键因素，本案例通过粒子群算法不断调整客户配送顺序来优化车辆配送的总路径。例如，在处理 7 个客户点的配送任务时，当配送客户顺序为 0→5→6→3→7→2→1→4 时，满载的车辆配送策略如下：

(1) 初始化参数。未送客户点 ws=[5,6,3,7,2,1,4]，已配送客户点 ys=[]，总路径 $L=0$，总趟数 $T=0$。

(2) 满载车辆按配送顺序先配送 5 号客户点。

配送原则如下：

① 若 5 号客户的需求大于车辆满载量($q_5>\omega$)，则更新客户点的需求量，即 $q_5=q_5-\omega$，车辆总路径 $L=L+l_1$，总趟数 $T=T+1$。

② 若 5 号客户的需求等于车辆满载量($q_5=\omega$)，则车辆总路径 $L=L+l_1$，总趟数 $T=T+1$，更新未送客户点 ws=[6,3,7,2,1,4]，更新已送客户点 ys=[5]。

③ 若 5 号客户需求小于车辆满载量($q_5<\omega$)，则更新该车辆载重量($\omega=\omega-q_5$)，执行最短返回路径拆分策略，判断其是否成立。如果成立，则访问该路线中的客户点，否则执行最邻近配送策略，在 ws 客户点集合中选择离客户点 5 最近的客户点 M，更新车辆载重 $\omega=\omega-q_m$。若 $\omega>0$，则更新已送客户点 ys=[5ω]，未送客户点数量减 1，此时在 ws 客户点集合中选择离客户点 M 最近的客户点 N，更新车辆载重、未配送客户点及已配送客户点，以此类推，直到找到客户点 U，在该客户点时车辆载重 $\omega\leqslant 0$，更新该客户点需求量 $q_u=q_u-\omega$，车辆返回配送原点，该趟车辆总路径 $L=L+l_1$，总趟数 $T=T+1$。

(3) 按照配送顺序从未送客户点 ws 中选择客户点按(2)中的配送原则进行配送。若 ws=[]，ys=[1,2,3,4,5,6,7]，则配送完成，输出车辆总路径 L 和总趟数 T，否则重复执行(3)。

(4) 利用粒子群算法更新客户点配送顺序，重复执行(1)～(3)，如果达到算法最大循环次数，则输出车辆总配送最优路径。

算法输出的最优总路径大小数学表达式如下：

$$L_j=\sum_{k=1}^{R} l_{kj},\quad j=1,2,\cdots,N \tag{9-49}$$

$$F(L)=\min(L_j) \tag{9-50}$$

其中，N 为粒子群算法循环次数，l_{kj} 为算法在第 j 轮循环中车辆 k 配送的“最短”路径，$k=(1,2,\cdots,R)$，$F(L)$为最优的车辆配送总路径长度。

4) 算法流程

(1) 对粒子群进行初始化，包括初始化粒子 x_{in} 的位置(客户点随机配送顺序)、粒子更新速度 v_{in}、群体规模 E、最大循环次数 maxmum 等。

(2) 根据满载车辆配送策略计算各粒子的适应度值(式(9-41)和式(9-48))。

(3) 将当前各个粒子计算得到的适应度值与其历史最优适应度值作比较,如果当前粒子的适应度值比历史最优的适应度值好,则将当前粒子对应的客户点配送顺序替换为该粒子个体的历史最佳客户点配送顺序,即更新pbest_{in}。

(4) 将当前各个粒子计算得到的粒子个体最优适应度值与全局最优适应度值作比较,如果当前粒子的适应度值比全局最优适应度值好,则将当前粒子对应的客户点配送顺序替换为全局最佳客户点配送顺序,即更新gbest_{n}。

(5) 根据式(9-46)和式(9-47)依次更新各个粒子对应的客户点配送顺序。

(6) 如果没有达到算法终止条件,则返回(2),否则跳出循环,输出"最优"路径(式(9-49)和式(9-50)),算法结束。

4. 结果分析

为测试算法的有效性,本案例利用以往文献中的数据进行仿真测试,所有的测试均在MATLAB中编码运行。

算例1:求解一个包含15个客户点、车辆的最大运载量为500t的需求可拆分车辆路径规划问题,15个客户点的基本信息如表9-2所示,客户点1为配送原点。粒子群算法求解得到的最优路径如表9-3所示。

表9-2 15个客户点的基本信息

客户点	横坐标/km	纵坐标/km	需求量/t	客户点	横坐标/km	纵坐标/km	需求量/t
1	0	0	0	9	76	43	463
2	32	41	468	10	74	17	465
3	96	9	335	11	72	104	206
4	7	58	1	12	40	99	146
5	97	87	170	13	8	16	282
6	26	21	225	14	27	38	328
7	23	100	479	15	78	69	462
8	52	31	359	16	46	16	492

表9-3 粒子群算法求解得到的最优路径(15个客户点)

编号	回路路径及客户配送量	路径长度/km	装载率/%
1	1—5(170)—15(330)—1	260.61	100
2	1—14(328)—2(172)—1	104.46	100
3	1—6(225)—13(275)—1	69.99	100
4	1—13(7)—2(296)—8(197)—1	135.44	100
5	1—3(335)—10(165)—1	195.76	100
6	1—10(300)8(162)—16(38)—1	166.86	100
7	1—4(1)—7(479)12(20)—1	227.17	100
8	1—12(126)—11(206)—15(132)—9(36)—1	288.07	100
9	1—9(427)—16(73)—1	176.37	100
10	1—16(381)—1	97.4	76.2
总计		1722.13	

仿真结果表明,本案例中算法求得的客户点最优配送顺序为[5,14,6,13,2,3,10,8,4,7,12,11,15,9,16],最优路径长度为1722.1。

算例2:求解一个包含20个客户点、车辆的最大运载量为5t的需求可拆分车辆路径规划问题，20 个客户点的基本信息如表 9-4 所示，客户点 1 为配送原点。粒子群算法求解得到的最优路径如表 9-5 所示。

表 9-4 20 个客户点的基本信息

客户点	横坐标/km	纵坐标/km	需求量/t	客户点	横坐标/km	纵坐标/km	需求量/t
1	14.5	13	0	12	6.7	16.9	2
2	12.8	8.5	2	13	14.8	2.6	2
3	18.4	3.4	2	14	1.8	8.7	3
4	15.4	16.6	2	15	17.1	11	1
5	18.9	15.2	1	16	7.4	1	1
6	15.5	11.6	3	17	0.2	2.8	3
7	3.9	10.6	2	18	11.9	19.8	1
8	10.6	7.6	1	19	13.2	15.1	4
9	8.6	8.4	3	20	6.4	5.6	1
10	12.5	2.1	1	21	9.6	14.8	1
11	13.8	5.2	4				

表 9-5 粒子群算法求解得到的最优路径(20 个客户点)

编 号	回路路径及客户配送量	路径长度/km	装载率/%
1	1—9(3)—8(1)—2(1)—1	16.82	100
2	1—3(2)—13(2)—10(1)—11—1	27.48	100
3	1—20(1)—16(1)—17(3)—14—1	40.66	100
4	1—4(2)—19(3)—1	8.84	100
5	1—21(1)—12(2)—18(1)—19(1)—1	22.1	100
6	1—2(1)—11(4)—1	16.08	100
7	1—7(2)—14(3)—1	26.2	100
8	1—5(1)—14(1)—6(3)—1	12.91	100
总计		171.09	

通过仿真测试可知，本案例中算法求得的客户点最优配送顺序为[9，8，3，13，10，20，16，17，4，21，12，18，19，2，11，7，14，5，15，6]，最优路径长度为 171.09。

算例 3：本案例设计了一个包含 35 个客户点、车辆的最大运载量为 8t 的需求可拆分车辆路径规划问题，35 个客户点的基本信息如表 9-6 所示，客户点 1 为配送原点，坐标为(15.31，12.61)。

表 9-6 35 个客户点的基本信息

客户点	横坐标/km	纵坐标/km	需求量/t	客户点	横坐标/km	纵坐标/km	需求量/t
1	15.31	12.61	0	11	14.18	4.4	1.02
2	12.9	8.5	0.43	12	6.75	16.8	0.45
3	18.43	2.77	1.44	13	15.17	1.64	2.71
4	16.11	16.48	0.65	14	2.16	8.27	1.99
5	2.51	6.77	1.59	15	12.19	2.63	2.22
6	15.9	11.13	0.69	16	7.86	0.72	2.16
7	4.38	10.07	1.26	17	0.92	2.59	2.36
8	10.79	7.17	0.35	18	12.28	19.7	2.63
9	8.63	8.3	0.68	19	13.87	14.59	2.42
10	13.23	1.6	2.4	20	7.28	4.6	1.33

续表

客户点	横坐标/km	纵坐标/km	需求量/t	客户点	横坐标/km	纵坐标/km	需求量/t
21	10.01	14.37	2.42	29	19.74	14.3	2.41
22	6.88	8.84	0.98	30	10.61	17.66	0.72
23	4.1	14.64	1.94	31	11.8	6.67	1.69
24	5.53	4.6	2.43	32	13.07	2.46	0.9
25	0.94	12.93	0.48	33	5.22	9.27	2.29
26	12.94	7.58	1.01	34	10.01	11.05	1.45
27	21.8	6.05	1.3	35	4.24	15.8	1.47
28	8.46	10.51	1.36	36	17.2	10.6	1.19

由表 9-7 和图 9-3 可知，该算法求解性能稳定，10 次仿真求得回路数均为 7，算法均能在较少循环次数的情况下收敛。

表 9-7 粒子群算法求解该问题的 10 次计算结果

计算次数	总路径长度/km	车辆数(最大趟数)	计算次数	总路径长度/km	车辆数(最大趟数)
1	211.47	7	6	208.24	7
2	214.04	7	7	218.62	7
3	214.45	7	8	214.35	7
4	208.24	7	9	208.24	7
5	217.77	7	10	216.52	7

根据粒子群算法求得的最优配送顺序为[12, 35, 23, 25, 7, 33, 28, 34, 9, 22, 8, 31, 26, 2, 17, 5,14,13, 10, 32, 18, 30, 21, 24, 20, 16, 15, 11, 3, 27, 19, 4, 29, 36, 6]，最优路径总长度为 208.24，如表 9-8 和图 9-4 所示。根据仿真运算结果，该算法对 22、6、24、19、36 及 15 号客户的需求进行了拆分。

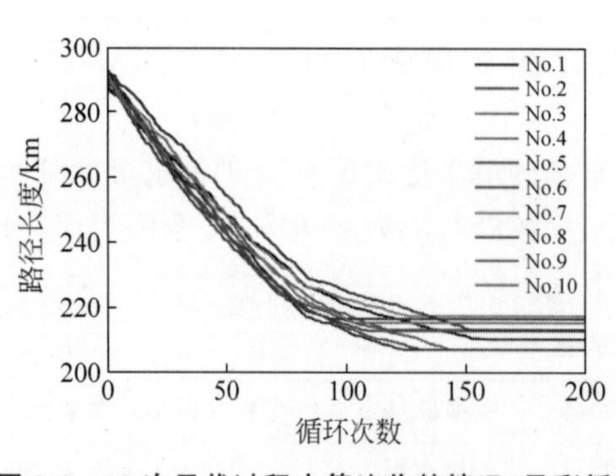

图 9-3 10 次寻优过程中算法收敛情况(见彩插)

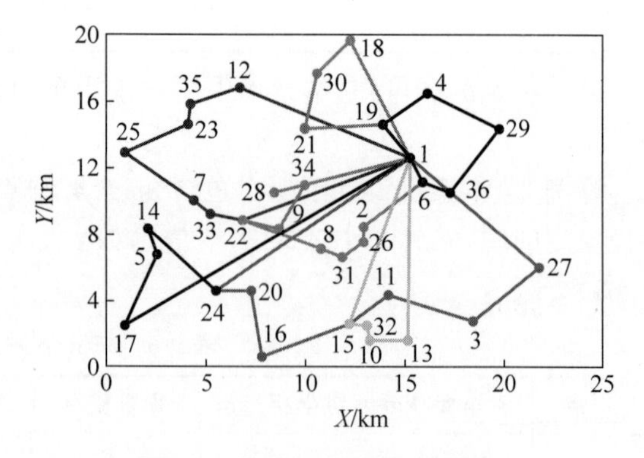

图 9-4 最优配送路径(见彩插)

5. 案例总结

为了更加合理地规划车辆配送路径问题，本案例提出了一种基于粒子群算法的满载需求可拆分车辆路径规划策略。该策略的核心思想是通过保证任何一辆满载的配送车辆从配送点出发后均以“最优”的配送路径进行配送来确保配送的总路径“最优”，并通过粒子群算法不断调整整个客户点的配送顺序。由于配送车辆均在满载的情况下进行配送，能确保配送过程中的总车辆数(总趟数)最少，车辆的装载率也高。

表 9-8　粒子群算法求解得到的最优路径(35 个客户点)

编号	回路路径及客户配送量	路径长度/km	装载率/%
1	1—12(0.45)—35(1.47)—23(1.94)—25(0.48)—7(1.26)—33(2.29)—22(0.11)—1	33.57	100
2	1—28(1.36)—34(1.45)—9(0.68)—22(0.87)—8(0.35)—31(1.69)—26(1.01)—2(0.43)—6(0.16)—1	27.05	100
3	1—17(2.36)—5(1.59)—14(1.99)—24(2.06)—1	41.17	100
4	1—13(2.71)—10(2.40)—32(0.90)—15(1.99)—1	25.13	100
5	1—18(2.63)—30(0.72)—21(2.42)—19(2.23)—1	20	100
6	1—24(0.37)—20(1.33)—16(2.16)—15(0.23)—11(1.02)—3(1.44)—27(1.30)—36(0.15)—1	44.19	100
7	1—19(0.19)—4(0.65)—29(2.41)—36(1.04)—6(0.53)—1	17.09	60.25
总计		208.24	

粒子群算法可以很大程度上提升问题的解决效率,可以在相对较少的循环次数中找到问题的解。在未来的车辆路径规划研究中,如何使用最少的车辆数和最短的总路径来完成配送任务仍然是车辆路径规划问题的重要探究方向。

9.5　本章小结

本章详细阐述了粒子群算法的起源、原理和参数设计,并着重分析了粒子群算法在模糊系统设计问题以及满载需求可拆分车辆路径问题中的应用。粒子群算法以其易实现、精度高、收敛快等优点引起了学术界的重视,并且在实际问题解决中展示了其优越性。目前,粒子群算法已广泛应用于函数优化、神经网络训练以及模糊系统控制等领域。

9.6　习题

1. 简述粒子群算法的起源。
2. 总结粒子群算法的优缺点。
3. 比较粒子群算法与其他启发式算法。
4. 粒子群算法的参数设计策略。
5. 简述学习因子的概念。
6. 画出粒子群算法的流程图。
7. 简述粒子群算法的原理。

第10章

人工免疫算法

基于免疫学原理和免疫系统特性，研究人员已经设计出了多种免疫算法(immune algorithm，IA)。比较有代表性的有基于克隆选择原理的克隆选择算法、基于免疫自我调节机制的免疫算法、基于疫苗接种的免疫算法。这些算法都是从免疫系统的特定方面提出的，而标准、通用的一般免疫算法框架目前尚未建立。事实上，由于免疫系统及其信息处理机制具有高度复杂性，因此建立这样一个标准的免疫算法框架并不容易。

10.1 人工免疫算法介绍

10.1.1 生物免疫系统

生物免疫系统是由具有免疫功能的器官、组织、细胞免疫效应分子和有关的基因等组成的。它是生物在不断的进化过程中，通过识别“自己”和“非己”，排除抗原性“异物”，保护自身免受致病细菌病毒或病原性异物的侵袭；维持机体环境平衡，维护生命系统正常运作。生物免疫系统是机体的保护性生理反应，也是机体适应环境的体现，具有对环境不断学习，后天积累的功能，它的结构及其行为特性极为复杂，关于其内在规律的认识，人们仍在进行不懈的努力。为了便于了解免疫系统的基本原理，促进基本免疫机理的算法和模型用于解决实际工程问题，有必要先简单介绍一些基本概念和技术术语。

1. 免疫淋巴组织

免疫淋巴组织按照作用不同分为中枢淋巴组织和周围淋巴组织。前者包括胸腺、腔上囊，人类和哺乳类的相应组织是骨髓和肠道淋巴组织；后者包括脾脏、淋巴结和全身各处的弥散淋巴组织。

2. 免疫活性细胞

免疫活性细胞是能接受抗原刺激，并能引起特异性免疫反应的细胞。按发育成熟的部位及功能不同，免疫活性细胞分成T细胞和B细胞两种。

3. T细胞

T细胞又称胸腺依赖性淋巴细胞，由胸腺内的淋巴干细胞在胸腺素的影响下增殖分化而成，它主要分布在淋巴结的深皮质区和脾脏中央动脉的胸腺依赖区。T细胞受抗原刺激时首先转化成淋巴细胞，然后分化成免疫效应细胞，参与免疫反应，其功能包括调节其他细胞的活动以及直接袭击宿主感染细胞。

4. B细胞

B细胞又称免疫活性细胞，由腔上囊组织中的淋巴干细胞分化而成，来源于骨髓淋巴样前体细胞，主要分布在淋巴结、血液、脾、扁桃体等组织和器官中。B细胞受抗原刺激后，首先转化成浆母细胞，然后分化成浆细胞，分泌抗体，执行细胞免疫反应。

5. 抗原与抗体

抗原一般是指诱导免疫系统产生免疫应答的物质，包括各种病原性异物以及发生了突变的自身细胞(如癌细胞)等。抗原具有刺激机体产生抗体的能力，也具有与其所诱生的抗体相结合的能力。

抗体又称免疫球蛋白，是指能与抗原进行特异性结合的免疫细胞，其主要功能是识别、消除机体内各种病原性异物。抗体可分为分泌型和膜型，前者主要存在于血液及组织液中，发挥各种免疫功能；后者构成B细胞表面的抗原受体。各种抗原分子都有其特异结构——抗原决定基(idiotype)，又称表位(epitope)，而每个抗体分子V区也存在类似机构的受体，或称对位(paratope)。抗体根据其受体与抗原决定基的分子排列的相互匹配情况识别抗原。当两种分子排列的匹配程度较高时，两者亲和度(affinity)较大，亲和度大的抗体与抗原之间会产生生物化学反应，通过相互结合形成绑定(banding)结构，并促使抗原逐步凋亡。

6. 亲和力

免疫细胞表面的抗体和抗原决定基都是复杂的含有电荷的三维结构，抗体和抗原的结构与电荷之间越互补就越有可能结合，结合的强度即为亲和力。

7. 亲和力成熟

数次活化后的子代细胞仍保持原代B细胞的特异性，但中间可能会发生重链的类转换或点突变，这两种变化都不影响B细胞对抗原识别的特异性，但点突变影响其产生抗体对抗原的亲和力。高亲和性突变的细胞有生长增殖的优先权，而低亲和性突变的细胞则选择性死亡，这种现象被称为亲和力成熟，它有利于保持在后继应答中产生高亲和性的抗体。

8. 变异

在生物免疫系统中，B细胞与抗原之间结合后被激活，然后产生高频变异。这种克隆扩增期间产生的变异形式，使免疫系统能适应不断变化的外来入侵。

9. 免疫应答

免疫应答是指抗原进入机体后，免疫细胞对抗原分子的识别、活化、分化和产生免疫效应等过程；它是免疫系统各部分生理的综合体现，包括抗原识别、淋巴细胞活化、特异识别、免疫分子形成、免疫效应，以及形成免疫记忆等一系列的过程。

10. 免疫耐受

免疫耐受是指免疫活性细胞接触抗原物质时所表现的一种特异性的无应答状态。免疫耐受现象是指由于部分细胞的功能缺失或死亡而导致的机体对该抗原反应功能丧失或无应答的现象。

11. 自体耐受

自体耐受是抗体对抗原不应答的一种免疫耐受，它的破坏将导致自体免疫疾病。

10.1.2 生物免疫基本原理

生物免疫可以分为天然免疫和获得性免疫。天然免疫是机体先天就有的，天然免疫机制是当外来的入侵物穿过了机体表面的屏障时，体内参加天然免疫的细胞便会破坏这些入侵者。获得性免疫也称为特异性免疫，是指在机体内的免疫细胞与抗原发生接触后的免疫防御。自然获得免疫是生物机体获得性免疫的重要组成部分，而其中自然自动免疫和自然被动免疫又是生物免疫系统中自然获得免疫的两个分支。人体经感染后获得的免疫叫做自然自动免疫，如人体感染了某些传染病后，人体内发生免疫反应并获得免疫，其有效期一般比较久。自然被动免疫是指机体直接通过从外部接受抗体，例如婴儿通过初乳从母亲那里获得的抗体可以使婴儿在短期内不受一些传染病的感染，但这种免疫维持的时间不长，在几个月后就会消失。

免疫系统对机体的保护功能是建立在免疫细胞对抗原和自身抗体的识别，以及分化抗体和记忆细胞的基础上的。免疫系统的主要功能是在能够识别自我免疫系统的基础上消除外来抗原，保持机体自身的稳定性。

1. 免疫识别

现代免疫学认为，免疫学的实质就是机体识别自我抗原和抗体，排除非己的抗原及异物。所以对抗原的识别和判断是机体免疫系统稳定执行的必要前提。当机体内的B淋巴细胞接触到侵入机体的抗原时，由于每个抗原表面都存在着特有的决定簇，所以B淋巴细胞就通过抗原表面的决定簇，对侵入机体的抗原进行识别操作，同时B淋巴细胞在抗原的刺激下分化，产生相应能够与抗原充分结合的成熟抗体。同时抗体与抗原相似，其表面也具有决定簇，其他的抗体能够对其进行识别并引起免疫耐受。

2. 免疫应答

抗原入侵机体后会刺激免疫系统发生一系列复杂的连锁反应，这个过程称为免疫应答或免疫反应。

免疫系统中的固有性免疫应答和适应性免疫应答是最主要的两个免疫应答功能。固有性免疫应答反应很快且对大多数侵入物都有一定的杀伤作用，但其对抗原没有特异性的反应，不能对抗原进行有效清除。适应性免疫应答则更具有针对性，它是由T细胞和B细胞对巨噬细胞呈现过来的抗原物质进行识别，识别后接受抗原的刺激并被激活，大量繁殖并生成相应的抗体，排除特定的抗原。适应性免疫应答在清除抗原、治愈疾病的过程中起主要作用。

适应性免疫应答又分为初次应答和二次应答。

抗原初次进入机体后，免疫系统就产生应答（初次应答），通过刺激有限的特异性克隆扩增，迅速产生抗体，以达到足够的亲和力阈值，消除抗原，并对其保持记忆，以便下次遇到同样的抗原时能更加快速地做出应答。初次应答比较慢，使免疫系统有时间建立更加具有针对性的免疫应答。机体受到相同的抗原再次刺激后，多数情况下会产生二次应答。由于有了初次应答的记忆，所以二次应答反应更加及时迅速，无须重新学习。免疫应答的基本过程如图10-1所示。

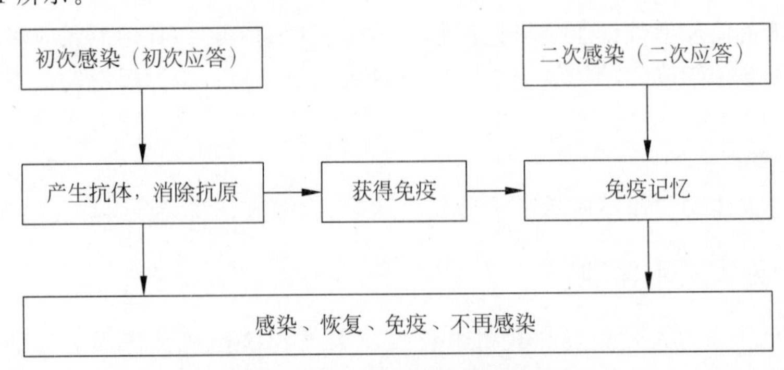

图10-1 免疫应答的基本过程

免疫系统通过免疫细胞的分裂和分化作用,可产生大量的抗体来抑制各种抗原,具有多样性。免疫系统执行免疫防卫功能的细胞为淋巴细胞(包括 T 细胞和 B 细胞),B 细胞的主要作用是识别抗原和分泌抗体,T 细胞的主要作用是能够促进和抑制 B 细胞的产生与分化。当抗原入侵体内后,B 细胞分泌的抗体与抗原发生结合作用,当它们之间的结合力超过一定限度时,分泌这种抗体的 B 细胞将会发生克隆扩增。克隆细胞在其母体的亲和力影响下,按照与母体亲和力成正比的概率对抗体的基因多次重复随机突变及基因块重组,进而产生种类繁多的免疫细胞,并获得大量识别抗原能力比母体强的 B 细胞。这些识别能力较强的细胞能有效缠住入侵抗原,这种现象称为亲和成熟。

一旦有细胞达到最高亲和力,免疫系统就会通过记忆进行大量复制,并直接保留,因而具有记忆功能和克隆能力。B 细胞的一部分克隆个体分化为记忆细胞,再次遇到相同抗原后能够迅速被激活,实现对抗原的免疫记忆。B 细胞的克隆扩增受 T 细胞的调节,当 B 细胞的浓度增加达到一定程度时,T 细胞对 B 细胞产生抑制作用,从而防止 B 细胞的无限复制。当有新的抗原入侵或某些抗体大量复制而破坏免疫平衡时,通过免疫系统的调节,可以抑制浓度过高或相近的抗体的再生能力,并实施精细进化达到重新平衡,因而具有自我调节的能力。

除了机体本身的免疫功能外,还可以人为地接种疫苗,起到免疫的作用。疫苗是将细菌、病毒等病原体微生物及其代谢产物,经过人工减毒、灭活或利用基因工程的方法制备的用于预防传染病的自动免疫制剂。疫苗保留了病原菌刺激动物免疫系统的特性,当动物体接触到这种不具有伤害力的病原菌后,免疫系统便会产生一定的保护物质,如免疫激素、活性物质、特殊抗体组织等。当动物再次接触到这种病原菌时,动物体的免疫系统便会依循其原有的记忆,制造出更多的保护物质来阻止病原菌的伤害。

3. 免疫记忆

B 细胞在接受抗原刺激进行分化、生成抗体的同时,一些 B 细胞也分化为记忆细胞。当免疫系统再次接触相同的抗原时,记忆细胞可以使机体对抗原产生快速的特异性反应,在短时间内迅速地产生大量的免疫球蛋白分子对抗原进行清除。同时记忆细胞在体内存活时间很长,可以使机体长期不再受相同病原的感染。

在免疫克隆学说中,B 细胞在抗原的刺激下克隆扩增,并进行高频变异,在生成消除抗原抗体的同时,部分 B 细胞分化为记忆细胞,为下次的免疫应答做好准备。

10.1.3 人工免疫系统及免疫算法

生物免疫系统是通过从不同种类的抗体中构造自己非己的一个非线性自适应网络系统,在动态变化的环境中发挥作用,具有学习、记忆和识别功能。人工免疫系统是受生物免疫系统启发,模拟自然免疫系统功能的一种智能方法,它是基于人类和其他高等动物免疫系统理论而提出的信息处理系统,提供了噪声忍耐、无教师学习、自组织、无须反面例子、能明晰地表达学习的知识、具有内容记忆以及能遗忘很少使用的信息等进化学习的机理。

1. 人工免疫系统的定义

目前关于人工免疫系统的定义已经有多种表述,以下是几种比较贴切的定义。

(1) DeCastro 给出的第二个人工免疫系统定义:人工免疫系统是受生物免疫系统启发而来的用于求解问题的适应性系统。

(2) Timmis 给出的第二个人工免疫系统定义:人工免疫系统是一种由理论生物学启发而来的计算范式,借鉴了一些免疫系统的功能、原理和模型,并用于复杂问题的解决。

(3) 黄宏伟给出的人工免疫系统的定义:人工免疫系统是基于免疫系统机制和理论免疫

学而发展的各种人工范例的特称。

生物世界为计算问题求解提供了许多灵感和源泉。人工免疫系统作为一种智能计算方法,与人工神经网络、进化计算及群集智能一样,都属于基于生物隐喻的仿生计算方法,且都来源于自然界中的生物信息处理机制的启发,并用于构造能够适应环境变化的智能信息处理系统,是现代信息科学与生命科学相互交叉渗透的研究领域。

20 世纪 80 年代中期,美国密歇根大学的 J. Holland 教授提出的遗传算法,虽然具有使用方便、鲁棒性强、便于并行处理等特点,但在算法实现过程中不难发现两个主要遗传算子都是在一定发生概率的条件下,随机地、没有指导地迭代搜索。因此它们在为群体中的个体提供进化机会的同时,也不可避免地产生了退化的可能,在某些情况下,这种退化现象还相当明显。另外,每一个待求的实际问题都会有自身一些基本的、明显的特征信息或知识。然而,遗传算法的交叉和变异算子却相对固定,在求解问题时,可变的灵活程度较小,这无疑对算法的通用性是有益的,但却忽视了问题的特征信息对求解问题时的辅助作用,特别是在求解一些复杂问题时,这种忽视所带来的损失往往是比较明显的。实践也表明,仅仅使用遗传算法或者以其为代表的进化算法,在模仿人类智能处理事务时的能力还远远不足,必须更加深层次地挖掘与利用人类的智能资源。所以,研究者力图将生命科学中的免疫概念引入工程实践领域,借助其中的有关知识与理论并将其与已有的一些智能算法有机地结合起来,以建立新的进化理论与算法,来提高算法的整体性能。基于这个思想,将免疫概念及其理论应用于遗传算法,在保留原算法优良特性的前提下,力图有选择、有目的地利用待求问题中的一些特征信息或知识来抑制其优化过程出现的退化现象,这种算法称为人工免疫算法。

2. 人工免疫算法的基本思想

人工免疫算法主要包括以下基本步骤。

步骤 1：产生初始群体。对初始应答,初始抗体随机产生；而对再次应答,则借助于免疫机制的记忆功能,部分初始抗体由记忆单元获取。由于记忆单元中初始抗体具有较高的适应度和较好的群体分布,因此可提高收敛速度。

步骤 2：根据先验知识抽取疫苗。

步骤 3：计算抗体适应度。

步骤 4：收敛判断。若当前种群中包含最佳个体或达到最大进化代数,则算法结束；否则进行以下步骤。

步骤 5：产生新的抗体。每一代新抗体主要通过以下两条途径产生。

(1) 基于遗传操作生成新抗体。采用轮盘赌选择机制,当群体相似度小于阈值时,满足多样性要求,抗体被选中的概率正比于适应度；反之,按下述(2)的方式产生新抗体,交叉和变异算子均采用单点方式。

(2) 随机产生 P 个新抗体。为保证抗体多样性,模仿免疫系统细胞的新陈代谢功能,随机产生 P 个新抗体,使抗体总数为 $N+P$,再根据群体更新,产生规模为 N 的下一代群体。

步骤 6：群体更新。对种群进行接种疫苗和免疫选择操作,得到新一代规模为 N 的父代种群,退回步骤 3。

人工免疫算法流程如图 10-2 所示。

3. 免疫算子

免疫算法通常包括多种免疫算子：提取疫苗算子、接种疫苗算子、免疫检测算子、免疫平衡算子、免疫选择算子、克隆算子等。增加免疫算子可以提高进化算法的整体性能并使其有选择有目的地利用特征信息来抑制优化过程中的退化现象。

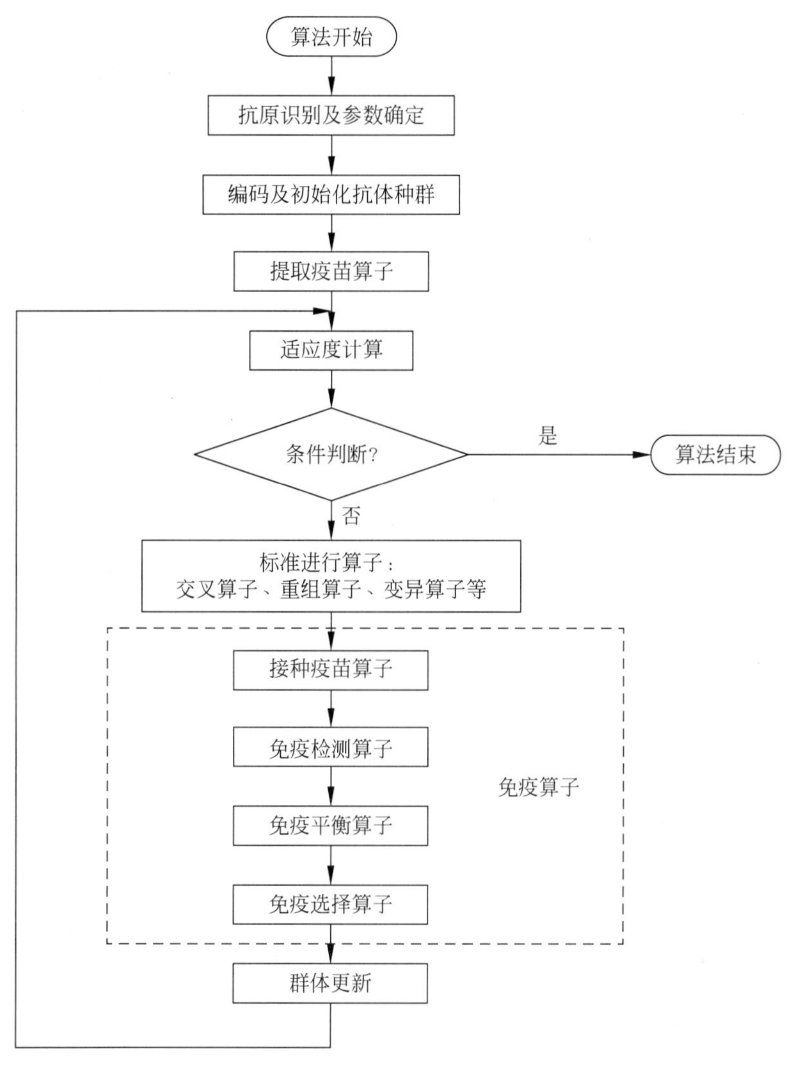

图 10-2　人工免疫算法流程

1）提取疫苗算子

疫苗是依据人们对待求问题所具备的或多或少的先验知识，它所包含的信息量及其准确性对算法的运行效率和整体性能起着重要的作用。

首先，对所求解的问题进行具体分析，从中提取出最基本的特征信息；然后，对此特征信息进行处理，以将其转化为求解问题的一种方案；最后，将此方案以适当的形式转化为免疫算子，以实施具体的操作。例如在求解旅行商问题时，可以将不同城市之间的距离作为疫苗；在应用于模式识别的分类与聚类时，可以将样品与模板之间或样品与样品之间的特征值距离作为疫苗。由于每一个疫苗都是利用局部信息来探求全局最优解的，即估计该解在某一分量上的模式，所以没有必要对每个疫苗做到精确无误。如果为了精确，则可以尽量将原问题局域化处理得更彻底，这样局部条件下的求解规律就会越明显。但是这会使得寻找这种疫苗的计算量显著增加。还可以将每一代的最优解作为疫苗，动态地建立疫苗库，如果当前的最优解比疫苗库中的最差疫苗的亲和力高，则取代该最差疫苗。

值得提出的是，由于待求问题的特征信息往往不止一个，所以疫苗也可能不止一个，在接种过程中可以随机地选取一种疫苗进行接种，也可以将多个疫苗按照一定的逻辑关系进行组合后再予以接种。

2）接种疫苗算子

接种疫苗主要是为了提高适应度、利用疫苗所蕴含的指导问题求解的启发式信息，对问题的解进行局部调整，使候选解的质量得到明显改善。接种疫苗有助于克服个体的退化现象和有效地处理约束条件，从而可以加快优化解的搜索速度，进一步提高优化计算效率。

设个体 x，接种疫苗是指按照先验知识来修改 x 的某些基因位上的基因或其分量，使所得个体以较大的概率具有更高的适应度。该操作应满足的条件如下：

(1) 若个体 y 的每一基因位上的信息都是错误的，即每一位码都与最佳个体不同，则对任何一个体 x，转移为 y 的概率为 0。

(2) 若个体 x 的每个基因位都是正确的，即 x 已经是最佳个体，则 x 以概率 1 转移为最佳个体。设群体 $c=x_1,x_2,\cdots,x_n$，对 c 接种疫苗是指在 c 中按比例 α 随机抽取 $n_\alpha=\alpha_n$ 个个体进行的操作。

3）免疫检测算子

免疫检测是指对接种了疫苗的个体进行检测，若其适应度不如父代，则说明在交叉、变异的过程中出现了严重的退化现象，这时该个体将被父代中所对应的个体所取代；否则原来的个体直接成为下一代的父代。

4）免疫平衡算子

免疫平衡算子是对抗体中浓度过高的抗体进行抑制，对浓度相对较低的抗体进行促进的操作。在群体更新中，由于适应度高的抗体的选择概率高，因此浓度逐渐提高，这样会使种群中的多样性降低。当某抗体的浓度达到一定值时，就抑制了这种抗体的产生；反之，则相应提高浓度低的抗体的产生和选择概率，这种算子保证了抗体群体更新中的抗体多样性，在一定程度上避免了早熟收敛。

(1) 浓度计算。对于每一个抗体，统计种群中适应度值与其相近的抗体的数目，则浓度为

$$c_i=\frac{\text{与抗体 } i \text{ 具有最大亲和力的抗体数}}{\text{抗体总数}}$$

(2) 浓度概率计算。设定一个浓度阈值 T，统计浓度高于该阈值的抗体，设其数量为 HighNum。规定 HighNum 个浓度较高的抗体浓度概率为

$$P_{\text{density}}=\frac{1}{\text{抗体总数}}\left(1-\frac{\text{HighNum}}{\text{抗体总数}}\right)$$

(3) 其余浓度较低的抗体浓度概率如下：

$$P_{\text{density}}=\frac{1}{\text{抗体总数}}\left(1+\frac{\text{HighNum}}{\text{抗体总数}}\cdot\frac{\text{HighNum}}{\text{抗体总数}-\text{HighNum}}\right)$$

5）免疫选择算子

免疫选择算子是对经过免疫检测后的抗体种群，依据适应度和抗体浓度确定的选择概率选择出个体，组成下一代种群。

概率的计算公式为

$$P_{\text{choose}}=\alpha\cdot p_f+(1-\alpha)\cdot p_d$$

其中，p_f 为抗体的适应度概率，定义为抗体的适应度值与适应度总和之比；p_d 为抗体的浓度概率，抗体的浓度越高越容易受到抑制，抗体的浓度越低越容易受到促进；α 为比例系数，决定了适应度与浓度的作用大小。

然后再利用轮盘赌选择方式，依据计算出的选择概率对抗体进行选择，选出相对适应度较

高的抗体作为下代的种群抗体。

6）克隆算子

克隆算子源于对生物具有的免疫克隆选择机理的模仿和借鉴。在抗体克隆选择学说中，当抗体侵入机体中时，克隆选择机制在机体内选择出识别和消灭相应抗原的免疫细胞，使之激活、分化和增殖，进行免疫应答以最终消除抗原。免疫克隆的实质是在一代进化中，在候选解的附近，根据亲和度的大小，产生一个变异解的群体，扩大了搜索范围，避免了遗传算法对初始种群敏感、容易出现早熟和搜索限于局部极小值的现象，具有较强的全局搜索能力。该算子在保证收敛速度的同时又能维持抗体的多样性。

通过不同的免疫算子和进化算子（交叉算子、重组算子、变异算子和选择算子）的重组融合，可形成不同的免疫进化算法。其中免疫算子可以优化其他智能算法，它不仅保留了原来智能算法的优点，同时也弥补了原来算法的一些不足。

4. 免疫算法与免疫系统的对应

免疫算法是借鉴了免疫系统学习性、自适应性以及记忆机制等特点而发展起来的一种优化组合方法。在使用免疫算法解决实际问题时，各个步骤都与免疫系统有对应关系。表10-1为免疫算法与免疫系统的对应关系表。其中根据疫苗修正个体基因的过程即为接种疫苗，其目的是消除抗原在新个体产生时带来的负面影响。

表 10-1　免疫算法与免疫系统的对应关系表

免疫系统	免疫算法
抗原	要解决的问题
抗体	最佳解向量
抗原识别	问题分析
从记忆细胞产生抗体	联想过去的成功解
淋巴细胞分化	优良解（记忆）的复制保留
细胞抑制	剩余候选解消除
抗体增加（细胞克隆）	利用免疫算子产生新抗体
亲和力	适应度
疫苗	含有解决问题的关键信息

10.1.4　人工免疫算法与遗传算法的比较

人工免疫算法作为一种进化算法，所用的遗传结构与遗传算法中的类似，采用重组、变异等算子操作解决抗体优化问题，但它们之间也存在区别。

（1）人工免疫算法源于抗原与抗体之间的内部竞争，其相互作用的环境包括内部及外部环境；而遗传算法源于个体和自私基因之间的外部竞争。

（2）人工免疫算法假设免疫元素互相作用，即每个免疫细胞等个体可以互相作用；而遗传算法不考虑个体间的作用。

（3）在人工免疫算法中，基因可以由个体自己选择，而在遗传算法中基因由环境选择。

（4）在人工免疫算法中，基因组合是为了获得多样性，一般不用交叉算子，因为人工免疫算法中基因是在同一代个体中进行进化的，这种情况下，设交叉概率为0；而遗传算法后代个体基因通常是父代交叉的结果，交叉用于混合基因。

（5）人工免疫算法在选择和变异阶段明显不同；而在遗传算法中它们是交替进行的。所以，可以把人工免疫算法看作遗传算法的补充。

与遗传算法相比，人工免疫算法在个体更新、选择算子、维持多样性等方面有很大的改进。

(1) 个体更新。在遗传算法中的交叉、变异算子之后，人工免疫算法利用先验知识，引入疫苗接种算子，这样对随机选出的个体的某些基因位用疫苗的信息来替换，从而使个体向最优解逼近，加快了算法的收敛速度，实现了个体的更新。

(2) 选择算子。在遗传算法中，个体更新后并没有判断其是否得到了优化，以至于经过交叉变异后的个体不如父代个体，即出现退化现象。而在人工免疫算法中，经过交叉、变异、疫苗接种算子的作用后，新生成的个体需要经过免疫检测算子操作，即判断其适应度是否优于父代个体，如果发生了退化，则用父代个体替换新生成个体。然后利用抗体的适应度值和浓度值所共同确定的选择概率，参加轮盘赌选择操作，最终选择出新一代种群。

(3) 维持多样性。在遗传算法中，适应度高的个体在一代中被选择的概率高，相应的浓度高；适应度低的个体在一代中被选择的概率低，相应的浓度低，没有自我调节功能。而在人工免疫算法中除了抗体的适应度，还引入了免疫平衡算子参与到抗体的选择中。免疫平衡算子对浓度高的抗体进行抑制，对浓度低的抗体进行促进。由于免疫平衡算子的引入，使得抗体与抗体之间相互促进或抑制，维持了抗体的多样性及免疫平衡，体现了免疫系统的自我调节功能。

正是存在着与遗传算法不同的特点，人工免疫算法具有分布式、并行性、自学习、自适应、自组织、鲁棒性和凸显性等特点。与传统数学方法相比，人工免疫算法在进行问题求解时，无须依赖问题本身的严格数学性质(如连续性和可导性等)，不需要建立关于问题本身的精确数学描述，一般也不依赖知识表示，而是在信号或数据层直接对输入信号进行处理，可以求解难以有效建立形式化模型、难以使用传统方法解决或根本不能解决的问题。人工免疫算法是一种随机概率型的搜索方法，这种不确定性使其能有更多的机会求得全局最优解；人工免疫算法又是利用概率搜索来指导其搜索方向的，概率被作为一种信息来引导搜索过程朝搜索空间更优化的解区域移动，有着明确的搜索方向，算法具有潜在的并行性，并且易于并行化。

10.2 免疫遗传算法介绍

免疫遗传算法(immune-genetie algorihm with eitism，IGAE)是将人工免疫算法与遗传算法结合，将人工免疫算法中抗体的自我调节和免疫记忆机制引入基础遗传算法中，以便克服遗传算法的“早熟”现象，并可以保持解的多样性。作为一种改进的遗传算法，免疫遗传算法延续了遗传算法的各种性质特点，并保留了遗传算法的提索特性，在很大程度上克服了未成熟收敛和陷入局部最优的缺点，具有搜索速度快及全局搜索的特点。下面介绍抗体的自我调节和免疫记忆机制。

(1) 自我调节机制。

自我调节机制包括抗体浓度的计算和对抗体的促进和抑制操作。抗体的限度表示某种相同或相似抗体在整个抗体群中所占的比例。抗体的选择概率主要取决于抗体的亲和度和抗体的浓度。亲和度高和浓度低的抗体，其选择概率会相对增加(即促进)；低亲和度和高浓度的抗体的选择概率会减少(即抑制)。这样既可以保持抗体的多样性，又可以保证算法的收敛速度。

(2) 免疫记忆机制。

当进入机体的抗原是新抗原时，将抗原中亲和度高的抗体写入记忆细胞，否则将当前群体中具有较高亲和度的抗体替换为记忆细胞中亲和度较低的抗体。

以上两种免疫机制既可以单独与遗传算法相结合，也可以全部引入遗传算法中以达到不同的效果。

免疫遗传算法流程如图 10-3 所示。

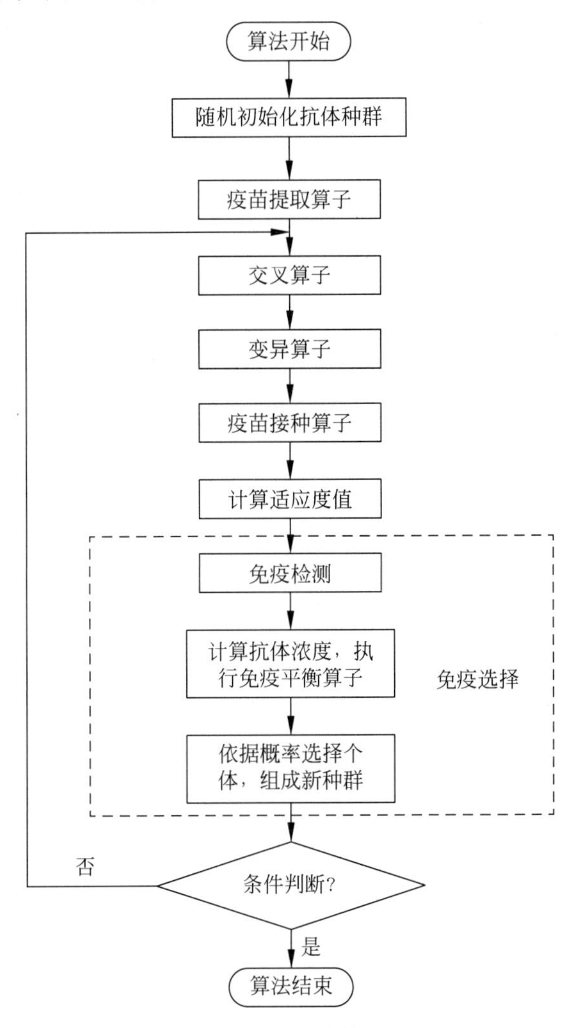

图 10-3 免疫遗传算法流程

免疫算法和遗传算法都是一种群体搜索策略，并且强调群体中个体之间的信息交换，因此两种算法之间有许多相似之处。首先，在算法结构上，都要经过"初始种群的产生、评价标准的计算、种群之间个体信息的交换、新种群的产生"这一循环过程，最终以较大的概率获得问题的最优解；其次，在功能上，两种算法在本质上都具有并行性，并且都有与其他的智能算法结合的固有优势；再次，在主要算子上，多数免疫算法都采用了遗传算法中的免疫算子；最后，因为这两种算法存在的共性，集两者而成的免疫遗传算法已经成为免疫算法研究和应用最成功的领域之一。

虽然免疫算法和遗传算法有很多共同点，但从免疫算法与遗传算法的流程及步骤中可以看出，两种算法还是有一定差异。

(1) 搜索目的不同。免疫算法的搜索目的是多峰值函数的多个极值点；而遗传算法的搜索目标是全局最优解。

(2) 评价标准不同。免疫算法以解(抗体)对目标函数的适应度值和解个体本身之间的浓度的综合性为评价标准；而遗传算法以解(个体)对目标函数的适应度值作为唯一的评价标准。

(3) 交叉与变异算子的应用。在免疫算法中,为了维持抗体的多样性,操作以变异算子为主,没有使用交叉算子;在遗传算法中交叉算子则作为保留好基因的同时给种群带来多样性的操作,是遗传算法的主要操作,而变异算子带来的种群变化较为剧烈,是遗传算法的辅助操作。

记忆库的存在:在遗传算法中没有出现记忆库的概念,但在免疫算法中,记忆库是根据免疫系统中免疫记忆的特点引入的,在免疫算法结束时,将优化问题的最优解以及问题相关的特征参数存入记忆库中,在下次再遇到类似的问题时就可以借用这次优化的结论,从而加快问题的解决速度,提高问题优化的效率。

10.3 免疫规划算法介绍

免疫规划算法(immune-programming algorithm,IPA)与免疫遗传算法类似,是借鉴了免疫系统能够产生和维持多样性抗体的能力和自我调节能力,在进化规划算法的基础上引入生物免疫机制而形成的智能算法。

免疫规划算法在原理上与免疫遗传算法的不同之处是它不使用交叉或重组算子,而是利用高斯变异算子作为生成新抗体的个体算子。由于高斯变异算子充分考虑了自身的适应度信息,使得原本较为盲目的随机搜索有了变异幅度的自适应性调整,从而得到性能上的优化,与进化算法类似。

免疫规划算法的基本步骤如下:

步骤1:根据具体问题(即问题的目标函数形式和约束条件)提取疫苗。

步骤2:随机初始化群体,设置算法参数。

步骤3:执行个体更新操作。

(1) 利用高斯变异算子产生新个体。对每一个抗体,循环每一位基因位,产生随机数rand,当概率 $P_m>rand$ 时,对该基因位进行高斯变异操作,通过在原来基因位上加一个符合高斯分布的随机数,生成新的子代个体。

(2) 接种疫苗算子。将选择出来的抗体用事先提取的疫苗接种,即依据疫苗中的相应基因位来修改抗体相应基因位上的值。

步骤4:计算群体中每个抗体的适应度值。

步骤5:免疫选择。

(1) 免疫检测算子。比较接种疫苗前后两个抗体的适应度值,如果接种疫苗后的适应度值没有父代的抗体高,则用父代的抗体代替接种之后的抗体,参加种群选择。

(2) 对于免疫检测后的个体,计算抗体浓度。

(3) 免疫平衡算子。根据抗体的适应度和浓度确定选择概率,选择概率计算公式如下:

$$P_{\text{choose}}=\alpha \cdot p_f+(1-\alpha) \cdot p_d$$

其中各参数的含义前面已经介绍过,此处不再赘述。

(4) 选择算子。依据一些常用的选择方法进行选择,如轮盘赌选择算子、模拟退火选择算子等,选择出新的种群。

步骤6:从新种群中寻找最优个体并记录下来。

步骤7:判断是否达到停止条件,即是否达到最大迭代次数。如果是,则跳出循环,输出最优解;否则,返回步骤3,进行迭代。

免疫规划算法流程如图10-4所示。

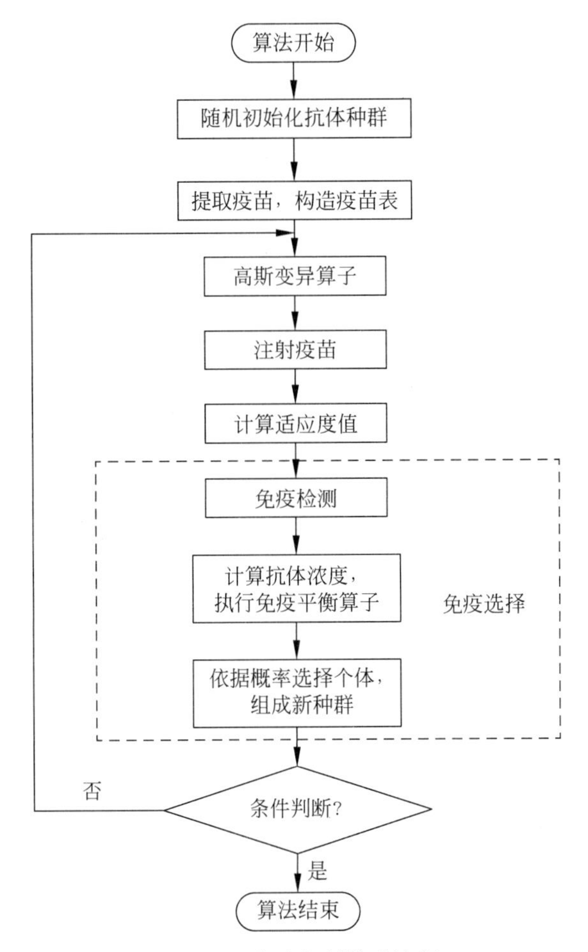

图 10-4　免疫规划算法流程

10.4　免疫策略算法介绍

与免疫规划算法相同，免疫策略算法(immune strategy algorithm，ISA)是在进化策略的基础上引入免疫原理与机制而形成的一种智能算法。在免疫策略算法中，使用了重组算子、高斯变异算子等进化算子，以及疫苗接种算子和免疫选择算子等免疫算子。种群通过重组算子，产生大于原种群的子代种群，并经过高斯变异算子进一步更新子代种群，然后执行疫苗接种算子和免疫选择算子，使得具有较高适应度的抗体个体被选出，组成下一代种群并进行迭代寻优。免疫策略提高了算法的搜索效率，对消除传统遗传算法在后期较常出现的振荡现象具有明显效果，并在很大程度上加快了原算法的收敛速度。

免疫策略算法的基本步骤如下：

步骤 1：根据具体问题(即问题的目标函数形式和约束条件)提取疫苗。

步骤 2：随机初始化群体，设置算法参数。

步骤 3：执行个体更新操作。

(1) 重组算子。从种群中随机选择两个父代个体，进行重组算子，即对于每一个基因位，依据重组概率，决定每一个基因位是遗传自哪一个父代个体，从而生成一个子代个体。依次执行 q 次，共产生 q 个子代个体(q 大于种群规模)。

(2) 高斯变异算子。利用高斯变异算子,生成新的子代个体。

(3) 疫苗接种算子。将选择出来的抗体用事先提取的疫苗接种。

步骤 4：计算群体中每个抗体的适应度值。

步骤 5：免疫选择。

(1) 免疫检测算子。比较接种疫苗前后两个抗体的适应度值,如果接种疫苗后的适应度值没有父代的抗体高,则用父代的抗体代替接种之后的抗体,参加种群选择。

(2) 对于免疫检测后的个体,计算抗体浓度。

(3) 免疫平衡算子。根据抗体的适应度和浓度确定选择概率,选择概率计算公式见 10.3 节免疫规划算法。

(4) 选择算子。依据一些常用的选择方法选择出新的种群。

步骤 6：从新种群中寻找最优个体并记录下来。

步骤 7：判断是否达到停止条件,如果是,则跳出循环,输出最优解；否则,返回步骤 3,进行迭代。

免疫策略算法流程如图 10-5 所示。

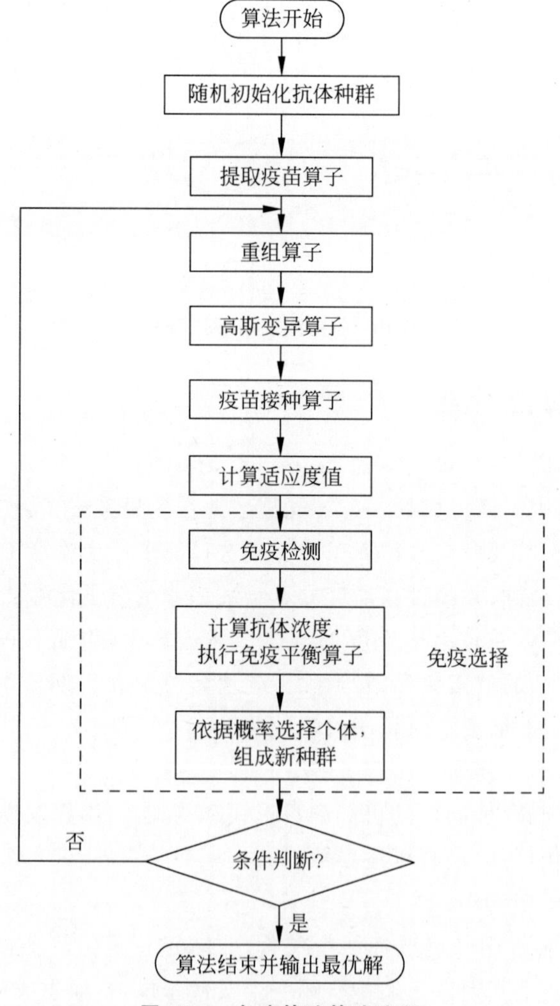

图 10-5　免疫策略算法流程

10.5　免疫优化算法在物流中心选址问题中的应用

1. 建立模型

在物流配送中心选址模型中做如下假设。

(1) 配送中心的规模容量总可以满足需求点需求，并由其配送辐射范围内的需求量确定。

(2) 一个需求点仅由一个配送中心供应。

(3) 不考虑工厂到配送中心的运输费用。

然后要从 n 个需求点中找出配送中心，并向需求点配送物品。目标函数是各配送中心到需求点的需求量和距离的乘积之和最小。

目标函数如下：

$$F=\sum\sum w_i d_{ij} Z_{ij}$$

2. 问题求解

算法的实现步骤如下：

步骤1：产生初始种群。

步骤2：对上述群体中各个抗体进行评价。

步骤3：形成父代群体。

步骤4：判断是否满足条件，如果是则结束，反之，则继续下一步操作。

步骤5：新种群的产生。

步骤6：转去执行步骤2。

算法流程如图10-6所示。

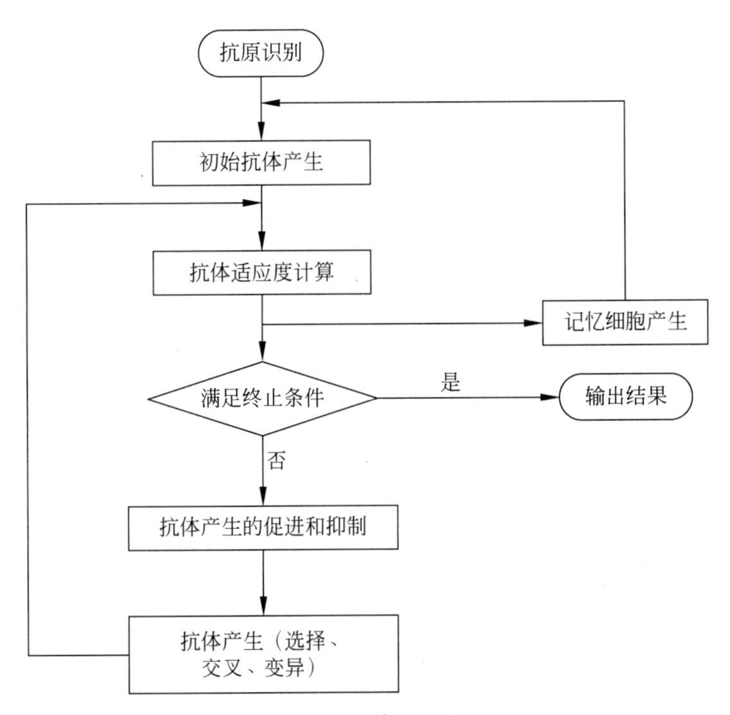

图10-6　算法流程

3. 初始种群的产生

如果记忆库非空，则初始抗体群从记忆库中生成；否则，在可行解空间随机产生初始抗体群。此处采用简单的编码方式。每个选址方案可形成一个长度为 P 的抗体（P 表示配送中心的数量），每个抗体代表被选为配送中心的需求点的序列。

4. 解的多样性评价

（1）抗体与抗原之间的亲和力如下：

$$A_v=\frac{1}{F_v}=\frac{1}{\sum\sum w_i d_{ij} Z_{ij}-C\sum_{\min}\left(\sum Z_{ij}-1\right)}$$

其中，F_v 表示新的目标函数，分母的第二项表示对违反距离约束的解给予惩罚 C，C 取比较大的正数。

（2）抗体与抗体之间的亲和力。其反映抗体之间的相似程度，此处借鉴 Forrest 等提出的 R 位连续方法计算抗体之间的亲和力，两个个体有至少 R 位编码相同则两种抗体近似相同。

$$S_{v,s}=\frac{k_{v,s}}{L}$$

其中，k 表示抗体 v 和抗体 s 之间相同的位数，L 为抗体的总长。

（3）抗体浓度如下：

$$C_v=\frac{1}{N}\sum_{i\in N}S_{v,s}$$

$$S_{v,s}=\begin{cases}0, & S_{v,s}>T\\ 1, & \text{其他}\end{cases}$$

（4）期望繁殖概率。在种群中，每个个体的期望繁殖概率由抗体与抗原之间的亲和力 A 和抗体浓度共同决定。

$$P=\alpha\frac{A_v}{\sum A_v}+(1-\alpha)\frac{C_v}{\sum C_v}$$

其中，α 是常数，个体的适应度越高，则期望繁殖概率越大，个体的浓度越大，则期望繁殖概率越大。这样就鼓励了高适应度个体，抑制了高浓度个体。

5. 免疫操作

（1）选择。按照轮盘赌机制进行选择操作，个体被选择的概率即为期望繁殖概率。

（2）交叉。采用单点交叉法进行交叉操作。

（3）变异。采用随机变异位进行变异操作。

10.6 本章小结

人工免疫系统是受生物免疫系统启发进而模拟自然免疫系统功能的一种智能方法。人工免疫系统是基于人类和其他高等动物免疫系统理论而提出的信息处理系统，具备了噪声忍耐、无教师学习、自组织、无须反面例子、能明晰地表达学习知识以及具有内容记忆等进化学习机理。本章详细介绍了人工免疫算法、免疫遗传算法、免疫规划算法以及免疫策略算法的基本原理，并着重分析了免疫优化算法在物流中心选址问题中的应用。

10.7　习题

1. 简述人工免疫算法的步骤。
2. 写出免疫遗传算法的基本流程。
3. 比较人工免疫算法与遗传算法的异同点。
4. 简述免疫规划算法的流程。
5. 简述免疫策略算法的基本步骤。
6. 什么是提取疫苗算子？
7. 简述免疫算法与免疫系统的对应关系。

第11章

人工神经网络

近年来，人工神经网络（artificial neural network，ANN）飞速发展。ANN 擅长求解非线性问题，并行处理能力和分布式存储能力强，并且具备容错性、自适应、自组织能力和联想功能强等优势，目前在很多领域有所应用。

神经网络优化算法就是利用神经网络中神经元的协同并行计算能力来构造的优化算法，它将实际问题的优化解与神经网络的稳定状态相对应，把对实际问题的优化过程映射为神经网络系统的演化过程。

11.1 人工神经网络起源

在人工神经网络的发展历程中，先后发生了一系列标志性事件，如图 11-1 所示。

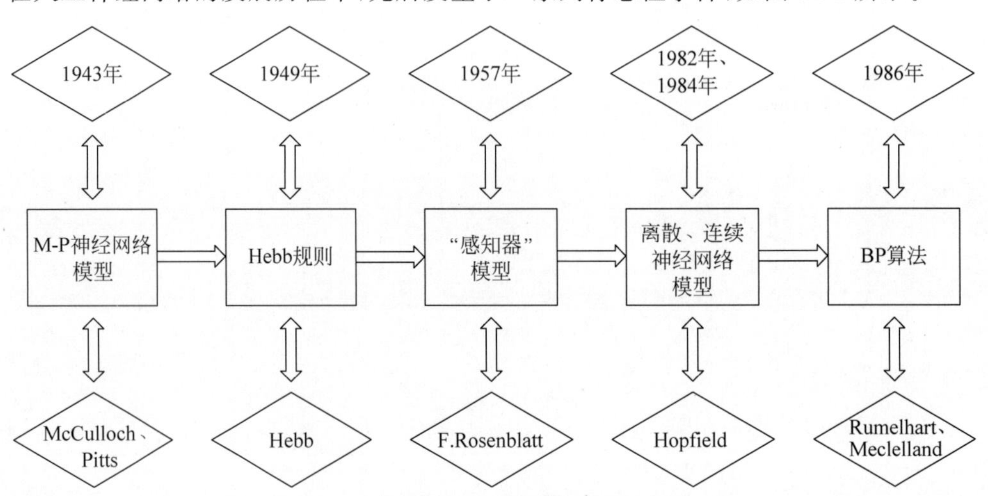

图 11-1 人工神经网络发展的标志性事件

值得注意的是，20 世纪 60 年代以后，数字计算机发展迅猛，数字计算机被误认为能解决人工智能、专家系统以及模式识别问题，于是学者们弱化了"感知器"研究，自此，人工神经网络的研究进入了低谷。然而自 20 世纪 80 年代中期以来，随着离散神经网络模型和连续神经网络模型及 BP（back propagation）算法的提出，全世界范围内的神经网络热潮迭起，自此，人工神经网络及其算法已成为当今国际上的一个重要研究内容。

11.2　人工神经网络概念

ANN是在人类对其大脑神经网络认识理解的基础上人工构造的能够实现某种功能的网络系统，它对人脑进行了简化、抽象和模拟，是大脑生物结构的数学模型。ANN由大量功能简单而具有自适应能力的信息处理单元即人工神经元按照大规模并行的方式，通过拓扑结构连接而成。

11.2.1　人工神经元

简单来说，人工神经元是对生物神经元的一种模拟。在生物神经元中，来自轴突的输入信号神经元终结于突触上，信息沿着树突传输并发送至另一个神经元。在人工神经元中，这种信号传输由输入信号 x、内部阈值 θ_j、突触权重 ω 以及输出信号 y 表示。总结来说，人工神经元是一个多输入、单输出的非线性元件。人工神经元模式如图11-2所示。

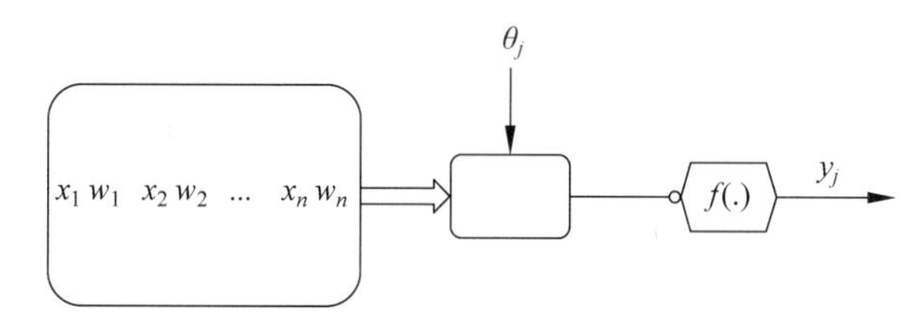

图11-2　人工神经元模式

在了解了人工神经元的运行机制之后，接下来介绍人工神经网络的概念。

顾名思义，人工神经网络是由大量的神经元互连而成的网络，按拓扑结构可将其分成互连网络模型和层次网络模型两大类，如图11-3所示。

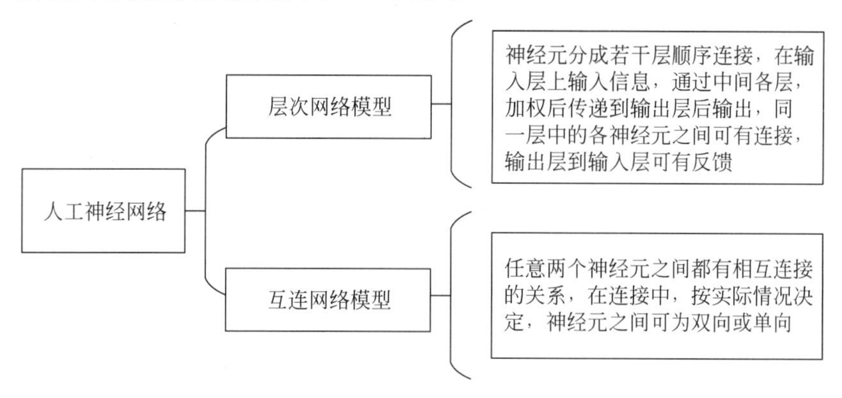

图11-3　人工神经网络分类

11.2.2　传递函数

人工神经元系统的输出由传递函数 $f(.)$ 实现，该函数的功能为控制输入对输出的激活机制，把可能的无限域变换至给定范围的输出，对输入、输出进行函数转换，以模拟生物神经元线性或非线性转移特性。

由此可见，简单神经元主要由阈值、权值和 $f(.)$ 的形式定义，可用数学公式表达为 $y=f\left(\sum_{i=1}^{n}\omega_i\cdot x_i-\theta_i\right)$。

此外，一些经典的神经网络传递函数如下。

阈值逻辑(两极)：$f(x)=\begin{cases}1, & x\geqslant s\\ -1, & x<s\end{cases}$。

阈值逻辑(二值)：$f(x)=\begin{cases}1, & x\geqslant s \\ 0, & x<s\end{cases}$。

线性传递函数：$f(x)=c\cdot x$。

线性阈值函数：$f(x)=\begin{cases}1, & x\geqslant s \\ 0, & x<s \\ c, & \text{其他}\end{cases}$。

双曲线-正切函数：$f(x)=\dfrac{e^{cx}-e^{-cx}}{e^{cx}+e^{-cx}}$。

Sigmoid 函数：$f(x)=\dfrac{1}{1+e^{-c\cdot x}}$。

11.3 神经网络模型

11.3.1 单层感知机

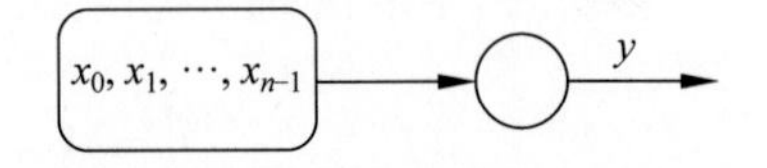

图 11-4 单层感知机模型结构

单层感知机模型结构如图 11-4 所示。

单层感知机模型具备简单的模式识别能力，但只能用于解决线性问题，不能用于解决非线性问题。一般来说，单层感知机的学习算法流程如图 11-5 所示。

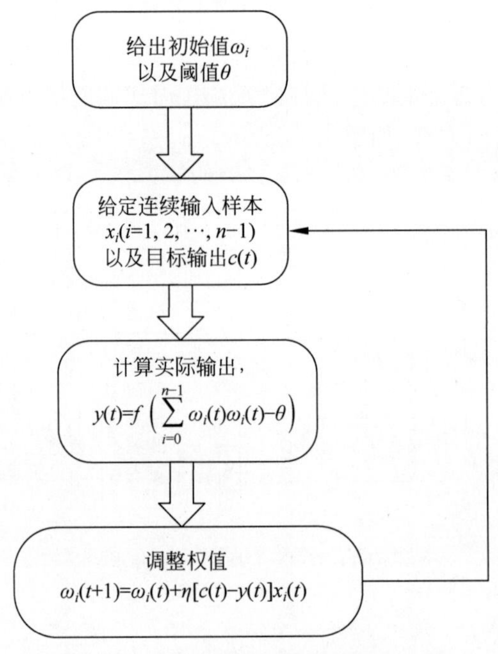

图 11-5 单层感知机的学习算法流程

需要注意的是，实际输出中的 $f(.)$ 为神经元传递函数。

权值中的 $c(t)=\begin{cases}1, & \text{对 A 类输入样本} \\ -1, & \text{对 B 类输入样本}\end{cases}$，$0\leqslant\eta<1$。

11.3.2 多层感知机

1. 多层感知机模型

一个 M 层的多层感知机模型可描述如下：

(1) 网络包含一个输入层(定义为第 0 层)和 $M-1$ 个隐含层，最后一个隐含层称为输出层。

(2) 第 l 层包含 N_l 个神经元和一个阈值单元(定义为每层的第 0 单元),输出层不包含阈值单元。

(3) 第 $l-1$ 层的第 i 个单元到第 l 层的第 j 个单元的权值表示为 $\omega_{ij}^{l-1,l}$。

(4) 第 l 层的第 j 个神经元的输入定义为 $x_j^l=\sum_{i=0}^{N_{l-1}}\omega_{ij}^{l-1,l}y_i^{l-1}$,输出定义为 $y_j^l=f(x_i^l)$,其中 $f(.)$为隐单元传递函数,常采用 Sigmoid 函数,即 $f(x)=[1+\exp(-x)]^{-1}$,输入单元一般采用线性传递函数 $f(x)=x$,阈值单元的输出始终为 1。

(5) 目标函数通常采用:

$$E=\sum_{p=1}^{P}E_p=\frac{1}{2}\sum_{p=1}^{P}\sum_{j=1}^{N_{M-1}}(y_{j,p}^{M-1}-t_{j,p})^2$$

其中,P 为样本数;$t_{j,p}$ 为第 p 个样本的第 j 个输出分量。

对于典型的三层前向网络,其结构如图 11-6 所示。

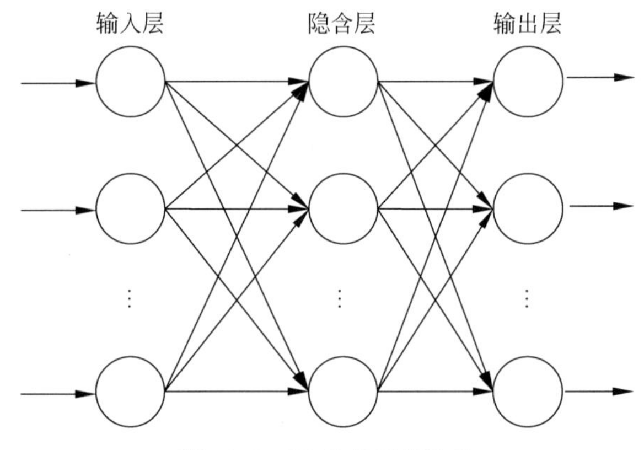

图 11-6　BP 神经网络结构

2. BP 算法

网络学习归结为确定网络的结构和权值,使目标函数值最小。1985 年,Rumelhart 提出的 BP 算法系统地解决了多层网络中隐单元层连接权的学习问题。目前 BP 模型已成为人工神经网络的重要模型之一,并得到了广泛的应用。

BP 人工神经网络由输入层、隐含层和输出层组成,其核心是通过一边向后传递误差,一边修正误差的方法来不断调节网络参数(权、阈值),以实现或逼近所希望的输入、输出映射关系。

1) BP 算法步骤

BP 人工神经网络的学习算法步骤如下:

(1) 确定参数。输入向量 $\boldsymbol{X}=[x_1,x_2,\cdots,x_n]^{\mathrm{T}}$,$n$ 为输入层单元个数;输出向量 $\boldsymbol{Y}=[y_1,y_2,\cdots,y_q]^{\mathrm{T}}$,$q$ 为输出层单元个数;希望输出向量 $\boldsymbol{O}=[o_1,o_2,\cdots,o_q]^{\mathrm{T}}$;隐含层输出向量 $\boldsymbol{B}=[b_1,b_2,\cdots,b_p]^{\mathrm{T}}$,$p$ 为隐含层单元数;输入层至隐含层的连接权值 $W_j=[\omega_{j1},\omega_{j2},\cdots,\omega_{jt},\cdots,\omega_{jn}]^{\mathrm{T}}$,$j=1,2,\cdots,p$;隐含层至输出层的连接权值 $V_k=[v_{k1},v_{k2},\cdots,\omega_{kj},\cdots,\omega_{kp}]^{\mathrm{T}}$,$k=1,2,\cdots,q$。

(2) 输入模式的顺传播。

① 计算隐含层各神经元的激活值 s_j,即

$$s_j=\sum_{i=1}^{n}\omega_{ji}.x_i-\theta_j,\quad j=1,2,\cdots,p$$

其中,ω_{ji} 为输入层至隐含层的连接权值,θ_j 为隐含层单元的阈值。

传递函数采用S形函数,即

$$f(x)=\frac{1}{1+\mathrm{e}^{-x}}$$

② 计算隐含层单元的输出值,即

$$b_j=f(s_j)=\frac{1}{1+\exp\left(-\sum_{i=1}^{n}\omega_{ji}x_i+\theta_j\right)}$$

阈值在学习过程中和权值一样也不断地被修正。

同理,可求得输出端的激活值和输出值。

③ 计算输出层第 k 个单元的激活值 s_k,即

$$s_k=\sum_{j=1}^{p}v_{kj}b_j-\theta_k$$

④ 计算输出层第 k 个单元的实际输出值 y_k,即

$$y_k=f(s_k),\quad t=1,2,\cdots,q$$

其中,v_{kj} 为隐含层到输出层的权值,θ_k 为输出层单元阈值,$f(x)$为S形传递函数。

利用以上各式就可计算出一个输入模式的顺传播过程。

(3) 输出误差的逆传播。

各层连接层及阈值的调整,按梯度下降法的原则进行,并且其校正是从后向前进行的,所以称为误差逆传播。

① 输出层的校正误差为

$$d_k=(o_k-y_k)y_k(1-y_k),\quad k=1,2,\cdots,q$$

② 隐含层各单元的校正误差为

$$e_j=\left[\sum_{k=1}^{q}v_{kj}d_k\right]b_j(1-b_j)$$

应注意,每一个中间单元的校正误差都是由 q 个输出层单元校正误差传递而产生的。当校正误差求出后,可利用 d_k 和 e_j 沿逆方向逐层调整输出层至隐含层、隐含层至输入层的权值。

③ 输出层至隐含层连接权值和输出层阈值的校正量为

$$\Delta v_{kj}=\alpha d_k b_j$$

$$\Delta\theta_k=\alpha d_k$$

其中,b_j 为隐含层 j 单元的输出,d_k 为输出层的校正误差,$\alpha>0$ 为学习系数。

④ 隐含层至输入层的校正量为

$$\Delta\omega_{ji}=\beta e_j x_i$$

$$\Delta\theta_j=\beta e_j$$

其中,e_j 为隐含层单元的校正误差,$0<\beta<1$ 为学习系数。

从校正量计算公式可以看出,调整量与误差成正比,即误差越大,调整的幅度就越大;调整量与输入值的大小成正比,因此,与其相连的调整幅度就应该越大;调整量与学习系数成正比。通常学习系数为0.1～0.8,为使整个学习过程加快又不引起振荡,可采用变学习速率的方法,即在学习初期取较大的学习系数,随着学习过程的进行逐渐减少其值。

为了使网络的输出误差趋于极小值,对于神经网络输入的每一组训练模式,一般要经过多

次的循环记忆训练，才能使网络记住这一模式。这种循环记忆训练实际上就是多次重复以上的输入模式。

2) BP 算法的缺陷及改进措施

实质上 BP 算法是一种梯度下降法，算法性能依赖初始条件，学习过程容易陷入局部极小。实验表明，BP 算法的学习速度、精度、初值鲁棒性和网络推广性能都较差，不能满足应用的要求。

(1) BP 算法收敛缓慢的原因及改进措施。

① 利用梯度信息来调整权值，在误差曲面平坦处，导数值较小使得权值调整幅度较小，从而误差下降很慢；在曲面率较大处，导数值较大使得调整幅度较大，会出现跃冲极小点现象，从而引起振荡。

② 当神经元的总输入偏离阈值太远时，总输入就进入传递函数非线性特性的饱和区。此时若实际输出与期望输出不一致，则传递函数较小的导数值将导致算法难以摆脱“平台”区。

③ 由于网络结构的复杂性，不同权值和阈值对同一样本的收敛速度不同，从而使整体学习缓慢。

针对以上训练缓慢的原因，可提出相应的措施进行改进，如改变步长、加动量项和改变动量因子，选择适当的神经元传递函数和初始权值、阈值，并对输入样本进行归一化处理等。

(2) BP 算法易陷入局部极小的原因和改进措施。

由于不能保证目标函数在权空间中的正定，而误差曲面往往复杂且无规则，存在多个分布无规则的局部极小点，所以 BP 算法容易陷入局部极小。

BP 算法的主要改进措施如下：

① 引入全局优化技术。

② 平坦化优化曲面以消除局部极小。

③ 设计合适的网络使其满足不产生局部极小的条件。

(3) BP 算法推广性能差的原因和改进措施。

网络的推广性能差主要表现如下：网络能够很好地实现训练样本的输入/输出映射，但不能保证对未训练的样本输入得到理想的输出。

BP 算法的改进方法如下：

① 引入与问题相关的先验知识对权值加以限制。

② 产生虚拟“瓶颈层”，以便对权矩阵的秩施加限制。

③ 对目标函数附加惩罚项以强制无用权值趋于零。

④ 动态修改网络结构，对推广函数与目标函数进行多目标优化等。

11.3.3 径向基函数神经网络

径向基函数神经网络(radial basis function，RBF)是 20 世纪 80 年代提出的一种人工神经网络结构，是具有单隐含层的前向网络。它不仅可以用于函数逼近，还可以进行预测。

RBF 是一种三层前馈网络，输入层为信号源结构，仅起到数据信息的传递作用，对输入信息不进行任何变换；第二层为隐含层，结构数视需要而定，隐含层神经元的核函数(作用函数)为高斯函数，对输入信号进行空间映射变换；第三层为输出层，它对输入模式做出响应。输出层神经元的作用函数为线性函数，对隐含层神经元输出的信息进行线性加权后输出，作为整个神经网络的输出结构。其网络结构如图 11-7 所示。

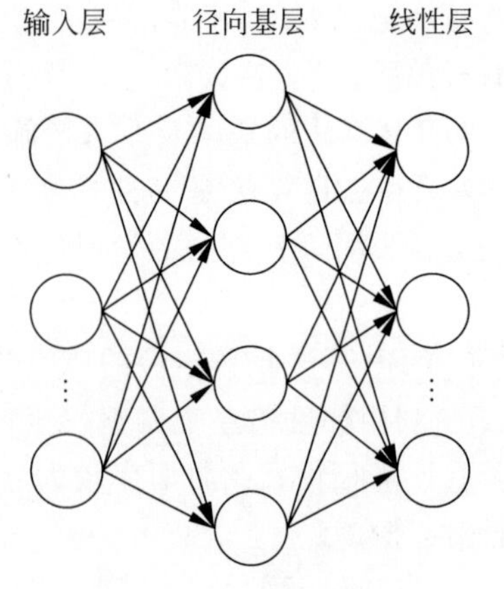

图 11-7 RBF 网络结构

径向基函数是径向对称的，最常用的是高斯函数，如下：

$$R_i(\boldsymbol{x})=\exp\left(-\frac{\|\boldsymbol{x}-\boldsymbol{C}_i\|^2}{2\sigma_i^2}\right),\quad i=1,2,\cdots,p$$

其中，$\boldsymbol{x}$ 是 m 维输入向量，$\boldsymbol{C}_i$ 是第 i 个基函数的中心，σ_i 是第 i 个感知的变量，p 是感知单元的个数，$\|\boldsymbol{x}-\boldsymbol{C}_i\|^2$ 是向量 $\boldsymbol{x}-\boldsymbol{C}_i$ 的范数。

从图 11-7 中可看出，RBF 网络的输入层实现从 $\boldsymbol{x}\rightarrow R_i(\boldsymbol{x})$ 的非线性映射，输出层实现从 $R_i(\boldsymbol{x})\rightarrow y_k$ 的线性映射，即

$$y_k=\sum_{i=1}^{p}\omega_{ij}R_i(\boldsymbol{x}),k=1,2,\cdots,q$$

其中，q 是输出节点数。

从理论上讲，它可以逼近任何的非线性函数。

RBF 人工神经网络的学习算法包含如下几步。

(1) 初始化。对连接权重 ω、各神经元的中心参数 c、宽度向量 $\boldsymbol{\sigma}$ 等参数按一定的方式进行初始化，并给定 α 和 η 的取值。

(2) 计算隐含层的输出。利用高斯函数计算隐含层的输出 R_i。

(3) 计算输出层神经元的输出。利用式子 $y_k=\sum_{i=1}^{p}\omega_{ij}R_i(\boldsymbol{x})$ 求出输出神经元的输出。

(4) 误差调整。对各初始化值进行迭代计算，以自适应调节到最佳值，即

$$\omega_{kj}(t)=\omega_{kj}(t-1)-\eta\frac{\partial E}{\partial\omega_{kj}(t-1)}+\alpha[\omega_{kj}(t-1)-\omega_{kj}(t-2)]$$

$$c_{ji}(t)=c_{ji}(t-1)-\eta\frac{\partial E}{\partial c_{ji}(t-1)}+\alpha[c_{ji}(t-1)-c_{ji}(t-2)]$$

$$\sigma_{ji}(t)=\sigma_{ji}(t-1)-\eta\frac{\partial E}{\partial\sigma_{ji}(t-1)}+\alpha[\sigma_{ji}(t-1)-\sigma_{ji}(t-2)]$$

其中，$\omega_{kj}(t)$为第 k 个输出神经元与第 j 个隐含层神经元之间在第 t 次迭代计算时的调节权重；$c_{ji}(t)$为第 j 个隐含层对应于第 i 个输入神经元在第 t 次迭代计算时的中心分量；$\sigma_{ji}(t)$为与中心 $c_{ji}(t)$对应的宽度；η 为学习因子；E 为 RBF 神经网络误差函数，且 $E=\frac{1}{2}\sum_{l=1}^{N}\sum_{k=1}^{q}(y_{lk}-O_{lk})^2$，其中 O_{lk} 为第 k 个输出神经元在第 l 个输入样本时的期望输出值，y_{lk} 为第 k 个输出神经元在第 l 个输入样本时的网络输出值。

(5) 当误差达到最小时，迭代结束，计算输出，否则转(2)。

11.3.4 自组织竞争人工神经网络

在生物神经系统中，存在着一种“侧抑制”现象，即一个神经细胞兴奋后，通过它的分支会对周围其他神经细胞产生抑制。由于这种现象的作用，各个细胞之间会相互竞争，其最终的结果是兴奋作用最强的神经元所产生的抑制作用消除了周围其他细胞的作用。

自组织竞争人工神经网络就是模拟了上述的生物结构和现象的一种人工神经网络。它以无导师学习方式进行网络训练，能够对输入模式进行自组织训练和判断，并将其最终分为不同的类型。

在网络结构上，自组织竞争人工神经网络一般由输入层和竞争层两层网络构成。输入层和竞争层之间的神经单元实现双向连接，同时竞争层各个神经元之间还存在着横向连接。

自组织竞争人工神经网络的输出不但能判断输入模式所属的类别并使输出节点代表某一模式，还能够得到整个数据区域的大体分布情况，即从样本数据中找到所有数据分布的大体分布特征。

根据网络特点，自组织竞争人工神经网络在训练的初始阶段，不但对获胜节点进行调整，也对其较大范围内的几何邻近节点权重做相应的调整；而随着训练过程的进行，与输出节点相连接的权向量越来越接近其代表的模式，这时，对获胜节点的权重进行调整。训练结束后，几何上相近的输出节点所连接的权重向量既有联系又有区别，保证了对某一类输入模式，获胜节点能做出最大响应，而相邻节点也能做出较大响应。

自组织竞争神经网络的学习算法如下：

(1) 连接权重初始化。对所有从输入节点到输出节点的连接权重进行随机赋值，读数器 $t=0$。

(2) 网络输入。对网络进行模式的输入。

(3) 调整权重。计算输入与全部输出节点连接权重的距离，即

$$d_i=\sum(x_{ik}-w_{ij})^2,\quad i=1,2,\cdots,n,j=1,2,\cdots,m$$

其中，x_{ik} 为网络的输入；w_{ij} 为各节点的权重；n 是样本的维数；n 是节点数。

(4) 竞争。具有最小距离的节点 N_i^* 竞争获胜，即

$$d_j^*=\min_{j\in\{1,2,\cdots,m\}}\{d_j\}$$

(5) 调整权值。调整输出节点 N_i^* 所连接的权向量及 N_i^* 几何邻域 $NE_i^*(t)$ 内的节点连接权值，即

$$\Delta\omega_{ij}=\eta(t)(x_i^k-\omega_{ij}),\quad i=1,2,\cdots,n$$

其中，η 是一种可变学习速度，随时间推移而衰减，这意味着随着训练过程的进行，权重调整幅度越来越小，以使竞争获胜点所连接的权向量能代表模式的本质属性。$NE_i^*(t)$ 也随时间而收缩，最后在 t 充分大时，$NE_i^*(t)=\{N_j^*\}$，即只训练获胜节点本身，以实现权值的变化。

(6) 若还有输入样本数据，由 $t=t+1$，转入(2)。

11.3.5 对向传播神经网络

对向传播网络(counter propagation network，CPN)是将自组织竞争网络与 Grossberg 基本竞争型网络相结合，发挥各自特长的一种新型特征映射网络。这一网络是美国计算机专家 Robert Hecht-Nielsen 于 1987 年提出的。这种网络被广泛应用于模式分类、函数近似、统计分析和数据压缩等领域。

CPN 网络结构如图 11-8 所示，网络分为输入层、竞争层和输出层。输入层与竞争层构成 SOM 网络，竞争层与输出层构成基本竞争型网络。从整体上看，网络属于有导师型的网络，而由输入层和竞争层构成的 SOM 网络又是一种典型的无导师型的神经网络。其基本思想是由输入层到竞争层，网络按照 SOM 学习规则产生竞争层的获胜神经元，并按照这一规则调整相

应的输入层到竞争层的连接权。由竞争层到输出层,网络按照基本竞争型网络学习规则,得到各输出神经元的实际输出值,并按照在导师型的误差方法,修正由竞争层到输出层的连接权。经过这样的反复学习,可以将任意的输入模式映射为输出模式。

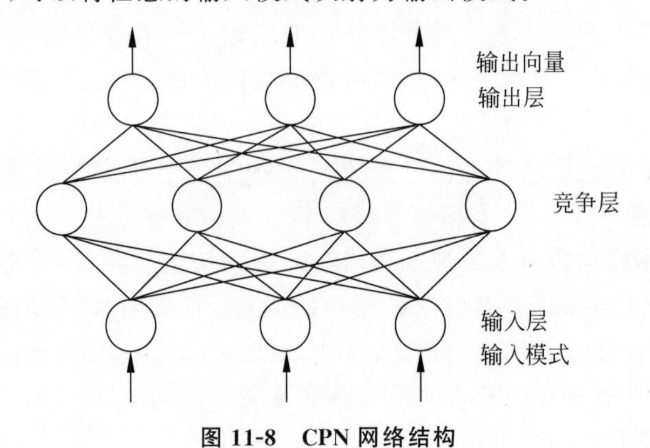

图 11-8 CPN 网络结构

CPN 网络的学习算法如下:

(1) 初始化及确定参数。确定输入层神经元数 n,并对输入向量 $\boldsymbol{X}$ 进行归一化处理。

$$x_i = \frac{x_i}{\sqrt{\sum_{i=1}^{n} x_i^2}}, \quad i = 1, 2, \cdots, n$$

确定竞争层神经元 p,对应的二值输出向量 $\boldsymbol{B} = [b_1, b_2, \cdots, b_p]^{\mathrm{T}}$,输出层输出向量 $\boldsymbol{Y} = [y_1, y_2, \cdots, y_q]^{\mathrm{T}}$,目标输出向量 $\boldsymbol{O} = [o_1, o_2, \cdots, o_q]^{\mathrm{T}}$,读数器 $t=0$。

初始化由输入层到竞争层的连接权值 W_j 和由竞争层到输出层的连接权重 V_k,并对 W_j 进行归一化处理。

(2) 计算竞争层的输入。按下列公式求竞争层每个神经元的输入,即

$$S_j = \sum_{i=1}^{n} x_i \omega_{ji}, \quad j = 1, 2, \cdots, p$$

(3) 计算连接权重 W_j 与 $\boldsymbol{X}$ 距离最近的向量。按下列公式计算,即

$$W_g = \max_{j=1,2,\cdots,p} \sum_{i=1}^{n} x_i \omega_{ji}$$

(4) 将神经元 g 的输出设定为 1,其余神经元输出设定为 0,即

$$b_j = \begin{cases} 1, & j = g \\ 0, & j \neq g \end{cases}$$

(5) 修正连接权值 W_g。按下列公式进行修正并进行归一化,即

$$\omega_{gi}(t+1) = \omega_{gi}(t) + \alpha(x_i - \omega_{gi}(t)), \quad i = 1, 2, \cdots, n, 0 < \alpha < 1$$

(6) 计算输出。计算输出神经元的实际输出值,即

$$y_k = \sum_{j=1}^{p} v_{kj} b_j, \quad k = 1, 2, \cdots, q$$

(7) 修正连接权重 V_g。修正权重 V_g,即

$$v_{kg}(t+1) = v_{kg}(t) + \beta b_j (y_k - o_k), \quad k = 1, 2, \cdots, q, 0 < \beta < 1$$

(8) 返回(2),直到将 N 个输入模式全部输入。

(9) 置 $t=t+1$,将输入模式 $\boldsymbol{X}$ 重新提供给网络学习,直到 $t=T$,其中 T 为预先设定的学

习总次数,一般大于 500。

11.3.6 反馈型神经网络

1982 年,Hopfield 开创性地结合了物理学、神经生物学和计算机科学,提出了 Hopfield 反馈神经网络模型,证明在高强度连接下的神经网络依靠集体协同作用能自发产生计算行为。作为典型的全连接网络,Hopfield 网络引入能量函数以构造动力学系统,并使网络的平衡态与能量函数的极小解相匹配,从而将求解能量函数极小解的过程转化为网络向平衡态的演化过程。此外,需要注意的是,Hopfield 网络是由相同的神经网络元构成的单层网络,具备学习功能,能完成制约优化、联想记忆。

Hopfield 网络的拓扑结构如图 11-9 所示,其中第一层仅作为网络的输入,不是实际的神经元。第二层为实际的神经元,执行对输入信息与系数相乘的积再求累加,并由非线性函数 f 处理后产生输入信息。f 是一个简单的阈值函数,若神经元的输出信息大于阈值 θ,则神经元的输出取值是 1,否则是 -1。

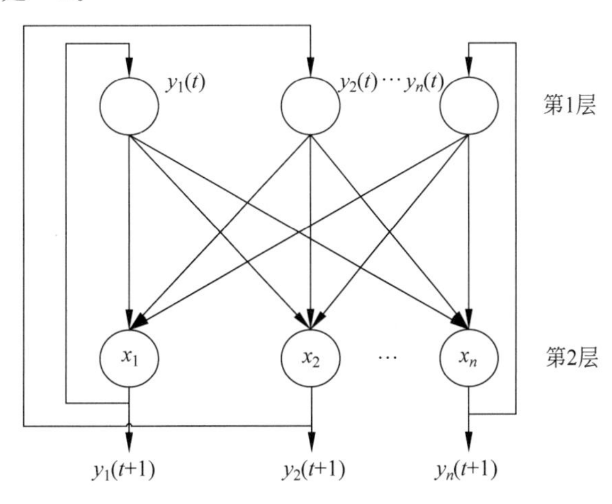

图 11-9 Hopfield 网络的拓扑结构

从图 11-9 中还可看出,Hopfield 网络是一种从输出、输入到反馈连接的循环神经网络。由于 Hopfield 网络输出端有反馈到其输入端,所以在输入的激励下,会产生不断的状态变化。当有输入之后,能得到 Hopfield 网络的输出,输出反馈到输入,从而产生新的输出,这个反馈过程一直进行下去。如果 Hopfield 网络是一个能收敛的稳定网络,则这个反馈和迭代的计算过程所产生的变化越来越小。若达到了稳定平衡状态,Hopfield 网络就将输出一个稳定的恒值。

1. 离散型 Hopfield 网络

离散型 Hopfield 网络的输出为二值型,网络采用全连接结构。相关符号表示如下:$v_1, v_2, \cdots, v_n$ 代表各神经元的输出;$\omega_{1i}, \omega_{2i}, \cdots, \omega_{ni}$ 代表各神经元与第 i 神经元的连接权值;θ_i 代表第 i 神经元的阈值。则

$$v_i = f\Big(\sum_{\substack{j=1\\ j\neq i}}^{n} \omega_{ji} v_j - \theta_i\Big) = f(u_i) = \begin{cases} 1, & u_i \geqslant 0 \\ -1, & u_i < 0 \end{cases}$$

能量函数表示如下:

$$E = -\frac{1}{2}\sum_{i=1}^{n}\sum_{\substack{j=1\\ j\neq i}}^{n} \omega_{ij} v_i v_j + \sum_{i=1}^{n} \theta_i v_i$$

其变化量表示如下：

$$\Delta E=\sum_{i=1}^{n}\frac{\partial E}{\partial v_i}\Delta v_i=\sum_{i=1}^{n}\Delta v_i\left(-\sum_{\substack{j=1\\ j\neq i}}^{n}\omega_{ij}v_j+\theta_i\right)\leqslant 0$$

2. 连续型 Hopfield 网络

网络的动态方程简化描述如下：

$$\begin{cases}C_i\dfrac{\mathrm{d}u_i}{\mathrm{d}t}=\sum\limits_{j=1}^{n}T_{ji}v_i-\dfrac{u_i}{R_i}+I_i\\ v_i=g(u_i)\end{cases}$$

其中，u_i、v_i 代表第 i 神经元的输入和输出；$g(.)$代表具有连续且单调增性质的神经元传递函数；T_{ij} 代表第 i 神经元到第 j 神经元的连接权；I_i 代表施加在第 i 神经元的偏置；C_i 代表电容，$C_i>0$；Q_i 代表电阻，$\frac{1}{R_i}=\frac{1}{Q_i}+\sum_{j=1}^{n}T_{ji}$。

定义能量函数如下

$$E=-\frac{1}{2}\sum_{i=1}^{n}\sum_{\substack{j=1\\ j\neq i}}^{n}\omega_{ij}v_iv_j-\sum_{i=1}^{n}I_iv_i+\sum_{i=1}^{n}\int_{0}^{v_i}g^{-1}(v)\mathrm{d}v/R_i$$

则其变化量如下：

$$\frac{\mathrm{d}E}{\mathrm{d}t}=\sum_{i=1}^{n}\frac{\partial E}{\partial v_i}\frac{\mathrm{d}v_i}{\mathrm{d}t}$$

其中，

$$\begin{aligned}\frac{\partial E}{\partial v_i}&=-\frac{1}{2}\sum_{j=1}^{n}T_{ij}v_j-\frac{1}{2}\sum_{j=1}^{n}T_{ji}v_j+\frac{u_i}{R_i}-I_i\\&=-\frac{1}{2}\sum_{j=1}^{n}(T_{ij}-T_{ji})v_j-\left(\sum_{j=1}^{n}T_{ji}v_j-\frac{u_i}{R_i}+I_i\right)\\&=-\frac{1}{2}\sum_{j=1}^{n}(T_{ij}-T_{ji})v_j-C_i\frac{\mathrm{d}v_i}{\mathrm{d}t}\\&=-\frac{1}{2}\sum_{j=1}^{n}(T_{ij}-T_{ji})v_j-C_ig^{-1\prime}(v_i)\frac{\mathrm{d}v_i}{\mathrm{d}t}\end{aligned}$$

因此，若 $T_{ij}=T_{ji}$，则

$$\frac{\mathrm{d}E}{\mathrm{d}t}=-\sum_{i=1}^{n}C_ig^{-1\prime}(v_i)\left(\frac{\mathrm{d}v_i}{\mathrm{d}t}\right)^2\leqslant 0$$

且如果$\frac{\mathrm{d}v_i}{\mathrm{d}t}=0$，则$\frac{\mathrm{d}E}{\mathrm{d}t}=0$。所以，随着时间的增长，神经网络在状态空间中的解轨迹总是向能量函数减小的方向变化，且网络的稳定点就是能量函数的极小点。

连续型 Hopfield 网络广泛用于联想记忆和优化计算问题。当用于联想记忆时，能量函数是给定的，网络的运行过程是通过确定合适的权值以满足最小能量函数的要求；当用于优化计算时，网络的连接权值是确定的，首先将目标函数与能量函数相对应，然后通过网络的运行使能量函数不断下降并最终达到最小，从而达到问题对应的极小解。

Hopfield 网络的训练和分类利用的是 Hopfield 网络的联想记忆功能。首先通过一个学习训练过程确定网络中的权重，使所记忆的信息在网络的 n 维超立方体的某一个顶角的能量

最小。当网络的权值被确定之后，只要向网络给出输入向量，即使这个向量是不完全或部分不正确的数据，网络仍然产生所记忆的信息的完整输出。

Hopfield 网络的学习算法如下：

1）确定参数

将输入向量 $\boldsymbol{X}=[x_{i1},x_{i2},\cdots,x_{in}]^{\mathrm{T}}$ 存入 Hopfield 网络中，则在网络中第 i、j 两个节点间的权重系数按下列公式计算：

$$\omega_{ij}=\begin{cases}\sum_{k=1}^{N}x_{ki}x_{kj}, & i\neq j\\ 0, & i=j\end{cases},\quad i,j=1,2,\cdots,n$$

确定输出向量 $\boldsymbol{Y}=[y_1,y_2,\cdots,y_n]^{\mathrm{T}}$。

2）对待测样本进行分类

对于待测样本，通过对 Hopfield 网络构成的联想存储器进行联想检索过程实现分类。

（1）将 $\boldsymbol{X}$ 中各个分量的 $x_1,x_2,\cdots,x_n$ 分别作为第一层网络 n 个节点输入，则节点有相应的初始状态 $Y(t=0)$，即 $y_i(0)=x_j,j=1,2,\cdots,n$。

（2）对于二值神经元，计算当前 Hopfield 网络输出。

$$U_j(t+1)=\sum_{i=1}^{n}\omega_{ji}y_i(t)+x_j-\theta_j,\quad j=1,2,\cdots,n$$

$$y_i(t+1)=f(U_j(t+1)),\quad j=1,2,\cdots,n$$

其中，x_j 为外部输入；f 是非线性函数，可以选择阶跃函数；θ_j 为阈值函数。

$$f(U_j(t+1))=\begin{cases}-1, & U_j(t+1)<0\\ 1, & U_j(t+1)\geqslant 0\end{cases}$$

（3）对于一个网络来说，稳定性是一个重要的性能指标。对于离散的 Hopfield 网络，其状态为 $Y(t)$，如果对于任何 $\Delta t>0$，当网络从 $t=0$ 开始，有初始状态 $Y(0)$，经过有限时间 t，有 $Y(t+\Delta t)=Y(t)$，则称网络是稳定的，此时的状态称为稳定状态。通过网络状态不断变化，最后状态会稳定下来，最终的状态是与待测样本向量 $\boldsymbol{X}$ 最接近的训练样本。所以，Hopfield 网络的最终输出也就是待测样本向量联想检索结果。

（4）利用最终输出与训练样本进行匹配，找出最相近的训练样本向量，其类别是待测样本类别。所以，即使待测样本并不完全或部分不正确，也能找到正确的结果。

11.4 神经网络权值的混合优化学习策略

鉴于 GA、SA 的全局优化特性和通用性，即优化过程无须导数信息，可以基于实数编码构造 BPSA、BPGA 混合优化学习策略，以提高前向网络学习的速度、精度，特别是避免陷入局部极小的能力。

11.4.1 BPSA 混合学习策略

在 BPSA 混合学习策略中，采用以 BP 为主框架，并在学习过程中引入 SA 策略。这样做，既利用了基于梯度下降的思路来提高局部搜索性能，也利用了 SA 的概率突跳性来实现最终的全局收敛，从而可提高学习速度和精度。

BPSA 混合学习策略的算法步骤如下：

步骤 1：随机产生初始权值 $\omega(0)$，确定初温 t_1，令 $k=1$。

步骤 2：利用 BP 计算 $\omega(k)$。

步骤 3：利用 SA 进行搜索。

(1) 利用 SA 状态产生函数产生新权值 $\omega'(k)$，$\omega'(k)=\omega(k)+\beta$，其中 $\beta\in(-1,1)$为随机扰动。

(2) 计算 $\omega'(k)$的目标函数值与 $\omega(k)$的目标函数值之差 ΔC。

(3) 计算接受概率 $P_r=\min[1,\exp(-\Delta C/t_k)]$。

(4) 若 $P_r>\mathrm{random}[0,1)$，则取 $\omega(k)=\omega'(k)$；否则 $\omega(k)$保持不变。

步骤 4：利用退温函数 $t_{k+1}=vt_k$ 进行退温，其中 $v\in(0,1)$为退温速率。

若 $\omega(k)$对应的目标函数满足要求精度 ε，则终止算法，并输出结果；否则，令 $k=k+1$，转步骤 2。

11.4.2 BPGA 混合学习策略

神经网络的连接权包含神经网络系统的全部知识。反向传播的 BP 神经网络(back propagation network)的学习算法是基于梯度下降的，因而具有网络训练速度慢、容易陷入局部极小值、全局搜索能力差等缺点。而遗传算法的搜索遍及整个解空间，因此容易得到全局最优解，而且遗传算法不要求目标函数连续、可微，甚至不要求目标函数有显函数的形式，只要求问题可计算。因此，将擅长全局搜索的遗传算法和局部寻优能力较强的 BP 算法结合起来，可以避免陷入局部极小值，提高算法收敛速度，很快找到问题的全局最优解。

BP 算法和遗传算法结合训练神经网络权重的主要步骤如下：

步骤 1：以神经网络节点之间的连接权重和节点的阈值为参数，采用实数编码。采用三层神经网络，设输入节点数为 p，输出节点数为 q，隐含层节点数为 r，则编码长度 $n=(p+1)r+(r+1)q$。

步骤 2：设定神经网络节点连接权重的取值范围$[x_{\min},x_{\max}]$，产生相应范围的均匀分布随机数赋给基因值，产生初始群体。

步骤 3：对群体中个体进行评价。将个体解码赋值给相应的连接权(包括节点阈值)，引入学习样本，计算出学习误差 E，然后定义个体的适应度为 $f=\dfrac{1}{1+E}$。

步骤 4：对群体中的个体执行遗传操作。

(1) 选择操作。采用比例选择算子，若群体规模为 M，则适应度为 f_i 的个体 X_i 被选中进入下一代的概率如下：

$$p_i=\frac{f_i}{\sum_{j=1}^{M}f_j}$$

(2) 交叉操作。由于采用实数编码，故选择算术交叉算子。父代中的个体 X_1 和 X_2 以交叉概率 p_c 进行交叉操作，可产生的子代个体如下：

$$X'_1=aX_1+(1-a)X_2$$
$$X'_2=(1-a)X_1+aX_2$$

其中，a 为参数，$a\in(0,1)$。

(3) 变异操作。采用均匀变异算子。个体 X_i 的各个基因位以变异概率 p_m 发生变异，即按概率 p_m 用区间$[x_{\min},x_{\max}]$中的均匀分布随机数代替原有值。

步骤 5：引入最优保留策略。

步骤 6：判断是否满足遗传算法操作终止条件。不满足则转步骤 3，否则转步骤 7。

步骤 7：将遗传算法搜索的最优个体解码，赋值给神经网络权重（包括节点阈值），继续采用 BP 算法优化神经网络的权重和阈值。

11.4.3 GASA 混合学习策略

采用三层前馈网络，GA 和 SA 结合训练神经网络权重的步骤如下：

步骤 1：给定模拟退火初温 t_0，令 $k=1$。

步骤 2：神经网络节点之间的连接权重和节点的阈值为参数，采用实数编码。采用三层神经网络，设输入节点数为 p，输出节点数为 q，隐含层节点数为 r，则编码长度 n 为 $n=(p+1)r+(r+1)q$。

步骤 3：设定神经网络节点连接权重的取值范围 $[x_{\min}, x_{\max}]$，产生相应范围的均匀分布随机数赋给基因值，产生初始群体。

步骤 4：对群体中个体进行评价。将个体解码赋值给相应的连接权（包括节点阈值），引入学习样本计算出学习误差 E，然后定义个体的适应度为 $f=\dfrac{1}{1+E}$。

步骤 5：对群体中的个体执行遗传操作。

(1) 选择操作。采用比例选择算子，若群体规模为 M，则适应度为 f_i 的个体 X_i 被选中进入下一代的概率如下：

$$p_i=\frac{f_i}{\sum_{j=1}^{M} f_j}$$

(2) 交叉操作。由于采用实数编码，故选择算术交叉算子。父代中的个体 X_1 和 X_2 以交叉概率 p_c 进行交叉操作，可产生的子代个体如下：

$$X'_1=aX_1+(1-a)X_2$$

$$X'_2=(1-a)X_1+aX_2$$

其中，a 为参数，$a\in(0,1)$。

(3) 变异操作。采用均匀变异算子。个体 X_i 的各个基因位以变异概率 p_m 发生变异，即按概率 p_m 用区间 $[x_{\min}, x_{\max}]$ 中的均匀分布随机数代替原有值。

步骤 6：引入最优保留策略。

步骤 7：对群体中每一个个体引入模拟退火操作。

(1) 利用 SA 状态产生函数产生新基因值 $g'(k)$，$g'(k)=g(k)+\beta$，其中 $\beta\in(-1,1)$ 为随机扰动。

(2) 计算 $g'(k)$ 的目标函数值与 $g(k)$ 的目标函数值之差 ΔC。

(3) 计算接受概率 $P_r=\min[1,\exp(-\Delta C/t_k)]$。

(4) 若 $P_r>\text{random}[0,1)$，则取 $g(k)=g'(k)$；否则 $g(k)$ 保持不变。

(5) 引入最优保留策略。

(6) 利用退温函数 $t_{k+1}=vt_k$ 进行退温，其中 $v\in(0,1)$ 为退温速率。

步骤 8：判断是否满足遗传算法操作终止条件否。不满足则转步骤 4，否则转步骤 9。

步骤 9：将遗传算法搜索的最优个体解码，赋值给神经网络权重（包括节点阈值）。

11.5 人工神经网络在组合优化问题中的应用

在工程技术、管理科学、自然科学等领域中存在大量的组合优化问题。这类问题的共同特征是需要在复杂面庞大的搜索空间中寻找最优解或近似最优解，其求解时间随问题规模的扩大将呈指数级增长，当规模稍大时就会因时间限制而失去可行性，若不能利用问题的固有知识来缩小搜索空间则会产生搜索空间的组合爆炸。因此，人们一直在研究一系列的搜索算法，以便能在搜索过程中自动获取和积累有关搜索空间的知识并且控制搜索过程，最终得到最优解。这一类问题称为组合优化问题，即通过对数学方法的研究去寻找离散事件的最优编排、最优分组、最优次序等。

组合优化问题分为两类：一是连续变量的问题；二是离散变量的问题。连续变量的优化问题通常是求一组实数或一个函数，而离散变量的优化问题是从一个无限集中寻找一个对象，它可以是一个整数、一个集合、一个排列或一个图。这两类问题有不同的特点，而且它们的求解方法也各不相同。组合优化问题的实质就是从可行解中求出最优解的问题。

1. 基于 Hopfield 反馈网络的优化策略

Hopfield 网络是一种非线性动力学模型，通过引入类似 Lyapunov 函数的能量函数，可以把神经网络的拓扑结构（用连接权矩阵表示）与所求问题（用目标函数描述）对应起来，转换成神经网络动力学系统的演化问题。因此，在用 Hopfield 网络求解优化问题之前，必须将问题映射为相应的神经网络。例如对旅行商问题的求解，首先将问题的合法解映射为一个置换矩阵，并给出相应的能量函数，然后将满足置换矩阵要求的能量函数的最小值与问题的最优解相对应。

对于一般性问题，通常需要如下几方面的工作。

(1) 选择合适的问题表示方法，使神经网络的输出与问题的解相对应。

(2) 构造合适的能量函数，使其最小值对应问题的最优解。

(3) 由能量函数和稳定条件设计网络参数，如连接权值和偏置参数等。

(4) 构造相应的神经网络和动态方程。

(5) 用硬件实现或软件模拟。

但由于传统 Hopfield 网络仍采用梯度下降策略，因此基于 Hopfield 网络的优化计算通常会导致如下问题。

(1) 网络最终收敛到局部极小解，而非问题的全局最优解。

(2) 网络可能会收敛到问题的不可行解。

(3) 网络优化的最终结果很大程度上依赖于网络的参数，参数鲁棒性较差。

2. 算法的实现

针对旅行商问题，能量函数如下：

$$E=\frac{A}{2}\sum_{x}\sum_{i}\sum_{j\neq i}v_{x_i}v_{x_j}+\frac{B}{2}\sum_{i}\sum_{x}\sum_{y\neq x}v_{x_i}v_{y_i}+\frac{C}{2}\Big(\sum_{x}\sum_{i}v_{x_i}-n\Big)^2+$$
$$\frac{D}{2}\sum_{x}\sum_{i}\sum_{y\neq x}d_{x_i}v_{x_j}(v_{y,i+1}+v_{y,i-1})$$

相应的神经网络动力学方程和网络的连接权矩阵 $\boldsymbol{T}$、外加偏置 I 可描述为

$$\begin{cases}\dfrac{\mathrm{d}u}{\mathrm{d}t}=-\dfrac{u_{x_i}}{\tau}-A\sum\limits_{j\neq i}v_{x_i}-B\sum\limits_{y\neq x}v_{y_i}-C\Big(\sum\limits_{X}\sum\limits_{i}v_{x_i}-n\Big)-D\sum\limits_{y\neq x}d_{xy}(v_{y,i+1}+v_{y,i-1})\\ v_{x_i}=g(u_{x_i})=\dfrac{1}{2}\left[1+\tanh\left(\dfrac{u_{x_i}}{u_0}\right)\right]\end{cases}$$

$$\begin{cases}\boldsymbol{T}_{x_i,y_i}=-A\delta_{xy}(1-\delta_{ij})-b\delta_{ij}(1-\delta_{xy})-C-Dd_{xy}(\delta_{j,i+1}+\delta_{j,i-1})\\ I_{x_i}=C_n\end{cases}$$

其中，使用一个 $n*n$ 神经网络，用神经元的状态来表示某一城市在某一条有效路程中的位置，例如神经元 x_i 的状态用 v_{x_i} 表示，$x\in[1,2,\cdots,n]$表示第 x 个城市 C_x，而 $i\in[1,2,\cdots,n]$表示城市 C_x 在路径中的第 i 个位置出现；$v_{x_i}=0$ 表示 C_x 在路径中第 i 个位置不出现，此时第 i 个位置上是其他城市。其中，δ_{xy} 与 δ_{ij} 定义为 $\delta_{ij}=\begin{cases}1, & i=j\\0, & \text{其他}\end{cases}$。

算法的具体步骤如下：

步骤1：确定网络参数 A、B、C、D 和初值 u_0、u_{x_i}、δ_{u_i}。选取 $A=B=D=500$，$C=A/\sqrt{n}$，$n=10$，$u_0=0.02$，$\lambda=10^{-5}$，其中，$\delta_{u_{x_i}}$ 为初始随机扰动用于打破各神经元间的平衡，λ 为迭代步长用于控制 u_{x_i} 的变化速率。假设各城市横、纵坐标均取(0,200)内的随机数。

步骤2：由 Sigmoid 传递函数计算每个神经元的输出 v_{x_i}。

步骤3：计算能量函数 E 和$\frac{\mathrm{d}u_{x_i}}{\mathrm{d}t}$的值。

步骤4：以 $u_{x_i}^{k+1}=u_{x_i}^{k}+\lambda\frac{\mathrm{d}u_{x_i}}{\mathrm{d}t}$确定新的 u_{x_i} 和 v_{x_i}。

步骤5：判断能量函数是否满足稳定条件。若到一定条件仍不稳定则认为“冻结”而退出算法，否则转步骤5；若满足稳定条件则转步骤6。

步骤6：输出最优路径、路径长度以及执行时间。

通过仿真计算，可得到参数对算法性能的影响：

(1) u_0 的影响。u_0 下降导致寻优时间缩短，但 u_0 太小会导致路径不优或“非法”路径的出现；u_0 太大又可能出现“冻结”现象。

(2) λ 的影响。λ 减少导致寻优时间增加，λ 太小会引起“冻结”现象或路径不优：λ 太大则会引起“非法”路径。

(3) 参数 A、B 的影响。根据 A、B 参数的设置情况，可知改变 A、B 意味着同时改变能量函数的各系数，即间接地改变入值，出现的现象必然与改变入值相同。一般 A 和 B 应该定义在 400～700。

(4) 参数 C 的影响。C 下降导致寻优时间增加，C 值过小会引起“冻结”现象；C 值太大则导致“非法”路径的出现。一般 C 应该在 150～250。

(5) 参数 D 的影响。D 下降使寻优时间缩短，D 太小则引起路径不优；D 过大则会引起“非法”路径。

归纳而言，基于 HNN 模型的不稳健性主要源于如下几方面。

(1) 初值的不稳健性，各神经元初值的大小和分布情况影响寻优结果。

(2) 模型参数的不稳健性，参数直接影响能量函数中约束项和目标项在优化过程中的地位和重要程度。

(3) 问题结构的不稳健性，相同模型参数对不同结构的问题会导致不同的收敛性。

(4) 传递函数的不稳健性，主要是受函数形态的影响。

(5) 算法收敛性标志的不严格性。

3. HNN 模型的改进措施

(1) 在迭代过程中设置神经元输出变“0”和“1”的阈值，一旦达到阈值相应的输出就设置为“0”或“1”，从而提高算法的收敛速度。

(2) 当矩阵每行或每列出现一个“1”时，相应行或列的其余元素置“0”。

(3) 取消神经元动态方程中的自反馈项,以减小能量的消耗。

(4) 用离散化或其他形态的传递函数代替连续型 Sigmoid 函数,改善收敛速度和性能。

(5) 改变能量函数形式或置换矩阵的定义等。

(6) 与其他算法如 GA、SA、混沌优化等结合。

11.6 本章小结

本章首先阐述了人工神经网络的基本原理,然后介绍了单层感知机、多层感知机、径向基函数神经网络、自组织竞争人工神经网络、对向传播神经网络、前向神经网络以及反馈型神经网络等多种神经网络模型,最后着重分析了人工神经网络在组合优化问题中的应用。值得注意的是,Hopfield 网络在求解组合优化问题时具有计算速度快、受问题规模影响小等优点,特别在处理只有距离而无位置或不满足三角不等式的组合优化问题时优势较为明显,但在应用中也存在易陷入局部极小、不稳定以及对参数等高度敏感性问题。

11.7 习题

1. 总结人工神经网络的特点。
2. 简述反馈性神经网络的结构及其原理。
3. 讨论人工神经网络的优缺点。
4. 什么是传递函数?写出一些经典的神经网络传递函数。
5. 写出单层感知机的学习算法流程。
6. 什么是多层感知机模型?
7. 写出径向基函数神经网络中的高斯函数及作用。
8. 什么是对向传播神经网络?
9. 前向神经网络的目标函数是什么?
10. 写出 BPSA 混合学习策略的基本步骤。

参考文献

[1] 秦小林，罗刚，李文博，等．集群智能算法综述[J]．无人系统技术，2021，4(3)：1-10.

[2] 徐佳，韩逢庆，刘奇鑫，等．一种求解TSP的生物信息启发式遗传算法[J]．系统仿真学报，2022，34(8)：1811-1819.

[3] 胡蓉，陈文博，钱斌，等．学习型蚁群算法求解绿色多车场车辆路径问题[J]．系统仿真学报，2021，33(9)：2095-2108.

[4] 郑娟毅，程秀琦，付姣姣．改进蚁群算法在TSP中的应用研究[J]．计算机仿真，2021，38(5)：126-130，167.

[5] 王颂博，胡蓉，钱斌，等．改进蚁群算法求解绿色周期性车辆路径问题[J]．控制工程：2022，29(9)：1546-1556.

[6] 陈科胜，鲜思东，郭鹏．求解旅行商问题的自适应升温模拟退火算法[J]．控制理论与应用，2021，38(2)：245-254.

[7] 王旭颖，杨金云，陈哲，等．基于模拟退火算法的电商物流配送问题研究[J]．中国管理信息化，2021，24(7)：84-86.

[8] 谢维，关嘉欣，周游，等．基于改进模拟退火算法的登机口分配问题[J]．计算机系统应用，2021，30(5)：157-163.

[9] 鲁伟，宋荣方．基于模拟退火的多核多用户任务卸载调度[J]．计算机技术与发展，2021，31(6)：76-80.

[10] 陈煜婷，张惠珍．双层级医疗设施选址问题及禁忌搜索算法[J]．运筹与管理，2021，30(9)：56-63.

[11] 冯霞，唐菱，卢敏．基于禁忌搜索算法的机场外航服务人员班型生成研究[J]．电子与信息学报，2019，41(11)：2715-2721.

[12] 庞燕，罗华丽，夏扬坤．基于禁忌搜索算法的废弃家具回收车辆路径优化[J]．计算机集成制造系统，2020，26(5)：1425-1433.

[13] Sahar R，Reza G，Khatere G M. Tabu search and variable neighborhood search algorithms for solving interval bus terminal location problem[J]. Applied Soft Computing Journal，2022，22(4)：116-126.

[14] Kong M，Xu J，Zhang T L，et al. Energy-efficient rescheduling with time-of-use energy cost：Application of variable neighborhood search algorithm[J]. Computers & Industrial Engineering，2021，43(3).

[15] Cui L Q，Liu X B，Lu S J，et al. A variable neighborhood search approach for the resource-constrained multi-project collaborative scheduling problem[J]. Applied Soft Computing Journal，2021，22(3)：107-116.

[16] 张建同，丁烨．变邻域模拟退火算法求解速度时变的VRPTW问题[J]．运筹与管理，2019，28(11)：77-84.

[17] 李杰，金超未，帕尔哈提·克衣木，等．改进禁忌搜索算法的线路规划算法优化设计[J]．电气工程学报，2021，16(3)：130-136.

[18] 李国明，李军华．基于混合禁忌搜索算法的随机车辆路径问题[J]．控制与决策，2021，36(9)：2161-2169.

[19] 孙琦，戢守峰，刘旭．基于变邻域搜索算法的物流配送系统集成优化研究[J]．工业技术经济，2016，35(8)：46-55.

[20] 陈久梅，李英娟，胡婷，等．开放式带时间窗车辆路径问题及变邻域搜索算法[J]．计算机集成制造系统，2021，27(10)：3014-3025.

[21] 吕柏行，郭志光，赵韦皓，等．标准粒子群算法的优化方式综述[J]．科学技术创新，2021(28)：33-37.

[22] 崔利刚，任海利，邓洁，等．基于模糊随机需求的B2C多品采配协同模型及其粒子群算法求解[J]．管理工程学报，2020，34(6)：183-190.

[23] 卿东升，邓巧玲，李建军，等．基于粒子群算法的满载需求可拆分车辆路径规划[J]．控制与决策，2021，36(6)：1397-1406.

[24] 宫月红,张少君,王明雨,等.基于遗传-粒子群优化算法的USV路径规划方法[J].山东交通学院学报,2022,30(1):29-34.

[25] 孙宏达,景博,黄以锋,等.基于人工免疫克隆选择算法的不可靠测试点优化[J].电子测量与仪器学报,2021,35(2):152-160.

[26] 孟亚峰,王涛,李泽西,等.改进自适应人工免疫算法求解函数优化问题[J].北京航空航天大学学报,2021,47(5):894-903.

[27] 王洁,张亚飞,李明智.基于强化学习的人工免疫算法参数优化[J].电工材料,2020(6):31-34.

[28] 董晶,张利民,张燕超,等.基于PSO-BP神经网络的转炉炼钢碳含量预测[J].华北理工大学学报(自然科学版),2022,44(1):16-23.

[29] 胡志新,王涛.改进遗传算法优化BP神经网络的双目相机标定[J].电光与控制,2022,29(1):75-79.

[30] Kien D N,Zhuang X Y. A deep neural network-based algorithm for solving structural optimization[J]. Journal of Zhejiang University-SCIENCE A,2021,22(8):609-620.

[31] 郭中华,金灵,郑彩英.人工神经网络求解旅行商问题的改进算法研究[J].计算机仿真,2014,31(4):355-358.

[32] Baum E B. Towards practical 'neural' computation for combinatorial optimization problems[C]//AIP Conference Proceedings. American Institute of Physics,1986,151(1):53-58.

[33] Martin O,Otto S W,Felten E W. Large-step Markov chains for the traveling salesman problem[M]. Champaign:Complex Systems,1991,5(3),299-326.

[34] Martin O, Otto S W. Combining simulated annealing with local search heuristics[J]. Annals of operations research,1996,63(1):57-75.

[35] Johnson D S,McGeoch L A. The traveling salesman problem: A case study in local optimization[J]. Local search in combinatorial optimization,1997,1(1):215-310.

[36] Schreiber G R, Martin O C. Cut size statistics of graph bisection heuristics[J]. SIAM Journal on Optimization,1999,10(1):231-251.

[37] Stützle T. Local search algorithms for combinatorial problems[D]. Darmstadt: Technische Universität Darmstadt,1998.

[38] Stutzle T. Applying iterated local search to the permutation flow shop problem[R]. Technical Report AIDA-98-04,FG Intellektik,TU Darmstadt,1998.

[39] Nawaz M,Enscore Jr E E,Ham I. A heuristic algorithm for the m-machine,n-job flow-shop sequencing problem[J]. Omega,1983,11(1):91-95.

[40] Applegate D,Cook W,Rohe A. Chained Lin-Kernighan for large traveling salesman problems[J]. INFORMS Journal on Computing,2003,15(1):82-92.

[41] Lin S, Kernighan B W. An effective heuristic algorithm for the traveling salesman problem[J]. Operations Research,1973,21(2):498-516.

[42] Helsgaun K. An effective implementation of the Lin-Kernighan traveling salesman heuristic[J]. European Journal of Operational Research,2000,126(1):106-130.

[43] Taillard E D. Comparison of iterative searches for the quadratic assignment problem[J]. Location Science,1995,3(2):87-105.

[44] Battiti R, Protasi M. Reactive search, a history-sensitive heuristic for MAX-SAT[J]. Journal of Experimental Algorithmics (JEA),1997,2: 2-es.

[45] Battiti R, Tecchiolli G. The reactive Tabu search[J]. ORSA Journal on Computing, 1994, 6(2): 126-140.

[46] Hansen P, Mladenovic N. Variable neighborhood search: Principles and applications[J]. European Journal of Operational Research,2001,130(3):449-467.

[47] Mladenović N,Hansen P. Variable neighborhood search[J]. Computers & Operations Research,1997,24(11):1097-1100.

[48] Glover F,Laguna M. Tabu search[M]. New York Springer,1998.

[49] Baxter J. Local optima avoidance in depot location[J]. Journal of the Operational Research Society,

1981,32(9): 815-819.

[50] Codenotti B,Manzini G,Margara L,et al. Perturbation: An efficient technique for the solution of very large instances of the Euclidean TSP[J]. INFORMS Journal on Computing,1996,8(2): 125-133.

[51] Lourenço H R. Job-shop scheduling: Computational study of local search and large-step optimization methods[J]. European Journal of Operational Research,1995,83(2): 347-364.

[52] Ramalhinho-Lourenço H. A polynomial algorithm for special case of the one-machine scheduling problem with time-lags[J]. Technical Report Economic Working Papers Series,1998,339-364.

[53] Carlier J. The one-machine sequencing problem[J]. European Journal of Operational Research,1982, 11(1): 42-47.

[54] Lozano M,García-Martínez C. An evolutionary ILS-perturbation technique[C]//Hybrid Metaheuristics: 5th International Workshop,HM 2008,Málaga,Spain,October 8-9,2008. Proceedings 5. Springer Berlin Heidelberg,2008: 1-15.

[55] Bentley J J. Fast algorithms for geometric traveling salesman problems [J]. ORSA Journal on Computing,1992,4(4): 387-411.

[56] Martin O,Otto S W,Felten E W. Large-step Markov chains for the TSP incorporating local search heuristics[J]. Operations Research Letters,1992,11(4): 219-224.

[57] Hu T C,Kahng A B,Tsao C W A. Old bachelor acceptance: A new class of non-monotone threshold accepting methods[J]. ORSA Journal on Computing,1995,7(4): 417-425.

[58] Glover F. Tabu thresholding: Improved search by nonmonotonic trajectories[J]. ORSA Journal on Computing,1995,7(4): 426-442.

[59] Hertz A,Taillard E,De Werra D. Tabu search[J]. Local Search in Combinatorial Optimization,1997: 121-136.

[60] Hoos H H,Stutzle T. Stochastic local search: Foundations and applications[M]. Amsterdam: Elsevier, 2004.

[61] Ribeiro C C,Hansen P,Stutzle T,et al. Analysing the run-time behaviour of iterated local search for the travelling salesman problem[J]. Essays and Surveys in Metaheuristics,2002: 589-611.

[62] Lourenc,o H R,Zwijnenburg M. Combining the large-step optimization with Tabu search: Application to the job-shop scheduling problem[J]. Meta-Heuristics: Theory and Applications,1996: 219-236.

[63] Den Besten M,Stützle T,Dorigo M. Design of iterated local search algorithms: An example application to the single machine total weighted tardiness problem[C]//Applications of Evolutionary Computing: EvoWorkshops 2001: EvoCOP,EvoFlight,EvoIASP,EvoLearn,and EvoSTIM Como,Italy,April 18-20,2001 Proceedings. Springer Berlin Heidelberg,2001: 441-451.

[64] Fonlupt C,Robilliard D,Preux P,et al. Fitness landscapes and performance of meta-heuristics[J]. Meta Heuristics: Advances and Trends in Local Search Paradigms for Optimization,1999: 257-268.

[65] Mézard M,Parisi G,Virasoro M A. Spin glass theory and beyond: An Introduction to the Replica Method and Its Applications[M]. Washington World Scientific Publishing Company,1987.

[66] Hong I,Kahng A B,Moon B R. Improved large-step Markov chain variants for the symmetric TSP[J]. Journal of Heuristics,1997,3: 63-81.

[67] Katayama K,Narihisa H. Iterated local search approach using genetic transformation to the traveling salesman problem[C]//Proceedings of the 1st Annual Conference on Genetic and Evolutionary Computation-Volume 1. 1999: 321-328.

[68] Applegate D L,Bixby R E,Chvátal V,et al. The traveling salesman problem[M]. Princeton University Press,2011.

[69] Cook W,Seymour P. Tour merging via branch-decomposition[J]. INFORMS Journal on Computing, 2003,15(3): 233-248.

[70] Congram R K,Potts C N,van de Velde S L. An iterated dynasearch algorithm for the single-machine total weighted tardiness scheduling problem[J]. INFORMS Journal on Computing,2002,14(1): 52-67.

[71] Grosso A,Della Croce F,Tadei R. An enhanced dynasearch neighborhood for the single-machine total

weighted tardiness scheduling problem[J]. Operations Research Letters,2004,32(1): 68-72.

[72] Brucker P,Hurink J,Werner F. Improving local search heuristics for some scheduling problems—I[J]. Discrete Applied Mathematics,1996,65(1-3): 97-122.

[73] Brucker P,Hurink J,Werner F. Improving local search heuristics for some scheduling problems. Part II [J]. Discrete Applied Mathematics,1997,72(1-2): 47-69.

[74] Ruiz R, Maroto C. A comprehensive review and evaluation of permutation flowshop heuristics[J]. European Journal of Operational Research,2005,165(2): 479-494.

[75] Dong X,Huang H,Chen P. An iterated local search algorithm for the permutation flowshop problem with total flowtime criterion[J]. Computers & Operations Research,2009,36(5): 1664-1669.

[76] Ruiz R, Stützle T. A simple and effective iterated greedy algorithm for the permutation flowshop scheduling problem[J]. European Journal of Operational Research,2007,177(3): 2033-2049.

[77] Jacobs L W, Brusco M J. Note: A local-search heuristic for large set-covering problems[J]. Naval Research Logistics (NRL),1995,42(7): 1129-1140.

[78] Schrimpf G,Schneider J,Stamm-Wilbrandt H,et al. Record breaking optimization results using the ruin and recreate principle[J]. Journal of Computational Physics,2000,159(2): 139-171.

[79] Yang Y,Kreipl S,Pinedo M. Heuristics for minimizing total weighted tardiness in flexible flow shops [J]. Journal of Scheduling,2000,3(2): 89-108.

[80] Balas E, Vazacopoulos A. Guided local search with shifting bottleneck for job shop scheduling[J]. Management Science,1998,44(2): 262-275.

[81] Kreipl S. A large step random walk for minimizing total weighted tardiness in a job shop[J]. Journal of Scheduling,2000,3(3): 125-138.

[82] Essafi I, Mati Y, Dauzère-Pérès S. A genetic local search algorithm for minimizing total weighted tardiness in the job-shop scheduling problem[J]. Computers & Operations Research, 2008, 35(8): 2599-2616.

[83] Martin O C, Otto S W. Partitioning of unstructured meshes for load balancing[J]. Concurrency: Practice and Experience,1995,7(4): 303-314.

[84] Kernighan B W, Lin S. An efficient heuristic procedure for partitioning graphs[J]. The Bell System Technical Journal,1970,49(2): 291-307.

[85] Smyth K,Hoos H H,Stützle T. Iterated robust Tabu search for MAX-SAT[C]//Advances in Artificial Intelligence: 16th Conference of the Canadian Society for Computational Studies of Intelligence, AI 2003,Halifax,Canada,June 11-13,2003,Proceedings 16. Springer Berlin Heidelberg,2003: 129-144.

[86] Stützle T. Iterated local search for the quadratic assignment problem [J]. European Journal of Operational Research,2006,174(3): 1519-1539.

[87] Caramia M, Dell'Olmo P. Coloring graphs by iterated local search traversing feasible and infeasible solutions[J]. Discrete Applied Mathematics,2008,156(2): 201-217.

[88] Chiarandini M, Stützle T. An application of iterated local search to graph coloring problem[C]// Proceedings of the Computational Symposium on Graph Coloring and Its Generalizations. New York : Ithaca,2002: 112-125.

[89] Paquete L,Stutzle T. An experimental investigation of iterated local search for coloring graphs[C]// EvoWorkshops: Applications of Evolutionary Computing. 2002: 122-131.

[90] Hashimoto H,Yagiura M,Ibaraki T. An iterated local search algorithm for the time-dependent vehicle routing problem with time windows[J]. Discrete Optimization,2008,5(2): 434-456.

[91] Ibaraki T,Imahori S,Nonobe K,et al. An iterated local search algorithm for the vehicle routing problem with convex time penalty functions[J]. Discrete Applied Mathematics,2008,156(11): 2050-2069.

[92] Laurent B, Hao J K. Iterated local search for the multiple depot vehicle scheduling problem[J]. Computers & Industrial Engineering,2009,57(1): 277-286.

[93] Ribeiro C C,Urrutia S. Heuristics for the mirrored traveling tournament problem[J]. European Journal of Operational Research,2007,179(3): 775-787.

[94] Katayama K, Sadamatsu M, Narihisa H. Iterated k-opt local search for the maximum clique problem [C]//Evolutionary Computation in Combinatorial Optimization: 7th European Conference, EvoCOP 2007, Valencia, Spain, April 11-13, 2007. Proceedings 7. Springer Berlin Heidelberg, 2007: 84-95.

[95] Cordón O, Damas S. Image registration with iterated local search[J]. Journal of Heuristics, 2006, 12(1-2): 73-94.

[96] Bennell J A, Potts C N, Whitehead J D. Local search algorithms for the min-max loop layout problem [J]. Journal of the Operational Research Society, 2002, 53(10): 1109-1117.

[97] Congram R K. Polynomially searchable exponential neighbourhoods for sequencing problems in combinatorial optimisation[D]. Southampton: University of Southampton, 2000.

[98] Schiavinotto T, Stutzle T. The linear ordering problem: Instances, search space analysis and algorithms [J]. Journal of Mathematical Modelling and Algorithms, 2004, 3: 367-402.

[99] Cordeau J F, Laporte G, Pasin F. An iterated local search heuristic for the logistics network design problem with single assignment[J]. International Journal of Production Economics, 2008, 113(2): 626-640.

[100] Rodriguez-Martin I, Salazar-Gonzalez J J. Solving a capacitated hub location problem[J]. European Journal of Operational Research, 2008, 184(2): 468-479.

[101] De Campos L M, Fernandez-Luna J M, Puerta J M. An iterated local search algorithm for learning Bayesian networks with restarts based on conditional independence tests[J]. International Journal of Intelligent Systems, 2003, 18(2): 221-235.

[102] Merz P. An iterated local search approach for minimum sum-of-squares clustering[C]//Advances in Intelligent Data Analysis V: 5th International Symposium on Intelligent Data Analysis, IDA 2003, Berlin, Germany, August 28-30, 2003. Proceedings 5. Springer Berlin Heidelberg, 2003: 286-296.

[103] Shaw P. Using constraint programming and local search methods to solve vehicle routing problems [C]//Principles and Practice of Constraint Programming—CP98: 4th International Conference, CP98 Pisa, Italy, October 26-30, 1998 Proceedings 4. Springer Berlin Heidelberg, 1998: 417-431.

[104] Ahuja R K, Orlin J B, Sharma D. New neighborhood search structures for the capacitated minimum spanning tree problem[J]. Computer Science, 1998.

[105] Applegate David L, Bixby Robert E, Chvatal Vasek, et al. The traveling salesman problem: A computational study[M]. Princeton University Press: 2011-09-19.

[106] Toth P, Vigo D. An overview of vehicle routing problems[M]. Beijing: Discrete Mathmatics and Application, 2002: 1-26.

[107] Flood M M. The traveling salesman problem[J]. Operations Research, 1956, 4(1): 61-75.

[108] Hurink J. An exponential neighborhood for a one-machine batching problem: Eine exponentielle Nachbarschaft für ein Einmaschinen-Batching-Problem[J]. OR-Spektrum, 1999, 21: 461-476.

[109] Brueggemann T, Hurink J L. Two very large-scale neighborhoods for single machine scheduling[J]. OR Spectrum, 2007, 29: 513-533.

[110] Lin S, Kernighan B W. An effective heuristic algorithm for the traveling salesman problem[J]. Operations Research, 1973, 21(2): 498-516.

[111] Glover F. Ejection chains, reference structures and alternating path methods for traveling salesman problems[J]. Discrete Applied Mathematics, 1996, 65(1-3): 223-253.

[112] Gamboa D, Rego C, Glover F. Data structures and ejection chains for solving large-scale traveling salesman problems[J]. European Journal of Operational Research, 2005, 160(1): 154-171.

[113] Sontrop H, Van Der Horn P, Uetz M. Fast ejection chain algorithms for vehicle routing with time windows[C]//Hybrid Metaheuristics: Second International Workshop, HM 2005, Barcelona, Spain, August 29-30, 2005. Proceedings 2. Springer Berlin Heidelberg, 2005: 78-89.

[114] Yagiura M, Ibaraki T, Glover F. A path relinking approach with ejection chains for the generalized assignment problem[J]. European Journal Of Operational Research, 2006, 169(2): 548-569.

[115] Thompson P M. Local search algorithms for vehicle routing and other combinatorial problems[D].

Massachusetts Institute of Technology, Department of Electrical Engineering and Computer Science, 1988.

[116] Thompson P M, Psaraftis H N. Cyclic transfer algorithm for multivehicle routing and scheduling problems[J]. Operations Research, 1993, 41(5): 935-946.

[117] Gendreau M, Guertin F, Potvin J Y, et al. Neighborhood search heuristics for a dynamic vehicle dispatching problem with pick-ups and deliveries[J]. Transportation Research Part C: Emerging Technologies, 2006, 14(3): 157-174.

[118] Ahuja R K, Ergun O, Orlin J B, et al. A survey of very large-scale neighborhood search techniques[J]. Discrete Applied Mathematics, 2002, 123(1-3): 75-102.

[119] Tobias Brueggemann, Johann L. Hurink Two very large-scale neighborhoods for single machine scheduling[J]. OR Spectrum, 2007, 29(3): 513-533.

[120] Sarvanov V I, Doroshko N N. Approximate solution of the traveling salesman problem by a local algorithm with scanning neighbourhoods of factorial cardinality in cubic time[J]. Software: Algorithms and Programs, 1981, 31: 11-13.

[121] Punnen A P. The traveling salesman problem: new polynomial approximation algorithms and domination analysis[J]. Journal of Information and Optimization Sciences, 2001, 22(1): 191-206.

[122] Franceschi R D, Fischetti M, Toth P. A new ILP-based refinement heuristic for vehicle routing problems[J]. Mathematical Programming, 2006, 105: 471-499.

[123] Tobias Brueggemann, Johann L. Hurink. Matching based very large-scale neighborhoods for parallel machine scheduling[J]. Journal of Heuristics, 2011, 17(6): 637-658.

[124] Cornuéjols G, Naddef D, Pulleyblank W R. Halin graphs and the travelling salesman problem[J]. Mathematical programming, 1983, 26(3): 287-294.

[125] Ropke S, Pisinger D. An adaptive large neighborhood search heuristic for the pickup and delivery problem with time windows[J]. Transportation science, 2006, 40(4): 455-472.

[126] Schrimpf G, Schneider J, Stamm-Wilbrandt H, et al. Record breaking optimization results using the ruin and recreate principle[J]. Journal of Computational Physics, 2000, 159(2): 139-171.

[127] Pisinger D, Ropke S. A general heuristic for vehicle routing problems[J]. Computers & Operations Research, 2007, 34(8): 2403-2435.

[128] Bent R, Van Hentenryck P. A two-stage hybrid local search for the vehicle routing problem with time windows[J]. Transportation Science, 2004, 38(4): 515-530.

[129] Ropke S, Pisinger D. A unified heuristic for a large class of vehicle routing problems with backhauls [J]. European Journal of Operational Research, 2006, 171(3): 750-775.

[130] Rousseau L M, Gendreau M, Pesant G. Using constraint-based operators to solve the vehicle routing problem with time windows[J]. Journal of Heuristics, 2002, 8: 43-58.

[131] Perron L. Fast restart policies and large neighborhood search[J]. Principles and Practice of Constraint Programming at CP, 2003, 2833.

[132] Laborie P, Godard D. Self-adapting large neighborhood search: Application to single-mode scheduling problems[C]. Paris: Proceedings MISTA-07, Paris, 2007, 8.

[133] Palpant M, Artigues C, Michelon P. LSSPER: Solving the resource-constrained project scheduling problem with large neighbourhood search[J]. Annals of Operations Research, 2004, 131: 237-257.

[134] Hansen P, Mladenović N. Variable neighborhood search: Principles and applications[J]. European Journal of Operational Research, 2001, 130(3): 449-467.

[135] Mladenović N, Hansen P. Variable neighborhood search[J]. Computers & Operations Research, 1997, 24(11): 1097-1100.

[136] Ross P. Hyper-heuristics[J]. Search Methodologies: Introductory Tutorials in Optimization and Decision Support Techniques, 2005: 529-556.

[137] Perron L, Shaw P, Sa I. Parallel large neighborhood search[J]. Transport, 2003, 18(3).

[138] Ropke S. Parallel large neighborhood search-a software framework[C]//MIC 2009. The VIII

Metaheuristics International Conference. 2009.

[139] Bent R, Van Hentenryck P. A two-stage hybrid algorithm for pickup and delivery vehicle routing problems with time windows[J]. Computers & Operations Research, 2006, 33(4): 875-893.

[140] Caseau Y, Laburthe F, Silverstein G. A meta-heuristic factory for vehicle routing problems[C]// Principles and Practice of Constraint Programming-CP' 99. Springer Berlin/Heidelberg, 1999: 144-158.

[141] Goel A. Vehicle scheduling and routing with drivers' working hours[J]. Transportation Science, 2009, 43(1): 17-26.

[142] Goel A, Gruhn V. A general vehicle routing problem[J]. European Journal of Operational Research, 2008, 191(3): 650-660.

[143] Mester D, Bräysy O. Active guided evolution strategies for large-scale vehicle routing problems with time windows[J]. Computers & Operations Research, 2005, 32(6): 1593-1614.

[144] Prescott-Gagnon E, Desaulniers G, Rousseau L M. A branch-and-price-based large neighborhood search algorithm for the vehicle routing problem with time windows[J]. Networks, 2010, 54(4): 190-204.

[145] Dumitrescu I, Ropke S, Cordeau J F, et al. The traveling salesman problem with pickup and delivery: polyhedral results and a branch-and-cut algorithm[J]. Mathematical Programming: Series A and B, 2009, 121(2): 269-305.

[146] Petersen H L, Madsen O B G. The double travelling salesman problem with multiple stacks-formulation and heuristic solution approaches[J]. European Journal of Operational Research, 2009, 198(1): 139-147.

[147] Godard D, Laborie P, Nuijten W P M. Randomized large neighborhood search for cumulative scheduling [C]//Proceedings of the Fifteenth International Conference on Automated Planning and Scheduling (ICAPS 2005, Monterey CA, USA, June 5-10, 2005). AAAI Press, 2005: 81-89.

[148] Carchrae T, Beck J C. Cost-based large neighborhood search[C]//Workshop on the Combination of Metaheuristic and Local Search with Constraint Programming Techniques. 2005.

[149] Cordeau J F, Laporte G, Pasin F, et al. Scheduling technicians and tasks in a telecommunications company[J]. Journal of Scheduling, 2010, 13: 393-409.

[150] Muller L F. An adaptive large neighborhood search algorithm for the resource-constrained project scheduling problem[C]//Proceedings of the VIII Metaheuristics International Conference (MIC). 2009.

[151] Karapetyan D, Gutin G. Local search heuristics for the multidimensional assignment problem[J]. Journal of Heuristics, 2011, 17(3).

[152] Gendre M, Potvin J Y: Handbook of Metaheuristics. [M]. Boston, MA: Springer, 2010.

[153] 许国根，赵后随，黄智勇. 最优化方法及其 MATLAB 实现[M]. 北京：北京航空航天大学出版社，2018.

图书资源支持

感谢您一直以来对清华版图书的支持和爱护。为了配合本书的使用，本书提供配套的资源，有需求的读者请扫描下方的“书圈”微信公众号二维码，在图书专区下载，也可以拨打电话或发送电子邮件咨询。

如果您在使用本书的过程中遇到了什么问题，或者有相关图书出版计划，也请您发邮件告诉我们，以便我们更好地为您服务。

我们的联系方式：

清华大学出版社计算机与信息分社网站：https://www.shuimushuhui.com/

地　　址：北京市海淀区双清路学研大厦 A 座 714

邮　　编：100084

电　　话：010-83470236　010-83470237

客服邮箱：2301891038@qq.com

QQ：2301891038（请写明您的单位和姓名）

资源下载：关注公众号“书圈”下载配套资源。

资源下载、样书申请

书圈

图书案例

清华计算机学堂

观看课程直播